高等学校"十三五"重点规划
工程训练系列

GONGCHENG SHIJIAN

工程实践

（第2版）

主　审◆任正义
主　编◆韩永杰　佟永祥
副主编◆吴　滨　唐　明　赵立红　王利民
　　　　崔　海　徐　岩　孙赫雄　王元昔
　　　　宋　洋　李　欣　赵晓丽

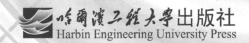

哈尔滨工程大学出版社
Harbin Engineering University Press

内 容 简 介

本书是根据教育部高等学校机械基础课程教学指导分委员会最新颁布的课程教学基本要求编写的,汲取了国内工程训练课程建设和教学改革最新成果,结合我国专业认证和人才培养目标,对课程教学内容进行整合,由机械零件的制造过程拓展到了产品整体的制造过程,密切联系现代化工业生产实际,增加了新技术、新工艺和新装备等内容,具有鲜明的工程特色,突出了工艺知识、实践能力和综合素质培养的核心目标。课程章节编排上以知识点为核心构建知识体系,适用于目前 MOOC 和翻转课堂教学模式。本书包括材料成形技术、切削加工技术、现代制造技术、电子与控制技术四大方面技术内容,基本涵盖了当前制造业的主要加工方法。

本书可作为高等工科院校工程训练教材,也可供相关教学人员和工程技术人员参考。

图书在版编目(CIP)数据

工程实践/韩永杰,佟永祥主编. —2 版. —哈尔滨:哈尔滨工程大学出版社,2021.8(2025.1 重印)
ISBN 978 - 7 - 5661 - 3028 - 0

Ⅰ. ①工… Ⅱ. ①韩… ②佟… Ⅲ. ①机械制造工艺 - 高等学校 - 教材 Ⅳ. ①TH16

中国版本图书馆 CIP 数据核字(2021)第 060056 号

责任编辑　马佳佳
封面设计　博鑫设计

出版发行	哈尔滨工程大学出版社
社　　址	哈尔滨市南岗区南通大街 145 号
邮政编码	150001
发行电话	0451 - 82519328
传　　真	0451 - 82519699
经　　销	新华书店
印　　刷	哈尔滨午阳印刷有限公司
开　　本	787 mm × 1 092 mm　1/16
印　　张	22.75
字　　数	582 千字
版　　次	2021 年 8 月第 2 版
印　　次	2025 年 1 月第 6 次印刷
定　　价	58.00 元

http://www.hrbeupress.com
E-mail:heupress@ hrbeu.edu.cn

前　言

　　工程实践是一门实践性课程,随着工程教育认证开展和 MOOC 建设发展趋势,各高校对课程提出了更高的教学目标。参与本书编写的人员均为具有多年工程实践经验的教师,为适应新形势下课程教学需要,我们重新梳理了课程的教学目标,每章内容充分考虑了课程单元训练目标与实现途径,强化了对工程教育认证解决复杂工程问题的支撑作用。

　　本书是根据教育部高等学校机械基础课程教学指导分委员会最新颁布的课程教学基本要求编写的,总结和汲取了国内外同类教材和工程训练课程的教学改革经验,结合我国专业认证和人才培养目标,对课程教学内容进行整合,由机械零件的制造过程拓展到了产品整体的制造过程,增加了测量技术、3D 打印技术等内容。本书包括材料成形技术、切削加工技术、现代制造技术、电子与控制技术 4 篇内容,基本涵盖了当前制造业的主要加工方法。以工艺知识、实践能力、综合素质培养为目标,体现了国内大学人才培养的工程教育理念和教学模式,突出了鲜明的工程特色。

　　本书在章节编排上以知识点为核心构建课程知识体系,更适用于 MOOC 和翻转课堂教学模式。采用图、表和工程实例等多种形式,把握了课程的重点,处理了课程的难点。同时编写了与本书配套使用的《工程实践报告(第 2 版)》。

　　本书共分 4 篇 16 章,主要内容包括:第 1 章 机械工程材料与热处理技术、第 2 章 铸造成形工艺、第 3 章 锻压成形工艺、第 4 章 焊接成形工艺、第 5 章 塑料成形工艺、第 6 章 测量技术、第 7 章 车削加工工艺、第 8 章 铣削加工工艺、第 9 章 刨削加工工艺、第 10 章 磨削加工工艺、第 11 章 钳工工艺、第 12 章 数控加工技术、第 13 章 特种加工技术、第 14 章 3D 打印技术、第 15 章 电子技术与工艺、第 16 章 控制技术。

　　本书由哈尔滨工程大学任正义教授主审,韩永杰、佟永祥主编。参加本书编写工作的有王利民(第 1 章),吴滨(第 2,4 章),赵立红(第 3 章),韩永杰(第 5,8,9,10 章),崔海(第 6 章),佟永祥(第 7,11 章),孙赫雄(第 12 章),唐明(第 13 章),徐岩、赵晓丽(第 14 章),王元昔、李欣(第 15 章),宋洋(第 16 章)。

　　本书在编写过程中引用和参考了许多相关文献资料,在此对书中引用和参考的文献著述作者表示感谢。

　　书中难免有不妥之处,恳请各位读者批评指正。

编　者
2021 年 5 月

目　　录

第 1 篇　材料成形技术

第2篇 切削加工技术

第 3 篇　现代制造技术

第 4 篇　电子与控制技术

第1篇　材料成形技术

第1章　机械工程材料与热处理技术

【学习要求】

(1) 了解机械工程材料的分类及其力学性能；

(2) 了解金属材料的分类、牌号；

(3) 了解钢的热处理基本原理、作用及常用热处理工艺方法；

(4) 了解常用热处理设备；

(5) 熟悉热处理安全操作规程及淬火实践操作；

(6) 建立安全生产和环境保护等方面的工程意识，养成遵守职业规范、职业道德等方面的习惯，增强岗位责任感和敬业精神。

1.1　机械工程材料的分类及应用

工程材料是指用来制造机器零件、构件和其他可供使用产品的物质的总称。在机械制造工程领域用来制造各种结构、零件及工具的材料，统称为机械工程材料。机械工程材料是现代工业、农业、国防、交通运输及科学技术研究的重要物质基础。

1.1.1　机械工程材料的分类

机械工程材料通常按化学组成分为金属材料、无机非金属材料、高分子材料和复合材料四大类，如图1.1所示。

工程材料按使用性能可分为结构材料和功能材料。前者通常指工程上对强度、硬度、塑性、耐磨性等力学性能有一定要求的材料，后者是指具有光、电、声、磁、热等功能及效应的材料。

1.1.2　机械工程材料的应用

1.金属材料

金属材料是含有一种或几种金属元素(有时也含有非金属元素)，以极微小的晶体结构所组成的、具有金属光泽的、有良好导电导热性能及一定力学性能的材料。金属材料通常指铁、铝、铜、镁、锌、铅、镍等纯金属及其合金。

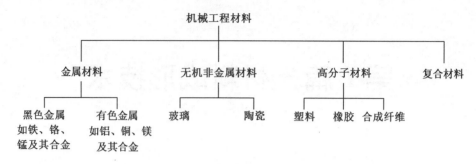

图 1.1 机械工程材料分类

人类文明的发展和社会的进步同金属材料关系十分密切。继石器时代之后出现的青铜器时代、铁器时代,均以金属材料的应用为其时代的显著标志。现如今,种类繁多的金属材料已成为人类社会发展的重要物质基础。如机床、工程机械、汽车制造等行业,其所用材料的85%以上为金属。所以一个国家金属材料的产量或耗用量体现其国民经济发展的水平。

碳素钢因具有良好的力学性能、工艺性能,且冶炼工艺简单、价格低廉,从而在承受中、低载荷的机器制造和工程构件等方面得到了广泛的应用。对于大尺寸零件、承受重载荷的零件,或者是耐腐蚀、耐高温的零件,则需要合金钢来胜任。

通过适当的热处理,合金钢中的合金元素能使钢的力学性能和淬透性显著提高,并可以获得某种特殊的物理和化学性能,如耐腐蚀、耐高温等,对于重型运输机械和矿山机器的轴类零件、汽轮机叶片、水力发电机的转子等零件,其所要求的表层和心部的力学性能都很高,只有用淬透性较好的合金钢制造才能达到性能要求。

铸铁和钢相比,虽然力学性能较低,但是它具有优良的铸造性能和切削加工性能,生产成本低廉,并且具有耐压、耐磨和减振等性能,因而获得了广泛的应用。如按质量分数计算,它在汽车、拖拉机中的应用占30%~50%。铸铁在机器制造、冶金、矿山、石油化工、交通运输和国防工业等领域都得到了广泛的应用。

有色金属及其合金的种类繁多。虽然它们的产量和使用量不及黑色金属多,但因为它们具有很多技术上极为可贵的特殊性能,例如良好的导电、导热性,摩擦系数低,耐磨、耐蚀、轻质、比强度高,以及良好的可塑性和良好的铸造性能等,主要应用于电气、电子工业,宇航工业,以及高温仪表和接触器等方面,在现代工业,尤其是国防和尖端科技方面占有极其重要的地位。

2. 无机非金属材料

无机非金属材料是以某些元素的氧化物、碳化物、氮化物、卤素化合物、硼化物以及硅酸盐、铝酸盐、磷酸盐、硼酸盐等物质组成的材料。

晶体结构上,无机非金属的晶体结构远比金属复杂,并且没有自由的电子,具有比金属键和纯共价键更强的离子键和混合键。这种化学键所特有的高键能、高键强赋予这一大类材料以高熔点、高硬度、耐腐蚀、耐磨损、高强度和良好的抗氧化性等基本属性,以及宽广的导电性、隔热性、透光性及良好的铁电性、铁磁性和压电性。

各种规格的平板玻璃、仪器玻璃和普通的光学玻璃,以及日用陶瓷、卫生陶瓷、建筑陶瓷、化工陶瓷和电工陶瓷等与人们的生产生活息息相关。它们产量大,用途广。其他产品,如建筑材料(水泥、石灰、石膏等)、磨料(碳化硅、氧化铝等)、碳素材料(石墨、焦炭等)、非金属矿(石棉、云母、大理石等)及半导体材料(硅、碳化硅等)也都属于无机非金属材料。

3.高分子材料

高分子材料又称聚合物或高聚物,是一类由一种或几种分子或分子团以共价键结合成具有多个重复单体单元的大分子组成的材料。它们可以是天然产物,如纤维、蛋白质和天然橡胶等;也可以是用人工合成方法制得的,如合成橡胶、合成树脂、合成纤维等非生物高聚物等。

高分子材料的特点是种类多、密度小(一般仅为钢的 $1/8 \sim 1/7$),比强度大,电绝缘性、耐腐蚀性好,加工容易,可满足多种特种用途的要求,可部分取代金属、无机非金属材料。

高分子材料根据性能和用途,可分为塑料、纤维、橡胶三大类,此外还有涂料、胶黏剂和离子交换树脂等;根据热行为,可分为热塑性高分子材料和热固性高分子材料。

4.复合材料

复合材料是由两种或两种以上物理、化学性质不同的物质经人工合成的材料。它保留了各组成材料的优良性能,从而得到单一材料所不具备的优良的综合性能。

复合材料种类繁多,性能各有特点,应用广泛。例如,钢筋混凝土是由水泥、沙子、石子和钢筋组成的复合材料,做家具用的三合板、五合板等也是复合材料;轮胎是人造纤维与橡胶合成的复合材料。

诸如玻璃纤维、碳纤维、石墨纤维、金属基陶瓷晶须增强复合材料、玻璃钢、金属陶瓷等已在建筑、造船、航天航空、原子能工业等领域广泛应用,如制造高强度叶片、齿轮,耐腐蚀结构件,密封件及耐磨、减摩件,化工容器,汽车车身等。

1.2　机械工程材料的性能

机械工程材料的性能是指用来说明机械工程材料在给定条件下的行为参数,包括使用性能和工艺性能。

使用性能是指机器零件在正常工作情况下材料应具备的性能,主要包括物理性能、化学性能和力学性能(亦称为机械性能)等。机械工程材料的使用性能决定了其应用范围、可靠性和使用寿命。

工艺性能是指零部件在制造过程中机械工程材料对加工方法的适应能力,包括铸造、锻压、焊接、热处理、切削加工性能等。它体现了机械工程材料由各种加工方法制成零部件的难易程度。

1.2.1　机械工程材料的物理性能

物理性能是机械工程材料在力场、温度场、电磁场等作用下,所表现的性能或具有的属性,主要包括密度、熔点、导电性、导热性、热膨胀性、磁性、摩擦性等。

1.2.2　机械工程材料的化学性能

化学性能是机械工程材料与环境发生化学反应的可能性以及反应速度等参数,主要包括耐蚀性、耐老化性等。

1.2.3　机械工程材料的力学性能

机械工程材料的力学性能就是零件在载荷作用下所反映出来的抵抗变形或断裂的性能,主要包括强度、塑性、弹性、刚度、硬度、韧性及疲劳强度等性能指标。

1.强度指标

机械工程材料在外力作用下抵抗变形和断裂的能力称为强度。强度的大小通常用应力来表示。根据载荷作用方式不同,强度可分为抗拉强度、抗压强度、抗弯强度、抗剪强度和抗扭强度五种。工程上常用屈服强度和抗拉强度表示金属的强度指标,它们是机械零件设计的主要依据,也是评定金属材料性能的重要指标。

屈服强度 σ_s 是指材料刚开始产生塑性变形时的最低应力值。实际上只有少数金属材料有明显的屈服现象,工程上规定用 0.2% 塑性变形的应力 $\sigma_{0.2}$ 作为屈服强度。机械零件在工作时如果所受的应力超过 σ_s,则会因过量的塑性变形而失效。因此,材料的屈服点是机械零件的主要依据,也是评定金属材料性能的重要指标。

抗拉强度 σ_b 是指材料在破坏前所能承受的最大应力值,又称强度极限。零件在工作中所承受的应力不允许超过 σ_b,否则会产生断裂。

2.塑性指标

塑性是指机械工程材料在外力作用下断裂前发生不可逆永久变形的能力。工程中一般用伸长率 δ 和断面收缩率 ψ 来评定。

良好的塑性是材料能进行各种加工(如冲压、挤压、冷拔、热轧、锻造等)的必要条件。此外,零件使用时,为了避免由于超载引起突然断裂,也需要具有一定的塑性。

3.刚度指标

机械工程材料在受力时抵抗弹性变形的能力称为刚度。刚度是指材料弹性变形的难易程度,用材料的弹性模量 E 来表示。对于工作情况下要求变形小的零件应选用弹性模量大的材料。

4.硬度指标

机械工程材料抵抗其他更硬物体压入其表面的能力称为硬度,其大小在硬度计上测定。硬度是体现机械工程材料表面抵抗局部塑性变形的能力,是衡量机械工程材料力学性能的一个重要指标。

常用的硬度指标有布氏硬度、洛氏硬度和维氏硬度,它们之间没有直接的换算公式,需要时可以通过查表进行换算。硬度试验方法简便易行,测量迅速,不需要特别试样,试验后零件不被破坏。因此,硬度试验在工业生产中广泛应用。

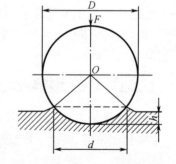

图 1.2　布氏硬度试验原理图

(1)布氏硬度(HBS/HBW)

把规定直径为 D 的淬火钢球(HBS)或硬质合金球(HBW)以一定的试验力 F 压入被测材料表面(图 1.2),保持规定时间后测量压痕直径 d,用下式可求出布氏硬度值。

$$\text{HBS(HBW)} = \frac{F}{S} = \frac{2F}{\pi D(D - \sqrt{D^2 - d^2})} \times 0.102 \qquad (1.1)$$

式中　HBS(HBW)——用钢球(或硬质合金球)试验时的布氏硬度值;

F——压力,N;

S——压痕的面积,mm^2;

D——球体直径,mm;

d——压痕平均直径,mm。

压头为钢球时用 HBS,适用于布氏硬度值在 450 以下的材料;压头为硬质合金时用 HBW,适用于布氏硬度值在 650 以下的材料。

（2）洛氏硬度（HRA/HRBW/HRC）

洛氏硬度试验是用顶角为 120°的金刚石圆锥或一定直径的钢球作压头,在初载荷 F_0 及总载荷 F（初载荷 F_0 + 主载荷 F_1）分别作用下压入被测材料表面（图 1.3(a)、(b)）,并使总载荷 F 保持规定时间,然后卸除主载荷,在初载荷下测量压痕深度残余增量 e,计算硬度值（图 1.3(c)）。试验时,可以通过洛氏硬度计上的刻度盘直接读出洛氏硬度值。

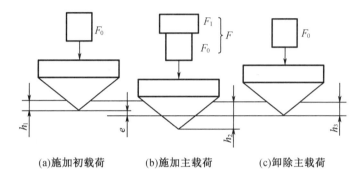

(a)施加初载荷　　(b)施加主载荷　　(c)卸除主载荷

图 1.3　洛氏硬度试验原理

根据 GB/T 230.1—2018《金属材料　洛氏硬度试验　第 1 部分:试验方法》规定,洛氏硬度有 9 种硬度标尺,实际生产中常用 HRA、HRBW、HRC 3 种标尺。3 种洛氏硬度的试验条件及应用范围见表 1.1。

表 1.1　常用的 3 种洛氏硬度的试验条件及应用范围

洛氏硬度标尺	硬度符号单位	压头类型	初载荷/N	主载荷/N	测量范围	应用范围
A	HRA	顶角 120°金刚石圆锥	98.07	490.3	20HRA ~ 95HRA	硬质合金,表面淬硬层,渗碳层
B	HRBW	直径 1.587 5 mm 钢球	98.07	882.6	10HRBW ~ 100HRBW	非铁金属,退火、正火钢等
C	HRC	顶角 120°金刚石圆锥	98.07	1 373	20HRC ~ 70HRC	淬火钢、调质钢等

（3）维氏硬度（HV）

维氏硬度试验原理基本上和布氏硬度相同。区别是维氏硬度试验采用顶角为 136°的金刚石正四棱锥体,且所加的压力 F 较小。根据 F,通过测量方形压痕对角线长度,可以准确求出金属零件的表面硬度或测量硬度很高的零件。

5.韧性指标

(1)冲击韧度 a_k

机械零部件在运行过程中,除了受静载荷外,有时还要受到不同程度的冲击载荷,一般用材料的冲击吸收功或冲击韧度来衡量零件材料承受冲击载荷的能力。

冲击韧度是指机械工程材料抵抗冲击载荷作用的能力,在冲击试验机上进行测定。

(2)断裂韧度

由于实际中材料的组织并不是均匀、各向同性的,组织中存在微裂纹,还会有夹杂、气孔等缺陷。断裂韧度就是用来反映材料抵抗裂纹失稳扩展脆性断裂的性能指标。

6.疲劳强度

机械零件在工作过程中所受应力随时间做周期性变化的应力称为交变应力。在交变应力的作用下,虽然零件所承受的应力低于材料的屈服点,但经过较长时间的工作后,产生裂纹或突然发生完全断裂的现象称为疲劳。在规定的交变应力作用次数条件下,材料不产生断裂时的最大应力,称为疲劳强度。

疲劳破坏是机械零件失效的主要形式之一,所以对于轴、齿轮、轴承等承受交变载荷的零件要选择疲劳强度高的材料来制造。

1.2.4 机械工程材料的工艺性能

工艺性能是指制造工艺过程中机械工程材料适应加工工艺要求的能力。

1.铸造性能

铸造性能是指在一定的铸造工艺条件下,某种合金获得优质铸件的能力,主要是指金属的充型能力、收缩性、偏析倾向性、氧化性、吸气性。

熔融的金属的流动能力称为流动性。流动性好的金属容易充满铸型,从而获得外形完整、尺寸精确、轮廓清晰的铸件。

铸件在凝固和冷却过程中,其体积和尺寸减小的现象称为收缩性。铸件收缩不仅影响尺寸,还会使铸件产生缩孔、缩松、内应力、变形和裂纹等缺陷。故铸造用金属材料的收缩率越小越好。表1.2为几种金属材料铸造性能的比较。

表1.2 几种金属材料铸造性能的比较

材料	流动性	收缩性		其他
		体收缩	线收缩	
灰铸铁	好	小	小	铸造内应力小
球墨铸铁	较好	大	小	易形成缩孔
铸钢	差	大	大	导热性差、易发生冷裂
铸造黄铜	较好	小	较小	易形成集中缩孔
铸造铝合金	好	小	小	易吸气、易氧化

2.锻压性能

材料对锻压加工成形的适应能力称为锻压性能,它的评定标准是金属材料的塑性和变形抗力。塑性高则金属的变形能力强;变形抗力小则锻压时省力,且不易磨损工具和模具。

材料的锻压性能主要取决于材料力学性能和变形条件。

铜合金和铝合金在室温状态下就有良好的锻压性能。碳钢在加热状态下锻压性能较好,其中低碳钢最好、中碳钢次之、高碳钢较差。低合金钢的锻压性能接近于中碳钢,高合金钢的锻压性能较差。铸铁锻压性能差,不能锻压。

3. 焊接性能

焊接性能是指机械工程材料对焊接加工的适应性,即在一定的焊接工艺(焊接方法、焊接材料、工艺参数、工艺措施等)条件下,获得优质焊接接头的难易程度。它包括工艺焊接性和使用焊接性。

工艺焊接性是指在一定的焊接工艺条件下,机械工程材料对产生焊接缺陷的敏感性,特别是对产生裂纹的敏感性。

使用焊接性是指在一定的焊接工艺条件下,焊接接头满足技术条件所规定的使用性能的程度,其中包括力学性能、缺口敏感性和耐腐蚀性等。

工业中,焊接的主要对象是钢材。工艺焊接性的主要评定方法是碳当量法。根据碳当量法,碳元素和合金元素质量分数总和越高,焊接性能越差。

4. 切削加工性能

切削加工性能一般用切削后的表面质量和刀具寿命来表示。影响切削加工性能的因素主要有材料的化学成分、组织、硬度、韧性、导热性和加工硬化等。

5. 热处理性能

热处理性能是指金属材料对热处理方法的敏感性,即获得组织及性能改变的难易程度。例如,含有 Mn、Cr、Ni 等合金元素的合金钢的淬透性比较好,而相应的碳素钢的淬透性较差。

1.3　常用金属材料的分类

常用金属材料主要包括以下三大类:

①钢: $0.021\ 8\% < w_c \leqslant 2.11\%$;

②铸铁: $2.11\% < w_c \leqslant 6.69\%$;

③有色金属:包括铝、铜、镁、锌、镍、钛及其合金、硬质合金、轴承合金等。

其中钢和铸铁是组成机械零件的主要材料,有色金属根据其性能在不同的场合也得到广泛使用。

1.3.1　常用钢的分类和编号

1. 钢的分类

国家标准 GB/T 13304—2008《钢分类》对钢的分类分为 3 部分,即"按化学成分分类""按主要质量等级分类"和"按主要性能或使用特性分类"。钢的常见的分类方法如图 1.4 所示。

除了上述分类外,在实际应用中常按冶炼方法的不同分为平炉钢、转炉钢、电炉钢;按炼钢时脱氧程度的不同分为镇静钢(脱氧较完全)、沸腾钢(脱氧不完全)、半镇静钢(脱氧程度在二者之间)。各种钢的名称及代号如表 1.3 所示。

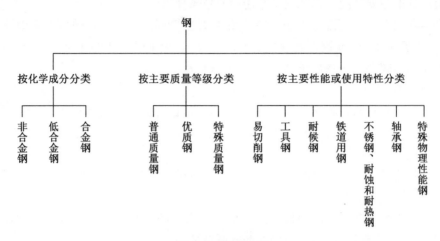

图 1.4　钢的分类

表 1.3　各种钢的名称及代号

名称	代号表示		名称	代号表示	
	汉字	汉语拼音字母		汉字	汉语拼音字母
平炉钢	平	P	磁钢	磁	C
酸性转炉钢	酸	S	容器用钢	容	R
碱性侧吹转炉钢	碱	J	易切削钢	易	Y
顶吹转炉钢	顶	D	碳素工具钢	碳	T
氧气转炉钢	氧	Y①	滚动轴承钢	滚	G
沸腾钢	沸	F	高级优质钢	高	A
半镇静钢	半	b	船用钢	船	C
镇静钢	镇	Z	桥梁钢	桥	q
特殊镇静钢	特镇	TZ	锅炉钢	锅	g
甲类钢	甲	A	钢轨钢	轨	U
乙类钢	乙	B	焊条用钢	焊	H
特类钢	特	C	铸钢	铸钢	ZG
高温合金	高温	GH	铆螺钢	铆螺	ML

注:①代号与易切削钢相同。

　　此外,制造机器零件的钢还可分为渗碳钢、调质钢、弹簧钢等。制造工程结构的钢包括碳素结构钢和低合金结构钢等。

　　2. 钢的编号

　　我国的钢材编号采用国际化学元素符号、汉语拼音字母和阿拉伯数字结合的方法表示。下面介绍几种常用钢材的编号。

　　(1)碳素结构钢

　　这类钢的牌号由代表屈服点的字母"Q"、屈服点数值、质量等级符号、脱氧方法符号等四个部分按顺序组成。

例如,常用的 Q235 - AF 牌号示意如下:

实际生产中碳素结构钢由于焊接性好但强度不高,一般用来制造受力不大的机械零件,如地脚螺钉、钢筋、套环、轴套及一些农机零件。它也常用于工程结构件,如桥梁、高压线塔、建筑构架等。

(2)优质碳素结构钢

优质碳素结构钢的牌号是用两位数表示平均含碳量的万分比,若平均含碳量分数小于千分之一,则数字前补零。钢中含锰量较高(0.7% ~ 1.2%)的牌号数字后附加"Mn"。沸腾钢、半镇静钢以及专门用途钢的优质钢,应在牌号中特别标出(参见表 1.4)。例如 08F、16Mn、65Mn 等。

(3)碳素工具钢

在牌号头部用"T"表示碳素工具钢,其后跟以阿拉伯数字,表示平均含碳量的千分比,若锰含量较高时,在数字后面加元素符号"Mn",若为高级优质碳素工具钢,则在牌号尾部加"A"。如 T10、T11A 等。

(4)碳素铸钢

在机械制造和工程结构上,一些零件由于形状复杂而难以用锻造和切削加工等方法成形,同时又要求具有相当的强度,如大吨位设备的机架、水压机横梁、机车车架、曲轴、箱体及大齿轮等,用铸铁满足不了性能要求,因此用碳素钢经熔化铸造成形。这种用于铸造成形的碳素钢称为碳素铸钢。

(5)普通低合金结构钢

这类钢又称为低合金高强度结构钢,简称低合金高强钢,其牌号由代表屈服点的字母"Q"、屈服点数值和质量等级符号(A、B、C、D、E)三部分组成。例如:Q345A、Q420。

(6)合金结构钢

合金结构钢牌号一般是"含碳量" + "合金元素符号" + "合金元素含量" + "性能等级",所标"含碳量"为万分比,所标"合金元素含量"为百分比,合金元素含量小于 1.5% 时只标符号,不标含量。如 38CrMoAlA,表示含碳量为 0.38%,铬、钼、铝含量均低于 1.5%,且为高级优质钢(A 级)。

滚动轴承钢,编号最前字母为"G",所标"合金元素含量"为千分比。如 GCr15 中铬的平均含量为 1.5%。

(7)合金工具钢

这类钢的牌号采用"含碳量" + "合金元素符号" + "合金元素含量" + "性能等级"的方法,所标"含碳量"为小于 1% 时的千分比,含碳量大于或等于 1% 时不标出,但高速钢类例外,含碳量小于 1% 时也不标出。如 9Mn2V 表示含碳量为 0.9%;W18Cr4V 的含碳量为

0.75%,但因其是高速钢,按照规定含碳量不在牌号中标出。

(8)特殊性能钢

这类钢的编号方法基本上和合金工具钢相同。如不锈钢,牌号前部的"0"表示含碳量≤0.08%,"00"表示表示含碳量≤0.03%。如00Cr17Ni4Mo2、0Cr13A等。

表1.4列举了部分常用结构钢的牌号、力学性能、热处理要求及其用途。

表1.4 常用结构钢的牌号、力学性能、热处理要求及其用途

牌号	热处理方式	抗拉强度 σ_b/MPa	屈服强度 σ_s/MPa	延伸率 δ_5/%	应用举例
Q235	一般在供应状态(热轧或正火)下使用,不热处理	375~460	235	26	轻载、不要求耐磨的零件,普通焊接构件
Q355		450~630	275~355	17~22	桥梁、船舶、车辆建筑结构、压力容器
Q420		470~680	350~420	19~20	大型焊接结构、压力容器
08F	正火	295	175	35	用于冲压、冷作的零件
15	渗碳	375	225	27	用于轻载,表面要求耐磨的简单零件
45	调质	600	355	16	承受中等载荷的较简单零件,如齿轮轴
20Cr	渗碳淬火	835	540	10	机床齿轮,齿轮轴,蜗杆
20CrMnTi	渗碳淬火	1 080	835	10	汽车拖拉机齿轮,凸轮
35SiMn	调质	885	735	15	重要结构零件、曲轴、齿轮、连杆螺栓
40Cr	调质	980	785	9	同上
38CrMoAl	氮化	980	835	14	高级氮化钢、制造重要结构零件
40CrMnMo	调质	980	785	10	受冲击高强度零件
65	淬火及中温回火	695	410	10	弹簧
1Cr13	淬火回火	539	343	25	汽轮机叶片、水压机阀、螺栓螺母
1Cr18Ni9Ti	固溶处理	520	206	40	焊条芯、耐酸容器、输送管道

1.3.2 铸铁的分类和编号

铸铁是含碳量大于2.11%的铁碳合金。工业上常用的铸铁,含碳量一般为2.5%~4.0%,并含有较多的硅、锰元素及硫、磷等杂质。铸铁是工业上广泛应用的铸造金属材料,具有生产工艺及设备简单、价格低廉、工艺性好等特点。

1.铸铁的分类

(1)根据碳在铸铁中的存在形式分类

根据碳是以渗碳体(Fe_3C)形式还是石墨形式存在,将铸铁分为白口铸铁、灰口铸铁和

麻口铸铁。

①白口铸铁:碳完全以渗碳体(Fe_3C)形式存在,断口呈银白色,硬而脆,难以进行切削加工。主要用于炼钢的原料或生产可锻铸铁的毛坯,以及一些不需加工但需耐磨且有高硬度的零件,如犁铧及球磨机的磨球、轧辊等。

②灰口铸铁:碳以石墨的形式存在,断口呈灰黑色,是工业上应用最广泛的铸铁。

③麻口铸铁:碳以石墨和渗碳体的混合形式存在,断口为灰、白相间的麻点,脆性很大,工业上很少使用。

(2)根据铸铁中石墨的形状分类

根据铸铁中石墨的形状又将生产实际中使用的铸铁分为灰口铸铁、可锻铸铁、球墨铸铁和蠕墨铸铁。

①灰口铸铁:石墨以片状存在于铸铁中。

②可锻铸铁:石墨以团絮状存在于铸铁中。

③球墨铸铁:石墨以球状存在于铸铁中。

④蠕墨铸铁:石墨以蠕虫状存在于铸铁中。

2.铸铁的编号

(1)灰口铸铁(灰铸铁)

普通灰口铸铁中石墨呈片状,其抗压强度明显大于抗拉强度,具有良好的切削加工性、减磨性、吸振性等特点;普通灰铸铁的熔点低、流动性好、收缩小,因此铸造性能优异。由于这些特点,灰铸铁在实际生产中得到了广泛应用。

灰铸铁的牌号是由"灰铁"的汉语拼音字首"HT"和后面的表示最低抗拉强度的数字组成,如 HT200 代表最低抗拉强度为 200 MPa 的灰铸铁。

经过孕育处理(加入孕育剂)的灰口铸铁,其塑性和强度明显提高,称为孕育铸铁。

(2)可锻铸铁

可锻铸铁是由白口铸铁经长时间石墨化退火而获得的具有团絮状石墨的铸铁。与灰口铸铁相比,它具有较好的强度、塑性和韧性,因此称为可锻铸铁,实际上并不可锻。

可锻铸铁的牌号分别由"KTH"(黑心可锻铸铁)、"KTB"(白心可锻铸铁)、"KTZ"(珠光体可锻铸铁),以及后面的表示最低抗拉强度和最低伸长率的两组数字组成。如 KTH350 - 10 代表最低抗拉强度为 350 MPa,最低伸长率为 10% 的可锻铸铁。

(3)球墨铸铁

球墨铸铁是铁液经球化剂进行球化处理(含孕育处理)后使石墨呈球状均匀分布获得的铸铁。球墨铸铁的力学性能远高于灰铸铁,但铸造工艺性略差。

球墨铸铁的牌号是由"球铁"的汉语拼音字首"QT"和后面的表示最低抗拉强度和最低伸长率的两组数字组成。如 QT450 - 10 代表最低抗拉强度为 450 MPa,最低伸长率为 10% 的球墨铸铁。

(4)蠕墨铸铁

蠕墨铸铁中的石墨大部分呈蠕虫状均匀分布,间有少量球状,是将铁液经蠕化剂进行蠕化处理(含孕育处理)获得的铸铁,其性能介于灰铸铁和球墨铸铁之间,具有良好的综合性能。

蠕墨铸铁的牌号是由"蠕铁"的汉语拼音字首"RUT"和后面的表示最低抗拉强度的数

字组成。如 RUT420 代表最低抗拉强度为 420 MPa 的蠕墨铸铁。

表 1.5 列举了一些常用铸铁的种类、牌号、性能、工艺措施及用途。

表 1.5　常用铸铁的种类、牌号、性能、工艺措施及用途

种类	牌号举例	机械性能				需要的特殊工艺措施	铸造性能	用途
		σ_b /MPa	$\sigma_{0.2}$ /MPa	δ /%	HBS			
灰口铸铁	HT100 HT150 HT200	100 150 200			143～220 168～241 170～255		最好	适于中小负荷的零件，如支架、油盘、手轮、底座、齿轮箱、机床床身等
孕育铸铁	HT300 HT350	300 350			187～255 197～269	孕育处理	好	适于高负荷的零件，如齿轮、凸轮、大型曲轴、缸体、缸套、高压油缸等
可锻铸铁	KTH370－12 KTZ450－6	370 470		12 6	≤150 150～200	扩散退火	较差	适于形状复杂、承受冲击载荷的薄壁、中小型零件，如差速器壳、制动器、摇臂等
球墨铸铁	QT400－18 QT500－7 QT700－2 QT900－2	400 500 700 900	250 350 420 600	18 7 2 2	130～180 170～230 225～305 280～360	球墨化处理	好	适于受力复杂，强度、硬度、韧性和耐磨性要求较高的零件，如曲轴、凸轮轴、连杆、齿轮、轧辊
蠕墨铸铁	RUT380 RUT420	380 420	300 335	0.75 0.75	193～274 200～280	蠕化处理	好	适于要求强度高或耐磨性高的零件，如活塞、制动盘、制动鼓、玻璃模具

1.3.3　有色金属

通常把铁、铬和锰及其合金称为黑色金属，而把黑色金属以外的金属称为有色金属。

根据密度大小，有色金属可分为轻有色金属，即密度小于 4.5 g/cm³ 的有色金属（如铝、镁、铍等）；重有色金属，即密度大于 4.5 g/cm³ 的有色金属（如铜、镍、铅等）。

常用的有色金属有铜及其合金、铝及其合金、钛及其合金和轴承合金等。铜、铝合金是工业上最常用的有色合金，因具有某些特殊的使用性能，使其成为现代工业技术中不可缺少的材料。

1. 铝合金

在现代工业中铝是仅次于钢铁的一种重要金属材料，在纯铝中加入 Cu、Mg、Zn、Si、Mn、稀土等合金元素配制成各种铝合金以满足工程应用。根据成分及加工特点,铝合金分为变形铝合金和铸造铝合金。

（1）变形铝合金

变形铝合金包括防锈铝合金、硬铝合金、超硬铝合金、锻铝合金等。因其塑性好,故常利用压力加工方法制造冲压件、锻件等,如铆钉、焊接油箱、油管、管道、容器、发动机叶片、飞机蒙皮、壁板、浆叶、导风轮及飞机上的接头、飞机大梁及起落架、内燃机活塞、日用器皿、框架、建筑用铝合金门窗型材等。

（2）铸造铝合金

铸造铝合金是用于制造铝合金铸件的材料,按主要合金元素的不同,铸造铝合金分为铝硅合金、铝铜合金、铝镁合金和铝锌合金。铝硅合金是应用最广的铸造铝合金,通常称为硅铝明,抗蚀性和耐热性好,又有足够的强度,适于制造形状复杂的薄壁件或气密性要求较高的零件。各类铸造铝合金根据使用性能要求,可以制造不同的零件,如内燃机气缸体、气缸头、内燃机活塞、轿车轮毂、仪表壳等、化油器等。

近年来开发的铝锂系铸造铝合金,由于锂(Li)的加入使密度降低 10% ~20% ,而 Li 对 Al 的强化效果十分明显,使其比强度、比刚度大大提高,以达到部分取代硬铝和超硬铝的水平,且耐蚀及耐热性较好,是航空航天工业新型结构材料。

稀土系铸造铝合金在铝硅系合金中加入了稀土元素,其铸造性能好且耐热性高,用它制成的内燃机活塞的使用寿命比一般的铝合金高 7 倍以上。

2. 铜合金

以纯铜(又称紫铜)为原料加入锌、锡、铝、铍、锰、铁、硅、镍、铬、磷等合金元素,就形成了铜合金。铜合金具有较好的导电性、导热性和耐腐蚀性,同时具有较高强度和耐磨性。根据成分不同,铜合金分为黄铜、青铜和白铜。

黄铜是以锌为主要合金元素的铜合金。常用的黄铜牌号有 H62、H59,"H"表示黄铜,后面的数字表示含铜百分量。

在普通黄铜的基础上加入铅、铝、硅、锰、锡、镍等一种或多种元素,则相应形成铅黄铜、铝黄铜、硅黄铜等所谓"特殊黄铜"。如铜质量分数为 62% 、锡质量分数为 1% 、其余为锌的锡黄铜 HSn62 - 1,耐海水腐蚀性较好,广泛用于船舶零件(如螺旋桨)等的生产制造。

最早的青铜是指铜锡合金,因其外表氧化膜呈青黑色而得名。现在青铜的概念已经延伸为除黄铜、白铜之外的所有铜合金。

常用的锡青铜牌号有 ZCuSn5Pb5Zn5、ZCuSn10Pb5。机械制造中的耐磨零件常用锡青铜制造。此外,铝青铜、铍青铜、硅青铜、钛青铜、铅青铜等各具有特殊性能,应用于不同场合。

白铜是以镍为主加元素的铜合金,因呈银白色而得名,其镍质量分数小于 50% 。仅以镍作合金元素的普通白铜具有优良的塑性、耐热性、耐蚀性及特殊的导电性。如镍质量分数为 19% 的白铜 B19,主要用于制造海水和蒸汽环境中工作的精密仪器零件和热交换器等;因其不易生铜绿,也可制作仿银装饰品。加入锌、铝、铁、锰等一种或多种元素,则相应地得到锌白铜、铝白铜等"特殊白铜"。

表 1.6、表 1.7、表 1.8 分别列举了常用的纯铝、变形铝合金,常用铜合金,常用铸造铝合金、铸造铜合金的牌号、力学性能及其用途。

表1.6　常用的纯铝、变形铝合金举例

牌号	主要合金元素	抗拉强度 σ_b/MPa	断后伸长率 δ/%	应用举例
1050		60～100	15～30	挤压盘管、软管、烟花粉等
2014	Cu、Mg	≤220	12～16	飞机重型锻件等
3003	Cu、Mn	95～135	15～24	厨具、食物和化工产品处理与贮存装置等
4006	Si	95～130	17～25	建筑材料等
5052	Mg	171～215	12～19	飞机油箱、油管,车辆、船舶钣金件,仪表等
6061	Mg、Si	≤150	14～19	卡车、塔式建筑、船舶、电车等
7075	Zn	≤275	10	飞机高应力结构件等
8011	Si、Fe	85～130	19～30	铝箔、散热器等

注:表中机械性能均指完全退火状态。

表1.7　常用的铜合金举例

类别	牌号	抗拉强度 σ_b/MPa	延伸率 δ_5/%	硬度 HBS	应用举例
纯铜	T1	240	45	35	电线、油管等
金色黄铜	H90	$\dfrac{260}{480}$	$\dfrac{45}{4}$	$\dfrac{53}{153}$	双金属片、艺术品
普通黄铜	H62	$\dfrac{330}{600}$	$\dfrac{49}{3}$	$\dfrac{56}{140}$	螺钉、垫圈、弹簧
铅黄铜	HPb59－1	$\dfrac{400}{650}$	$\dfrac{45}{16}$	$\dfrac{44}{80}$	热冲压及切削加工零件
锡青铜	QSn4－3	$\dfrac{350}{350}$	$\dfrac{40}{4}$	$\dfrac{60}{160}$	弹性元件、管道配件
铍青铜	QBe2	$\dfrac{500}{850}$	$\dfrac{3}{40}$	$\dfrac{84}{247}$	重要弹簧、耐磨零件、轴承

注:表中力学性能中的分母对压力加工黄铜及青铜为硬化状态(变形程度50%),对铸造黄铜及青铜为金属型铸造;分子对压力加工黄铜及青铜为退火状态(600 ℃),对铸造黄铜及青铜为砂型铸造。

表 1.8　常用铸造铝合金、铸造铜合金举例

种类	牌号举例	力学性能			需要的特殊工艺措施	铸造性能	应用举例
		抗拉强度 σ_b /MPa	延伸率 δ_5 /%	HBS			
铸铜合金	ZCuZn16Si4 ZCuZn31Al2 ZCuSn10Pb5 ZCuAl9Mn2	345 295 195 390	15 12 10 20	—	脱氧及补缩	较差	耐蚀、耐磨件,如齿轮、衬套、轴瓦、缸套等
铸铝合金	ZL101 ZL102 ZL202	160 150 110	2 4	50 50 50	除气处理	稍差	承受中低载荷的零件,如飞机、仪器上的零件,工作温度 <185 ℃ 的汽化器、气密性零件、抽水机壳体等

1.4　钢的热处理

　　热处理是通过对固态金属材料按照一定的规范(图 1.5)进行加热、保温和冷却的方法来改变其内部组织结构,从而获得所需性能的一种工艺方法。

　　热处理在机械制造中起着十分重要的作用,它既可以用于消除上一道工序所产生的金属材料内部组织结构上的某些缺陷,又可以为下一道工序创造条件,更重要的是可进一步提高金属材料的性能,从而充分发挥材料性能的潜力。因此,各种机械中许多重要零件都要进行热处理。

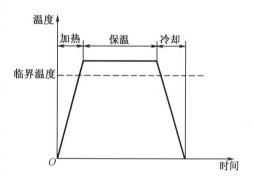

图 1.5　热处理工艺曲线

1.4.1　热处理工艺的分类

　　由于铁具有同素异构现象,从而使钢热处理后发生组织与结构变化。通常将钢的热处理分为普通热处理和表面热处理两大类,如图 1.6 所示。

1.4.2　热处理工艺方法

1. 普通热处理

　　普通热处理的目的是通过加热、保温和冷却来改变整体材料的组织,从而获得所需材料整体性能。其方法通常分为退火、正火、淬火和回火。

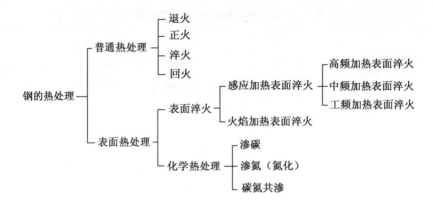

图1.6 钢的热处理分类

（1）退火

退火的方法是将工件加热到一定温度下,保温后随炉冷却。退火后的材料硬度较低,一般用布氏硬度试验法测试。常用的退火方法有消除中碳钢铸件缺陷的完全退火,改善高碳钢切削加工性能的球化退火和去除大型铸、锻件应力的去应力退火等。如图1.7、图1.8所示。

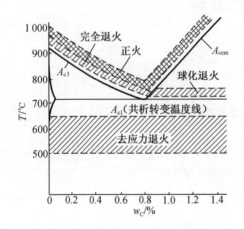

图1.7 退火与正火的加热温度范围

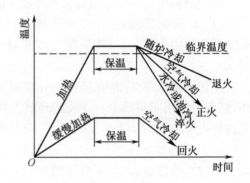

图1.8 钢的热处理工艺曲线

（2）正火

正火的方法是将工件加热到一定温度,保温一定时间后,在空气中冷却,如图1.7、图1.8所示。

由于正火的冷却速度比退火快,正火得到的组织比退火的更细,所以可使钢的强度和硬度有所提高。对普通结构钢的正火处理作为最终热处理;对低、中碳结构钢的正火处理作为预先热处理,使其获得适当的硬度,以便切削加工,并改善组织为最终热处理做准备;对高碳钢进行正火处理可抑制或消除晶界网状碳化物,为球化退火做好组织准备。

（3）淬火

淬火是将工件加热到一定温度,保温一定时间后,在水或油中快速冷却,以获得高硬度组织的热处理工艺,如图1.8所示。

对于各种工具、量具、模具及轴承等,通过淬火处理可以提高硬度和耐磨性;对于各种结构钢零件,通过淬火和回火的配合可以提高材料的综合性能,如强度、弹性、韧性等,以满足使用性能要求。

淬火所使用的冷却介质有水、油、盐或碱的水溶液等。

（4）回火

回火是将淬火钢重新加热到适当的温度,保温一定时间后冷却（通常是空冷）到室温的热处理方法,如图 1.8 所示。

回火的目的是减小或消除淬火时产生的内应力,降低脆性,防止变形,稳定形状和尺寸,获得所需的组织和性能。

按温度不同,回火可分为低温回火（150 ~ 250 ℃）、中温回火（350 ~ 500 ℃）和高温回火（500 ~ 650 ℃）。

在生产中,将淬火的钢件再进行高温回火称为"调质处理"。调质处理可使在交变载荷下工作的零件获得较高的综合性能。齿轮、轴、连杆、螺栓等零件一般都需进行调质处理。

2. 表面热处理

某些零件的使用要求是表面应具有高强度、高硬度、高耐磨性和抗疲劳性能,而心部在保持一定的强度、硬度条件下应具有足够的塑性和韧性使其能够承受冲击载荷。若达到这样的要求,就要靠表面热处理,生产中广泛应用的有表面淬火和表面化学热处理。

（1）钢的表面淬火

将零件表面层快速加热到淬火温度,在热量尚未传入心部时快速冷却,使零件表层获得淬火马氏体组织,而心部仍保持原状态。

常用的表面淬火方法有火焰加热淬火（淬透层一般为 2 ~ 6 mm）和感应加热淬火（淬透层一般为 1.5 ~ 15.0 mm）。

（2）钢的表面化学热处理

表面化学热处理是将钢件置于某种化学介质中加热、保温,使一种或几种元素渗入钢件表面,改变其化学成分,达到改变表面组织和性能的热处理工艺。

根据渗入元素的不同,表面化学热处理可分为渗碳、渗氮、碳氮共渗、渗铬、渗硼、渗铝等。其中渗碳和渗氮是在生产中比较常用的表面化学热处理方法。

表面化学热处理可以提高零件表面的硬度、耐磨性、耐热性、耐蚀性、抗氧化性及疲劳强度等。

3. 热处理新工艺简介

近年来发展的热处理新工艺有形变热处理、激光热处理、保护气氛热处理和真空热处理等。

形变热处理是一种把塑性变形与热处理有机结合的新工艺,可达到形变强化和相变强化的综合效果。形变热处理可分为高温形变热处理和低温形变热处理两种。

激光热处理是利用激光束的高能量快速加入工件表面,然后依靠零件本身的导热性冷却而使其淬火,目前使用最多的是 CO_2 激光。同高频感应加热淬火相比,激光淬火后的淬硬层组织更细,因而具有更高的硬度、耐磨性及疲劳强度,且工件变形量非常小,解决了易变形件的淬火问题。

1.4.3 常用热处理设备

热处理设备按热处理的基本过程分为加热设备、冷却设备和检测设备等。

加热设备主要有箱式电阻炉、井式电阻炉、盐浴炉、感应圈式表面淬火装置等,其结构分别如图1.9至图1.12所示。

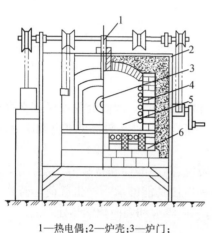

1—热电偶;2—炉壳;3—炉门;

4—电热元件;5—炉膛;6—耐火砖。

图1.9 箱式电阻炉

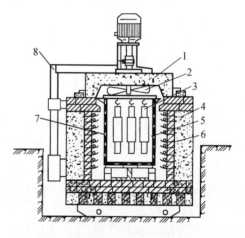

1—炉盖;2—风扇;3—工件;4—炉体;5—炉膛;

6—电热元件;7—装料筐;8—炉盖升降机构。

图1.10 井式电阻炉

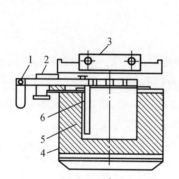

1—连接变压器的铜排;2—风管;

3—炉膛;4—炉壳;5—炉衬;6—电极。

图1.11 盐浴炉

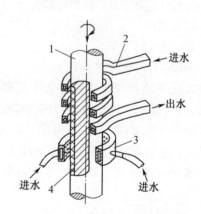

1—工件;2—感应器(接入高频电源);

3—淬火喷水套;4—工件加热淬水层。

图1.12 感应圈式表面淬火装置

冷却设备有水槽、油槽、浴炉、缓冷坑等。冷却介质有自来水、盐水、机油、硝酸盐溶液等。

检验设备有洛氏硬度计、布氏硬度计、金相显微镜、物理性能测试仪、无损探伤仪等。

1.5　表面处理技术

表面处理技术是通过技术手段改善材料表面的性能的方法的总称,通过表面技术的处理可以提高机械零件的耐磨性、耐蚀性、耐热性、抗疲劳强度等力学性能,电子元器件表面的电、磁、声、光等特殊物理性能,机电产品表面的美观性,生物医学材料的生物相容性、耐磨性和耐蚀性等。

常用表面处理技术一般可以分为表面改性技术、表面处理技术和表面涂覆技术三大类。

1. 表面改性技术

表面改性技术是指通过改变材料表面的化学成分以改善表面结构和性能的技术。钢的表面热处理中的化学热处理就是表面改性技术中的一种,还有离子注入技术、转化膜技术也都属于表面改性技术。

2. 表面处理技术

表面处理技术是不改变材料表面的化学成分,只通过改变表面的组织结构来改变表面性能的技术。钢的表面淬火技术即是表面处理技术的一种,另外还包括喷丸、辊压、孔挤压等表面变形处理技术,以及表面纳米化加工技术等。

3. 表面涂覆技术

表面涂覆技术是在材料表面上形成一种膜层,以改善表面性能的技术。涂覆层的化学成分、组织结构可以和基体材料完全不同。它以满足表面性能、涂覆层和基体材料的结合强度、能适应工况要求、经济性好、环保性好为准则。表面涂覆技术主要包括电化学沉积(电镀、电刷镀)、化学沉积(化学镀)、气相沉积(物理气相沉积、化学气相沉积)、喷涂(火焰喷涂、电弧喷涂、等离子喷涂、特种喷涂)、堆焊、熔覆(激光熔覆、等离子束熔覆)、热浸镀、粘涂、涂装等。

1.6　热处理安全技术和环境保护

从事热处理生产的组织必须通过 GB/T 19001—2016《质量管理体系　要求》或顾客指定的质量管理体系的认证,并在合格有效期内。应配备具备独立上岗能力和资格的热处理责任人、生产操作人员、设备维护人员、质量控制人员等从业人员。作业场所与安全卫生应符合下面规定。

①热处理作业场所的噪声应符合 GB/T 50087—2013《工业企业噪声控制设计规范》的规定。

②热处理作业场所的有害物质应符合 GB/T 27946—2011《热处理工作场所空气中有害物质的限值》的规定。

③热处理作业场所安全与卫生应符合 GB 15735—2016《金属热处理生产过程安全卫生要求》、GB/T 30822—2014《热处理环境保护技术要求》的规定。

④化学危险品分类和贮存应符合 GB 13690—2019《化学品分类和危险性公示通则》、GB 15603—1995《常用化学危险品贮存通则》的规定。

⑤使用危险化学品应符合相关法律、行政法规的规定和国家标准、行业标准的要求，并根据危险化学品的种类、危险特性、使用量和使用方式建立危险化学品的安全管理规章制度和安全操作规程。

⑥从事热处理生产的组织应建立和改进包含但不限于文化、政策、制度、安全保障、环境、工作条件、人体功效学等有利于热处理质量控制的作业场所。

第2章 铸造成形工艺

【学习要求】

(1)了解铸件的形成原理;

(2)了解铸造常用的设备、特点、应用;

(3)熟悉砂型铸造的工艺方法,针对简单的零件(或产品),能对其毛坯进行初步的工艺分析,并初步具备相关设备或工具的操作技能;

(4)了解铸造安全规范、环境保护措施以及简单的经济成本分析。

2.1 铸造生产工艺过程与特点

2.1.1 铸造的特点和应用

熔炼金属,制造铸型,并将熔融金属浇入铸型,凝固后获得一定形状和性能铸件的成形方法称为铸造。

铸件是用铸造方法获得的金属件。对于尺寸精度和表面粗糙度要求不高的零件,铸件可以不经过机械加工直接使用。但是,大多数有装配要求的铸件还需要进行机械加工才能使用。

铸件生产的方法有很多种。通常分为砂型铸造(普通铸造)和特种铸造(大多数为精密铸造)两大类。砂型铸造是最基本的、最常用的铸造方法。精密铸造可以铸造少切削或无切削的铸件。

铸造是制造机械零件毛坯的主要工艺方法之一,其实质是一种液态成形方法。与其他工艺方法相比,铸造具有的优点如下:

①制造形状复杂,特别是具有复杂内腔的零件,如箱体、汽缸体、机座、机床床身等;

②铸件的质量可以从几克到几百吨,轮廓尺寸小到几毫米,大至十几米,常用的金属材料(如铁碳合金、铝合金、铜合金、镁合金、钛合金、高温合金等)均可以用铸造成形;

③精度要求不高的铸件的成本低,原材料来源广、价格低,铸造生产一般不需要昂贵的设备;

④铸件的形状与成品零件相似,尺寸也相近,所以机械加工余量较小,并可以节省机械加工工时;

⑤工艺适用性广,既可以单件小批生产,也可以成批大量生产。

但是,由于铸造金属在液态下成形,铸件易产生一些缺陷,如组织疏松、晶粒粗大、内部常有缩孔、缩松、气孔和夹杂物等缺陷,导致同一化学成分的铸件较用锻造获得的毛坯力学性能低;另外铸造的工序多,热成形的动态过程不好把控,导致铸件质量不稳定。此外,铸造生产条件一般较差,劳动强度较大,铸造生产过程中的废气、粉尘等易对周围环境造成污染。

我国具有悠久的铸造历史,殷商时期的青铜器就采用了铸造技术生产。商代早期开始的泥范铸造、战国时期开始的铁范铸造和战国前就开始的失蜡铸造为我国古代三大铸造技术,成就辉煌,文物众多。这充分证明了我们的祖先具有精湛的铸造技术。

由于铸造具有诸多的优点,其在工业中获得了广泛的应用。据统计,在机器设备中,铸件一般占机器总质量的 30% ~ 85%,如切削机床中,铸件质量约占 80%;轧钢机中占75% ~80%;内燃机中约占 50%;汽车、拖拉机中占 30% ~40%;在重型机械、矿山机械、水电设备中占 85% 以上;农业机械中占 40% ~70% 等。随着铸造技术的发展,在公共设施、生活用品、工艺美术和建筑等领域,将会越来越多地采用各种铸件。

近年来,铸造技术发展很快。许多新型铸造材料、新工艺、新技术和新设备的出现和现代化铸造车间或工厂的建立,使铸造生产的劳动强度大大降低,环境污染得到控制,铸件的质量和性能大大提高,铸造生产的应用范围也日益扩大。

2.1.2 砂型铸造的工艺过程

砂型铸造是型砂紧实成形的铸造方法。砂型铸造工艺过程流程图如图 2.1 所示。

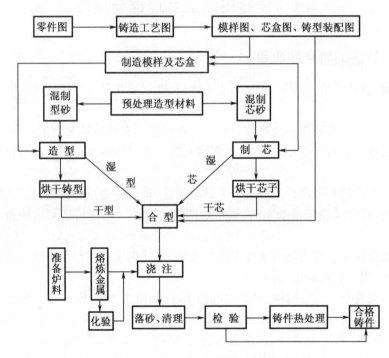

图 2.1 砂型铸造工艺过程流程图

图 2.2 是压盖铸件的生产过程示意图。利用带有芯头的模样制出上、下砂型。利用芯盒制出型芯。烘干后的型芯放在砂型的芯座上,合好上砂型。液态金属自上砂型的直浇道浇入砂型中。金属冷却后,开型取出带有浇注系统的铸件。切掉浇注系统后,即得到压盖铸件。

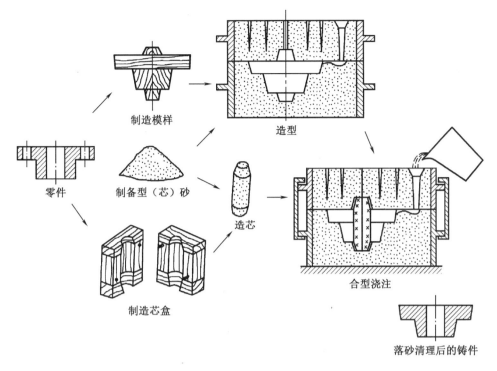

图 2.2 压盖铸件的生产过程示意图

2.2 砂型的组成及其作用

2.2.1 造型材料的组成及性能

砂型和型芯分别是用型砂和芯砂制造的。型（芯）砂是由原砂（主要成分是 SiO_2）、黏结剂、水和附加物（煤粉、木屑等）按一定比例混合制成。一般型砂是由新砂、旧砂、黏土和水混拌而成。按黏结剂的不同，型砂可分为黏土砂、水玻璃砂、植物油砂、合脂砂和树脂自硬砂。黏土砂是以黏土（包括膨润土和普通黏土）为黏结剂的型砂，其用量占整个铸造用砂量的70% ~ 80%。型（芯）砂混合过程一般在混砂机中完成，如图 2.3 所示。

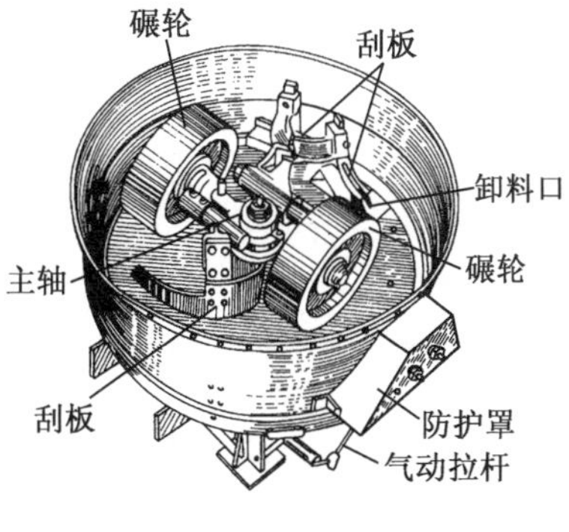

对型（芯）砂各项性能要求如下。

（1）强度

强度是指抵抗外力破坏的能力，以保障砂型不被冲坏，防止铸件产生冲砂、砂眼等缺陷。

（2）透气性

透气性是指允许气体透过的能力，防止呛火、抬箱，铸件产生气孔、浇不足等缺陷。但

图 2.3 碾轮式混砂机

透气性太高会使铸型疏松,铸件易出现表面粗糙和机械黏砂。

(3)耐火度

耐火度是指抵抗液态金属高温的能力。SiO_2 含量越高,耐火度越高。耐火度不够,铸件容易产生黏砂缺陷。

(4)可塑性

可塑性是指在外力作用下变形,去除外力后保持形状的能力。可塑性好,可使铸型清楚地保持模型外形的轮廓。

(5)退让性

退让性是指铸件冷凝时,型(芯)砂可被压缩的能力,防止铸件收缩受到阻碍,产生内应力和变形、裂纹等缺陷。在型砂中加入木屑等材料可以提高退让性。

型芯由于被炽热的合金液体所包围,所以芯砂性能要求比型砂高,同时芯砂的黏结剂用量(黏土、树脂、油类等)比型砂要大一些,所以其透气性不及型砂,制芯时要做出透气道(孔);为改善型芯的退让性,要加入木屑等附加物。

2.2.2　铸型的组成和作用

采用砂型铸造时,在合型之后、浇铸之前砂箱中各个部分组成铸型(铸型装配图),如图 2.4 所示。型砂被舂紧在上、下砂箱中,与砂箱一起分别构成上砂型和下砂型;砂型中取出模样后留下的空腔称为型腔;上、下砂型间的结合面称为分型面;使用型芯的目的是铸出零件的内孔(腔),型芯的外伸部分称为芯头,用来定位和支承型芯;型腔中放置型芯芯头的部分称为型芯座;外浇口、直浇道、横浇道和内浇道构成浇铸系统,金属液从外浇口浇入,经直浇道、横浇道、内浇道流入型腔。型砂、型芯及型腔中的气体由通气孔排出。

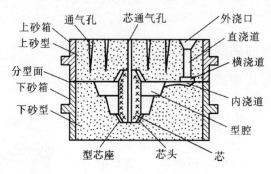

图 2.4　铸型各部分名称

2.2.3　型芯的结构

型芯是铸型的重要组成部分,其主要作用是构成铸件的内腔,有时也用来构成铸件上难以起模部分的外形。型芯由构成铸件腔体的主体和芯头两部分组成。芯头的作用是定位、支撑和排气。如图 2.5 和图 2.6 所示,造芯时,小型芯用气孔针扎通气孔;形状复杂的或弯曲的型芯,埋入蜡线或草绳,在烘干时被烧掉,从而形成透气孔道。尺寸较大的型芯,为了提高其强度和便于吊运,常在型芯中安放芯骨和吊环,如图 2.7 所示。

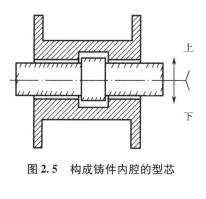

图 2.5　构成铸件内腔的型芯

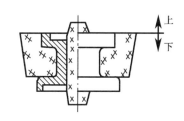

图 2.6　构成铸件内腔和外形的型芯

(a) 扎通气孔的小型芯

(b) 埋放蜡线的弯曲型芯

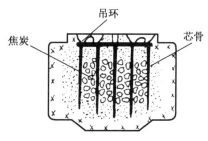

(c) 有芯骨吊环的大型芯

图 2.7　型芯的结构

2.2.4　浇注系统的作用和类型

浇注系统是为填充金属液而开设于铸型中的一系列通道,也叫浇口。图 2.8 所示为常用的浇铸系统结构形式。一般包括外浇口(也称为浇口杯或浇口盆)、直浇道、横浇道和内浇道等。其作用是保证金属液平稳、连续、均匀地流入型腔,避免冲坏铸型;防止熔渣、砂粒或其他杂质进入型腔;调节铸件的凝固顺序或对铸件冷凝收缩进行液态金属的补充。图 2.9 是几种常用的浇注系统形式。

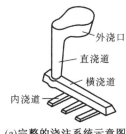

(a)完整的浇注系统示意图

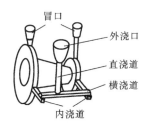

(b)与铸件相接壤时的示意图

图 2.8　浇注系统的组成

对于大铸件、铸件上厚大的部位或收缩率大的合金铸件,凝固时收缩大,为使其能够及时得到金属液体的补充而增设补缩用的冒口。冒口有明冒口和暗冒口两种。明冒口一般设在铸件的最高部位,同时具有排气、浮渣及观察浇铸情况等作用;暗冒口被埋在铸型中,由于散热较慢,补缩效果比明冒口好。

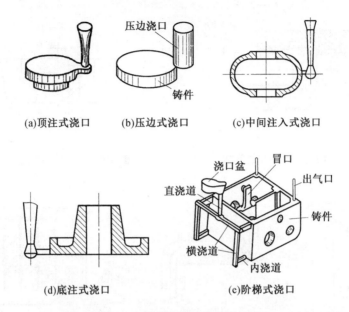

图2.9　几种常用的浇注系统形式

位于铸件浇铸位置下部的厚截面无法用冒口补缩,需安放冷铁使其最先凝固。冷铁通常用钢或铸铁制成。冒口和冷铁的使用如图2.10所示。

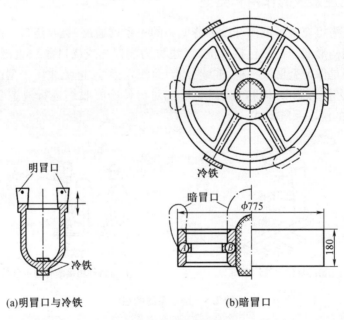

图2.10　冒口与冷铁

2.3　造型方法

2.3.1　模样、型腔、铸件和零件之间的关系

零件具有尺寸精度和表面质量要求及其他的细节要求,用铸造的方法获得零件往往比较困难和不经济。因此,我们可以通过铸造工艺设计将零件结构进行简化,用铸造获得与零件形状相似的铸件,再通过机械加工最终获得零件。

模样和芯盒是用来造型和造芯的模具。模样和芯盒的制造要依据铸造工艺图,模样用来形成铸型的型腔,型腔用来形成铸件的外形,芯盒用来造芯,以形成铸件的内腔,甚至形成部分外形。因此,用实形的模样形成空形的型腔,型腔与零件相适应,用空形的型腔形成实形的铸件,铸件与型腔相似,铸件是零件的毛坯。图 2.11 是压盖零件图,铸造工艺图,铸件、模样、芯盒结构图。

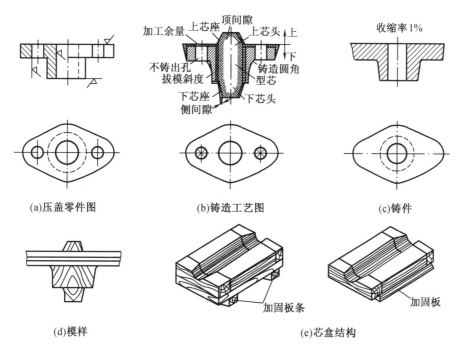

(a)压盖零件图　　　　　(b)铸造工艺图　　　　　(c)铸件

(d)模样　　　　　　　　(e)芯盒结构

图 2.11　压盖零件图,铸造工艺图,铸件、模样、芯盒结构图

小批量生产时,模样和芯盒常用木材制造;大批量生产时,常用铝合金或塑料制造。用木材制造的模型称为木模,用于小批量铸件生产,但其强度和硬度较低,容易变形和损坏,寿命也较低,因而在大量生产中都采用强度较高的金属模和塑料模。

2.3.2　铸造工艺图

铸造工艺图是用红、蓝等颜色的线条表示铸型分型面、浇注位置、浇冒口系统、型芯结构尺寸、控制凝固措施(冷铁、保温衬板)和工艺参数的图纸。可按规定的工艺符号或文字绘制在零件图上,或另绘工艺图纸。它是指导铸造生产过程的最重要的工艺文件,也是生

产准备、工艺操作和铸件验收的依据,直接影响铸件质量、生产率和生产成本等。

1. 选择造型方法

根据铸件的形状、尺寸、生产数量和生产条件选择手工造型或机器造型。有条件的应采用机器造型,以提高铸件的质量和生产率,降低工人劳动强度。

2. 确定铸件的浇注位置和分型面

铸件的浇注位置是指浇注时铸件在铸型中所处的空间位置,分型面是指铸型间的接合面。

通常一个铸件有几个浇注位置和分型面可供选择,可通过分析对比来确定。

(1)确定浇注位置的原则

①铸件上重要的受力面、主要加工面在浇铸时应朝下,如图 2.12 所示机床床身的浇铸位置。因为铸件顶面的缺陷(如气孔、砂眼、夹杂物等)比下表面多,而且组织也不如下表面致密。

②有大平面的铸件,浇注时应将大平面朝下,以避免大平面上产生夹砂缺陷。图 2.13 是平板铸件的浇注位置。

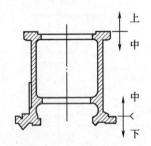

图 2.12　车床床身的浇注位置

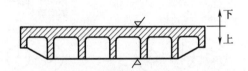

图 2.13　平板铸件的浇注位置

③铸件上面积较大的薄壁部分应置于型腔下部或使其处于垂直或倾斜位置,防止充型缺陷,如图 2.14 所示。

④尽量减少砂芯的数量。图 2.15 为车床床腿的两种浇注位置方案。(b)方案的中间空腔用砂胎来形成,可减少造芯和下芯工作量。

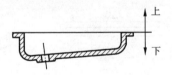

图 2.14　薄壁件的浇注位置

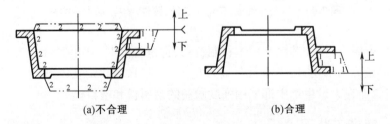

(a)不合理　　　　　　(b)合理

图 2.15　车床床腿的两种浇注位置方案

(2)确定分型面的原则

①分型面一般设在铸件的最大截面处,尽量把铸件放在一个砂箱内,而且尽可能放在

下箱,以方便下芯和检验,减少错箱和提高铸件精度。如图 2.16 所示,联轴节零件选(c)方案最合理。

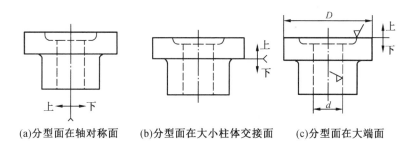

(a)分型面在轴对称面　(b)分型面在大小柱体交接面　(c)分型面在大端面

图 2.16　联轴节的分型方案

②机器造型时不允许用三个砂箱造型(有两个分型面)和带活块的造型。应尽可能减少分型面的数量以避免造型过于复杂。图 2.17 中(c)方案最合理。

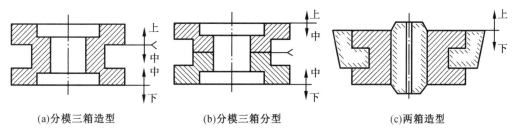

(a)分模三箱造型　　　(b)分模三箱分型　　　　(c)两箱造型

图 2.17　槽轮的分型方案

③应选平直的分型面,如图 2.18 所示。

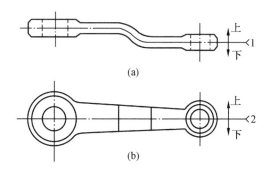

(a)

(b)

图 2.18　弯曲壁铸件的分型方案

④应尽可能使加工基准面和加工面位于同一箱,以保证精度要求。

3. 选择铸造工艺参数

铸造工艺参数是与铸件精度和造型(芯)等工艺过程有关的某些工艺数据,是设计制作模样和芯盒的依据,直接关系到铸件的质量和生产过程,主要包括以下参数。

(1)铸造收缩率

液态金属冷凝时发生收缩,冷凝后获得的铸件的实际尺寸比模样尺寸缩小的百分率称为铸造收缩率,它与合金的种类、铸件结构及铸型的退让性有关。制造模样时,必须将模样尺寸按所确定的收缩率放大(或减去)。

常用合金的铸造收缩率可参考有关的铸造工艺手册。中、小型灰铸铁件的铸造收缩率为1%,铸钢件为1.5%~2.0%,有色合金为1.0%~1.5%。

(2)机械加工余量

机械加工余量是预先在铸件上增加而在机械加工时切去的金属层厚度。

机械加工余量大小和合金的种类、铸件尺寸及加工面在浇注时的位置有关,小型灰铸铁件的加工余量为3~5 mm。具体可参考有关的铸造工艺手册。

(3)起模斜度

为方便地从砂型中取出模样,在模样垂直于分模面的立壁上应有向分模面方向扩大的斜度(包括内壁斜度和外壁斜度)。其大小与模样的表面粗糙度、壁的高度、造型方法、造型材料等有关。中、小型铸件的起模斜度为30′~3°。

(4)不铸出的孔和槽

零件上的孔、槽是否铸出取决于工艺可行性、经济性和必要性。铸件上较小的孔、槽一般不铸出,直接用切削加工更为方便,且形状精度、位置精度和尺寸精度更易保证。然而,一些难以加工的特形孔,如蒸气气路孔、弯曲的小孔等,原则上应铸出;难加工材料上的非加工孔、贵重金属件上的孔应尽可能铸出。

(5)铸造圆角

铸件上相连的壁之间应为圆角,以防止冲砂及在铸件尖角处产生应力集中和裂纹。圆角半径一般为相连两壁平均厚度的1/5~1/3,并圆整。

4.型芯设计

设计型芯时要确定型芯的数目和芯头的结构等问题。

芯头必须有足够的尺寸和合适的形状,才能保证型芯牢固地固定在芯座中,以免型芯在浇注时漂浮、偏斜或移动。根据芯子在铸型中是垂直放置还是水平放置,芯头分别有上、下芯头和左、右芯头两种(图2.19)。上、下芯头高度为15~150 mm,并带有斜度,以便合型和使芯子安放稳定,左、右芯头的横截面和长度一般由芯子的尺寸、长度等因素决定。

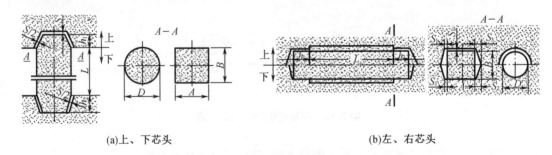

(a)上、下芯头　　　　　　　　　　　　(b)左、右芯头

图2.19 芯子的放置形式

为便于下芯,芯头与芯座之间应留有间隙。手工造型制芯时,一般间隙为0.5~4.0 mm。芯子尺寸大,间隙亦大。机器造型制芯时,间隙应适当减少。设计时可参考铸造工艺手册。

5.浇注系统设计

浇铸系统各浇道的截面积(用符号 A 表示)应有一定的比例关系,分别用 A_z、A_h、A_n 表示直浇道、横浇道和内浇道的截面积,可将浇铸系统分为三种类型:

①封闭式: $A_z > \sum A_h > \sum A_n$,特点是挡渣能力强,但对铸型冲刷力大。

②开放式: $A_z < \sum A_h < \sum A_n$,特点是充型平稳,但挡渣作用较差,适用于有色金属的浇铸。

③半封闭式: $\sum A_n < A_z < \sum A_h$,作用介于上述两者之间。

对于中小型铸铁件,推荐采用封闭式浇铸系统,各浇道截面积的比例关系为:

$\sum A_n : \sum A_h : \sum A_z = 1 : 1.1 : 1.15$。

6.铸造工艺图的绘制

常用铸造工艺符号及表示方法见表2.1。

表2.1　常用铸造工艺符号及表示方法(摘自 JB/T 2435—2013)

序号	名称	工艺符号及表示方法	图例
1	分型	分型面用红色线表示,用红色箭头及红色字标明"上、中、下"字样 两开箱　　三开箱	
2	分模面	分模面用红色线表示,并在线的任一端画" < "或" > "号(只表示模样分开的界限)	
3	分型分模面	分型分模面用红色线表示	
4	机械加工余量	加工余量分两种方式表示,可任选其一: a.加工余量用红色线表示,在加工符号附近注明加工余量数值。 b.在工艺说明中写出"上、侧、下"字样,注明加工余量数值,特殊要求的加工余量可将数值标在加工符号附近。 凡带斜度的加工余量应注明斜度	

表 2.1(续)

序号	名称	工艺符号及表示方法	图例
5	不铸出孔和槽	不铸出的孔和槽用红线打叉	
6	砂芯编号、边界符号及芯头边界	砂芯边界用蓝色线表示,砂芯编号用阿拉伯数字 $1^\#$、$2^\#$ 等标注,边界符号一般只在芯头及砂芯交界处用与砂芯号相同的小号数字表示,铁芯必须写出"铁芯"字样。如果能表达清楚,也可以不标明砂芯边界	
7	芯头斜度与芯头间隙	外型芯头斜度、芯头间隙及有关芯头部分所有工艺参数全部用蓝色线和字表示	
8	浇注系统	浇注系统用红色线表示,并注明各部位尺寸	

2.3.3　手工造型

造型方法主要分为手工造型和机器造型两大类。

1. 手工造型使用的砂箱和造型工具

手工造型常用的砂箱和造型工具如图 2.20 所示。砂箱在造型、运输和浇注时支承砂型,防止砂型变形和损坏;底板用来放置模样;刮砂板用来刮平型砂;舂砂锤用来舂紧型砂;浇口棒用来形成直浇道;通气针用来扎通气孔;起模针用来起出模样(活块);手风箱(又称皮老虎)用来吹去模样上的型砂及散落在型腔中的散砂;墁刀(又称砂刀)用来修平面和挖沟槽;秋叶(两端分别是圆勺和压勺)用来修出凹的曲面;砂勾用来修出深而窄的型面或勾出型腔中的散砂。

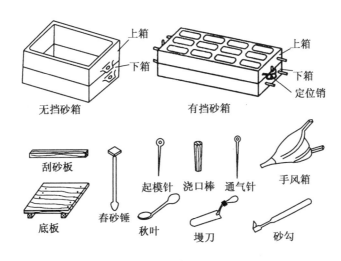

图 2.20　砂箱及造型工具

2. 手工造型方法

手工造型的方法很多,按模样特征分为整模造型、分模造型、挖砂造型、活块造型、刮板造型等;按砂箱数量分为两箱造型、三箱造型和多箱造型等;按砂箱使用特征分为脱箱造型和地坑造型等。

(1) 整模造型

整模造型的模型是一个整体,造型时模型全部放在一个砂箱内,分型面是平面。这类零件的最大截面一般是在端部,而且是一个平面。整模造型过程如图 2.21 所示,其造型过程简便,所得型腔形状和尺寸精度较好,适用于生产各种批量且形状比较简单的铸件,如齿轮坯、轴承、罩、壳等。

(2) 分模造型(两箱造型、三箱或多箱造型)

当零件最大截面不在端面时,整体模样不能起模,通常把模样分成两半,采用分模两箱造型。图 2.22 所示为套管零件的分模两箱造型。此种方法易产生错箱,影响铸件精度,沿分型面还会产生披缝,影响铸件表面质量。

当一个分型面仍不便起模时,可将模样分成三部分或更多,从而有两个或更多的分型面,进行三箱或多箱造型,如图 2.23 所示。

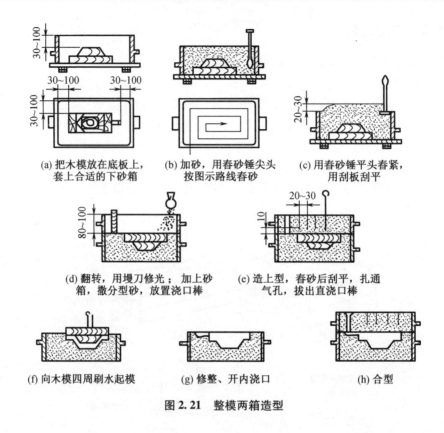

图 2.21　整模两箱造型

(a) 把木模放在底板上，套上合适的下砂箱

(b) 加砂，用舂砂锤尖头按图示路线舂砂

(c) 用舂砂锤平头舂紧，用刮板刮平

(d) 翻转，用墁刀修光；加上砂箱，撒分型砂，放置浇口棒

(e) 造上型，舂砂后刮平，扎通气孔，拔出直浇口棒

(f) 向木模四周刷水起模

(g) 修整、开内浇口

(h) 合型

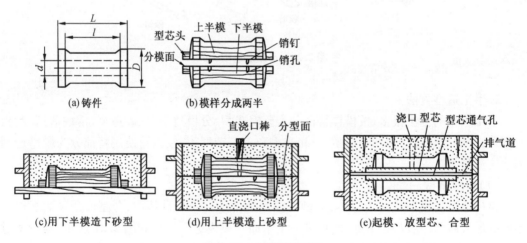

(a) 铸件

(b) 模样分成两半

(c) 用下半模造下砂型

(d) 用上半模造上砂型

(e) 起模、放型芯、合型

图 2.22　分模两箱造型

(3)挖砂造型(假箱造型、成型底板)

当零件的最大分型面不在端部，模样又不便分开时，用整体模样，造型时将妨碍起模的型砂挖出，并形成分型面。图 2.24 所示是手轮零件的挖砂造型过程。

挖砂造型时，每造一型需挖砂一次，操作麻烦，要求操作水平高，生产率低，只适用于单件生产。

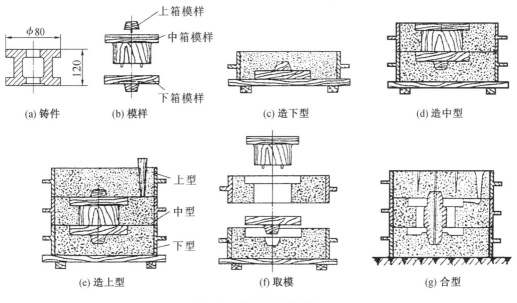

图 2.23　带轮的三箱造型

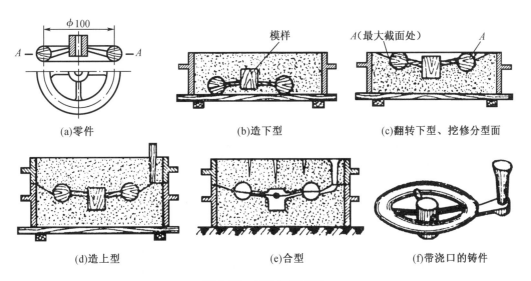

图 2.24　挖砂造型过程

当铸件批量较大时,为避免每型挖砂,可采用假箱造型代替挖砂造型。利用预先制备好的半个铸型简化造型操作的方法称假箱造型(图 2.25),此半型称为假箱,其上承托模样,可供造另半型,但不用来组成铸型。图 2.25(a)是以一个不带浇口棒的上箱做假箱,分型面是曲面。用假箱制下砂型,再用下砂型制上砂型。假箱不参加浇注,只是用来制下砂型。

当批量更大时,用成型底板代替假箱效率更高,如图 2.26 所示。

假箱的做法有多种。图 2.26(a)所示假箱的分型面是平面,模样卧进分型面,露出最大截面以上部分。这两种假箱一般用强度较高的型砂春成,要求能多次使用。当生产数量更大时,往往以木制的成形底板代替假箱,如图 2.26(b)所示。

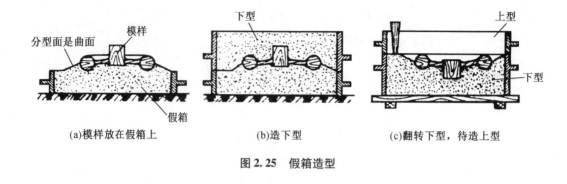

图 2.25　假箱造型

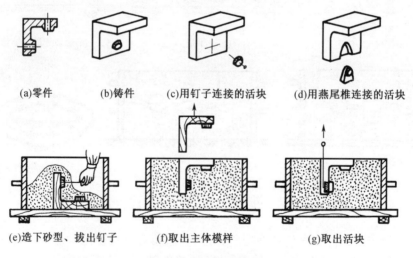

图 2.26　假箱和成型底板

（4）活块造型

当零件上有妨碍起模的凸起部分时，将影响起模的局部凸台做成活块，起模时先起出主体模样，再起出活块。图 2.27 所示为活块造型的过程。

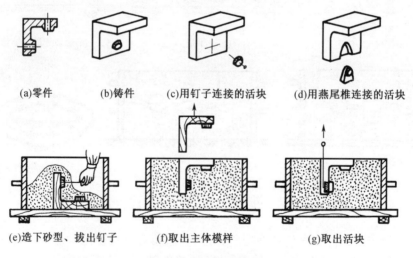

图 2.27　活块造型过程

模样上可拆卸或能活动的部分称为活块。整体模或芯盒有侧面伸出部分时，常做成活块，起模或脱芯后，再将活块取出。用带有活块的模样造型的方法称为活块造型。

活块的厚度应小于活块处模样的壁厚，否则活块会取不出来。如果活块厚度过大，可以用一个外砂芯来代替活块，如图 2.28 所示。

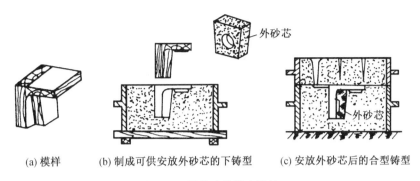

(a) 模样　　　(b) 制成可供安放外砂芯的下铸型　　　(c) 安放外砂芯后的合型铸型

图 2.28　用外砂芯做出活块

活块造型要求工人操作技术高,且生产率低,仅适应于单件小批量生产,当生产批量大时,可用外砂芯来代替活块(图 2.28)。

(5)刮板造型

当零件为轴对称时,如皮带轮、大齿轮等,若生产数量较小,为了节省制模材料和制模工时,缩短生产周期,可采用与零件截面形状相适应的特制刮板代替模样进行造型。图 2.29 所示为刮板造型的过程。

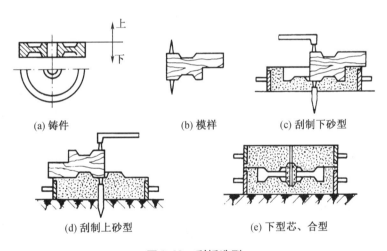

(a) 铸件　　　　　(b) 模样　　　　　(c) 刮制下砂型

(d) 刮制上砂型　　　　　(e) 下型芯、合型

图 2.29　刮板造型

(6)脱箱造型(无箱造型)

当零件较小时,正常造型后将砂箱脱出,重新用于造型(砂箱不参与浇注)。脱箱后的砂型在浇注时一般用型砂填紧或加套箱。

(7)地坑造型

地坑造型是在地面挖一个砂坑代替下砂箱的造型方法(图 2.30)。其主要用于大中型铸件的小批生产。

2.3.4　机器造型简介

机器造型的实质是用机器代替手工紧砂和起模。在成批、大量生产时应采用机器造型。

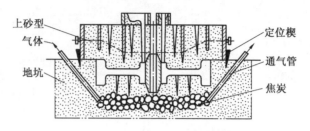

图 2.30　地坑造型

机器造型时采用由模样和底板牢固组合成一体的模板来造型。模板上有浇口模和定位装置(定位销和定位销孔)。定位装置保证分别在两台造型机上造出的上、下箱精确合箱。按型砂的紧实方式,机器造型可分为震击造型、压实造型、震压造型、射压造型、抛砂造型、气流紧实造型(包括气流冲击造型和静压造型)。常用的方法有震压式造型机造型、抛砂造型、造型生产线、垂直分型无箱挤压造型生产线等。

1. 震压式造型机造型

震压式造型机造型时,紧砂的过程分震实和压实两步进行。利用起模油缸顶起砂箱使模样脱离。震压式造型机造型过程如图 2.31 所示。

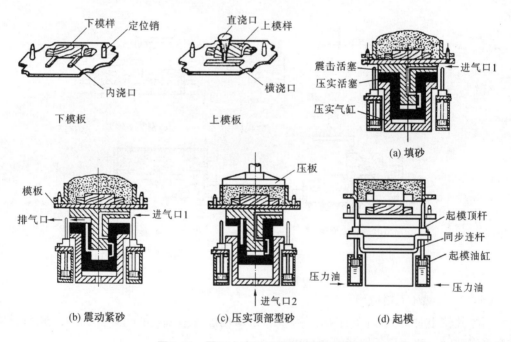

图 2.31　震压式造型机造型过程示意图

2. 抛砂造型

抛砂造型的实质是抛砂机利用离心力填砂并使型砂紧实。抛砂机工作原理如图 2.32 所示。

3. 造型生产线

造型生产线是根据铸造工艺流程,将造型机、翻转机、下芯机、合型机、压铁机、落砂机等用铸型输送机或辊道等运输设备联系起来,并采用一定控制方法所组成的机械化、自动化造型生产体系。图 2.33 是造型生产线示意图。

4. 垂直分型无箱挤压造型生产线

垂直分型无箱挤压造型生产线在实际生产中得到了广泛的应用,其过程如图 2.34 所示。生产率很高,铸件尺寸精度和表面粗糙度较好,但不易生产大铸件。

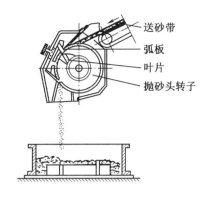

图 2.32　抛砂机工作原理图

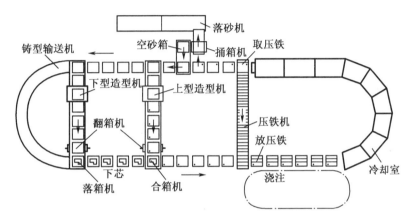

图 2.33　造型生产线示意图

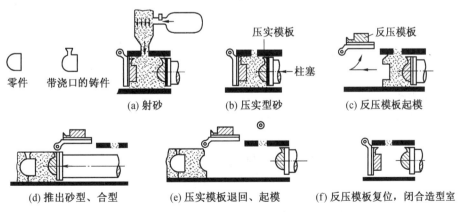

图 2.34　垂直分型无箱挤压造型生产线示意图

2.3.5　制芯

1. 芯盒制芯

芯盒制芯可分为整体式芯盒制芯、对开式芯盒制芯和可拆式芯盒制芯,如图 2.35 所示。

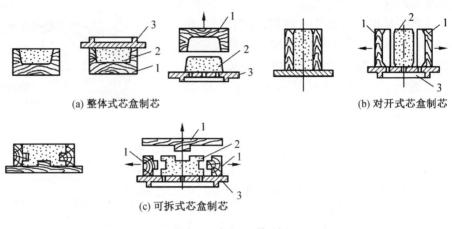

(a) 整体式芯盒制芯　　　　　　　　　　　　(b) 对开式芯盒制芯

(c) 可拆式芯盒制芯

1—芯盒;2—砂芯;3—烘干板。

图 2.35　芯盒制芯

2. 刮板制芯

对形状简单的等截面型芯可以采用刮板制芯的方法,如图 2.36 所示,另一半用同样的方法制成后烘干胶合成整体。

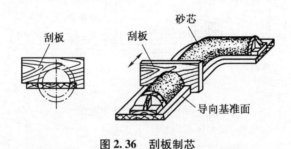

图 2.36　刮板制芯

2.3.6　合型

将上、下(上、中、下)铸型,型芯,浇口杯等组合成一个完整铸型的过程叫作合型或合箱。合型是造型的最后一道工序,应保证型腔的几何形状、尺寸的准确、型芯安放牢固等。有时用到芯撑、压铁等。不当的合型会导致铸件产生错型、偏芯、砂眼、气孔、飞翅等缺陷。

2.4　合金的熔炼与浇注

2.4.1　合金的熔炼

为了生产高质量的铸件,就要熔炼出合格的金属液。合金的熔炼如果控制不当会使铸件化学成分和力学性能不合格,而且易产生气孔、夹杂物、缩孔等缺陷。

对合金熔炼的基本要求是优质、低耗和高效,即:①将固态金属熔化成熔融状态,并过热到一定温度,使之具有足够的流动性,浇铸时能较好地充满型腔;②借助金属熔炼过程中的物理、化学反应,使合金具有所要求的化学成分和力学性能,夹杂物及气体含量少;

③熔化效率高,燃料、电力耗费少,金属烧损少,熔炼速度快。

常用的铸造合金有铸铁、铸钢、铸造铝合金、铸造铜合金等。钛合金、高温合金等需要真空熔化设备。

熔炼铸铁的设备种类很多,如冲天炉、电炉(感应电炉和电弧炉)、坩埚炉和反射炉等。熔炼铸钢的设备有电弧炉、感应电炉等。熔炼有色金属,以感应电炉和坩埚炉应用较为广泛。

1. 铸铁的熔炼

国内外的铸铁熔炼设备主要有冲天炉、电炉两大类,少数国家的个别铸造企业还应用不同形式的燃气炉(无焦冲天炉和燃气回转炉)。大批量流水生产则多采用"冲天炉 - 电炉双联"熔炼。即先采用冲天炉熔化铁水,然后将铁水导入电炉中保温和精炼。

冲天炉是铸铁的主要熔炼设备。它结构简单、操作方便、适应性强、熔化热效率高(可达50%~70%)、成本低,其熔炼成本仅为电炉的1/10,可连续熔炼,熔化效率高,铁水成本低。

(1)冲天炉的结构

冲天炉为圆柱形竖式结构,图 2.37 所示为一种热风式冲天炉。虽然各种冲天炉

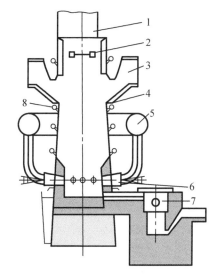

1—加料口;2—料位器;
3—环形炉气引出口;4—炉壳;5—风箱;
6—水冷风口;7—压力分渣器;8—炉壳雨淋管。

图 2.37　外热风水冷长炉龄冲天炉示意图

的结构形式不尽相同,但主要结构基本相似,一般分为七个部分:①炉底;②炉体;③加料装置;④送风系统;⑤前炉;⑥炉气引出口;⑦检测系统。但它存在着污染物排放量大的问题,在使用时必须有完整的环保设施,如图 2.38 所示。

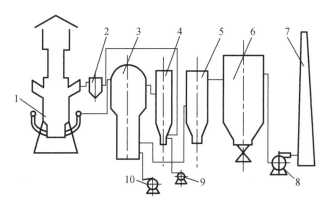

1—冲天炉;2—重力除尘器;3—燃烧器;
4—换热器;5—冷却器;6—布袋除尘器;7—烟囱;
8—引风机;9—助燃风机;10—鼓风机。

图 2.38　外热风水冷长炉龄冲天炉除尘系统布置图

（2）冲天炉所使用的炉料

冲天炉的炉料由金属炉料、燃料和熔剂三部分组成。

金属炉料由高炉生铁（高炉冶炼的专供铸造用的生铁锭）、回炉铁（浇冒口、废铸件等）、废钢及铁合金（硅铁、锰铁等）按比例配制而成。

冲天炉的燃料是焦炭。每批炉料中金属炉料和焦炭的质量比称为铁焦比，一般为（8:1）~（12:1）。

常用的熔剂有石灰石（$CaCO_3$）和萤石（CaF_2），加入量一般为金属炉料质量的 3%~4% 或焦炭质量的 30%~40%。

（3）冲天炉的熔炼原理

冲天炉是利用对流换热原理进行工作的，金属料与燃料直接接触而进行熔炼。熔炼时热炉气自下而上运动，冷炉料自上而下移动，两股逆向流动的物、气之间进行着热量交换和冶金反应，最终将金属炉料熔化成符合要求的铁水。

2.铸钢的熔炼

熔炼铸钢的设备有电弧炉和感应电炉。电弧炉是利用石墨电极和炉料间形成的电弧热量来熔化金属料，如图 2.39 所示；感应电炉是利用电磁感应原理，当交流电通过电炉的感应圈时，炉中的金属炉料在交流电磁场作用下产生涡流，进而产生大量的热使金属炉料熔化，如图 2.40 所示。

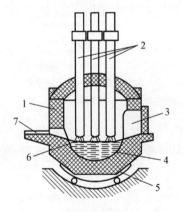

1—炉墙；2—电极；3—加料口；4—钢液；
5—倾斜机构；6—电弧；7—出钢口。

图 2.39　三相电弧炉结构示意图

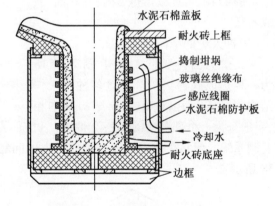

图 2.40　无芯感应炉结构示意图

熔炼铸钢的炉料包括金属料、氧化剂、还原剂、造渣材料等，其中废钢是主要的金属料，另外还有生铁、铁合金等金属料用来调整成分。

感应炉按电源工作频率可分为三种：

①高频感应炉：频率为 10 000 Hz 以上，炉子最大容量在 100 kg 以下，主要用于实验室和少量高合金钢熔炼。

②中频感应炉：频率为 250~10 000 Hz，炉子容量从几千克到几十吨，广泛用于优质钢和优质铸铁的冶炼，也可用于铸铜合金、铸铝合金的熔炼。

③工频感应炉：使用工业频率为 50 Hz，炉子容量在 500 kg 以上，最大可达 90 t，用于铸铁熔炼，还可用于铸钢、铸铝合金、铸铜合金的熔炼。

3. 铸造有色金属的熔炼

常用的铸造有色金属有铸造铝合金、铸造铜合金、铸造镁合金、铸造锌合金等。这类合金与铸钢、铸铁相比,熔点低、易氧化和吸气,多采用坩埚炉进行熔炼。铜合金一般用石墨坩埚炉,铝合金常用铁坩埚炉。熔炼时将合金置于坩埚内,并用熔剂覆盖,利用传导和辐射原理,在坩埚外面用焦炭、重油、煤气或电对合金间接加热,使合金在隔绝空气下受热熔化。接近浇注温度时,对金属液加入精炼剂进行除气精炼,精炼后应立即浇注,以防止二次氧化、吸气。焦炭加热式、电阻加热式坩埚炉分别如图 2.41 和图 2.42 所示。

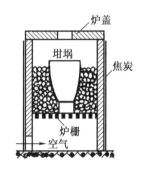

图 2.41　焦炭坩埚炉示意图

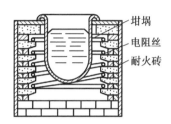

图 2.42　电阻坩埚炉示意图

（1）铝合金的熔炼

铝合金熔炼时的炉料有金属料(铝锭、废铝、中间合金)、熔剂(与氧化物反应造渣)、变质剂(细化晶粒)等。

铝合金在高温时易氧化和吸气。氧化形成的 Al_2O_3 的密度与铝液相近,易混入合金内在铸件中形成夹渣。溶入铝液中的气体,特别是氢气,常在铸件中形成气孔。因此,铝合金熔炼时,除气、去渣是保证铸件质量的关键。一般在熔炼时,向坩埚炉内加入 KCl 和 NaCl 等溶剂,将铝液与炉气隔离。在熔炼后期,还应对铝液进行除气精炼。

常使用六氯乙烷(C_2Cl_6)或同类精炼剂精炼。精炼剂与铝液中的 H_2 发生反应:

$$8C_2Cl_6 + 2Al + H_2 \longrightarrow 8C_2Cl_4 \uparrow + 2AlCl_3 \uparrow + 4Cl_2 \uparrow + 2HCl \uparrow$$

用钟罩(形状如反转的漏勺)压入炉料总量 0.2% ~ 0.3% 的 C_2Cl_6(最好压成块状),钟罩压入深度距坩埚底部 100 ~ 150 mm,并做水平缓慢移动。因 C_2Cl_6 和铝液发生反应形成大量气泡,将铝液中的 H_2 及 Al_2O_3 夹杂物带到液面,使合金得到净化。除气精炼后立刻除去熔渣,静置 5 ~ 10 min,然后进行浇注。

精炼剂精炼法的优点是除气效果好,稳定,工艺简单;缺点是反应物废气有毒,污染环境,应采取通风和安全措施。

对要求提高力学性能的铸件还应在精炼后,在 730 ~ 750 ℃ 时,用钟罩压入炉料总量 1% ~ 2% 的变质剂。常用变质剂配方为 35% 的 NaCl + 65% 的 NaF。

工业上也采用通气法精炼。向铝液中通入不与铝发生化学反应的氮气或惰性气体。当气体以气泡的形式从铝液底部上浮时,由于气泡中氢的分压力为零,铝液中氢向气泡中扩散,并随气泡浮出液面。与此同时,悬浮在铝液中的固态氧化物吸附在气泡表面随之浮到熔融金属表面,形成浮渣被清除。如果通入与铝液中氢发生化学反应的氯气,其精炼效果更好。但氯气有毒,应采取通风和安全措施。目前,正发展以硝酸盐、石墨为主的无公害的高效复合精炼剂。

（2）铜合金的熔炼

铜合金熔炼时的炉料有金属料（铜锭、铜屑、回炉料、中间合金）、熔剂（造渣）、脱氧剂（还原金属氧化物）等。

铜合金在液态极易氧化，形成能溶于铜液中的 Cu_2O，使合金力学性能下降。熔化青铜时，常用熔剂（如玻璃、硼砂等）覆盖铜液以防氧化；在出炉前加 0.3% ~ 0.6% 的磷铜脱氧。由于黄铜中含锌，锌是良好的脱氧剂，熔炼黄铜时不需要另加熔剂和脱氧剂。

2.4.2 合金的浇注

将熔融金属从浇包注入铸型的过程称为浇注。浇注是铸造生产的一个重要环节，影响到铸件的质量、生产率和工作安全。例如，浇注不当，会在铸件上产生浇不到、冷隔、气孔、夹杂物和缩孔等缺陷。

浇注通常用手工操纵浇包进行，而大型铸件或机械化铸造生产中应用机械化或自动化浇注装置来完成。

1. 浇注工具

浇注时使用的工具有浇包（图2.43）、挡渣钩等。手提浇包容量为 15 ~ 20 kg，抬包容量为 25 ~ 100 kg，容量更大的浇包用吊车吊运，称为吊包。浇包的外壳用钢板制造，内衬为耐火材料。

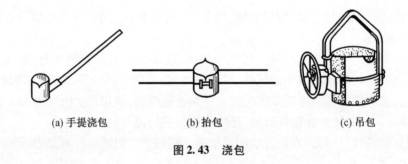

(a) 手提浇包　　　　　(b) 抬包　　　　　(c) 吊包

图 2.43　浇包

2. 浇注工艺

浇注最重要的工艺问题是浇注温度和浇注速度。

浇注前要了解浇注铸件的质量、形状大小及合金牌号，选好浇包、烘干用具，清理浇注场地。金属液出炉后，应将液面上的熔渣扒除干净，并覆盖保温聚渣材料。浇注前还需再次扒除金属液面熔渣，以免浇入铸型。浇注时要根据合金种类和铸件的大小、形状及壁厚确定浇注温度和浇注速度。

浇注温度过高，金属液含气量大，冷凝时收缩大，对型砂的热作用大，容易产生气孔、缩孔、缩松、粘砂等缺陷。浇注温度过低会产生冷隔、皮下气孔、浇不足等缺陷。根据生产经验，一般铸钢的浇注温度为 1 520 ~ 1 620 ℃，铝合金为 680 ~ 780 ℃，一般中小型灰铸铁件的浇注温度为 1 260 ~ 1 350 ℃，形状复杂和薄壁的铸件浇注温度为 1 350 ~ 1 400 ℃。

浇注速度太慢会充不满型腔，产生冷隔和浇不足等缺陷；太快则对铸型冲刷大，且使气体来不及逸出，在铸件中形成气孔，或造成冲砂等缺陷。对于形状复杂和薄壁的零件可适当提高浇注速度。

2.5　铸件的清理与质量成本分析

2.5.1　铸件的清理

浇注、冷却后的铸件必须经过落砂、清理、检验,合格后才能进行机械加工或使用。

1. 铸件的落砂

把铸件与型砂、砂箱分离的操作称为落砂。落砂前要掌握好开箱时间,落砂应在铸件充分冷却后进行,以免产生表面硬皮、内应力、变形、裂纹等缺陷。

落砂的方法有手工和机械两种。手工落砂使用铁钩和手锤进行,生产率低,劳动条件差。机械落砂多用振动落砂机进行落砂,如图 2.44 所示,当主轴旋转时,两端的偏心套使机身和砂箱一起振动,完成落砂。

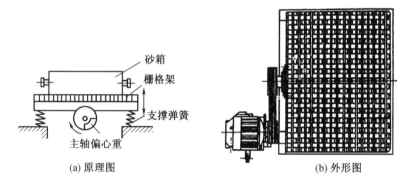

图 2.44　惯性振动落砂机

2. 铸件的清理

落砂后应对铸件进行初步检验,初检合格的铸件就可进行清理。铸件的清理内容包括去除浇冒口,清除砂芯,清除内外表面的粘砂,铲除、打磨披缝和毛刺,表面精整等。

灰铸铁件上的浇冒口可用锤子敲掉,铸钢件要用气割切除,不锈钢铸件要用等离子弧切割,有色金属则用锯割去除。

铸件清理一般用风铲、錾子、钢丝刷等手工工具进行。手工清理劳动条件差,生产效率低,应尽量用清理机械代替手工操作。机械清理方法可采用振砂机、水力清砂、水爆清砂、清理滚筒等方法。常用的履带式抛丸清理机和抛丸清理转台如图 2.45 和图 2.46 所示。

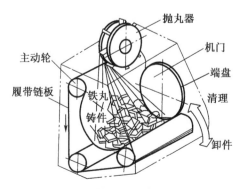

图 2.45　履带式抛丸清理机示意图

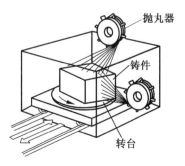

图 2.46　抛丸清理转台示意图

2.5.2 铸件的质量分析

1. 铸件缺陷特征分析及预防

在铸造生产过程中,由于铸件结构、工艺设计、操作过程和材料管理等方面的原因,往往在铸件内部、表面和性能等方面出现一些缺陷,降低铸件的质量。生产中,需要对铸件缺陷进行分析,找出产生缺陷的原因,以便采取措施防止再次发生。

对清理完的铸件要逐件进行检验,合格品验收入库,有缺陷的要根据技术要求处理。如有的缺陷并不影响技术要求,则应该视为合格铸件;有的缺陷可以采用气焊或电弧焊焊补;不能进行技术处理的作废回炉。常见的铸件缺陷名称和特征、产生的主要原因和防治方法见表2.2。

表 2.2 常见的铸件缺陷及其防治方法

	缺陷名称和特征	产生原因	防治方法
孔洞类缺陷	1. 气孔 铸件内部或表面有呈圆形、梨形、椭圆形的光滑孔洞,孔的内壁较光滑 	(1) 舂砂太紧或型砂透气性差; (2) 型砂太湿,起模刷水过多; (3) 砂芯通气孔堵塞或砂芯未烘透; (4) 浇口开设不正确,气体排不出去; (5) 炉料不净,合金液中含气量过大	提高铸型和型芯的透气性;严格控制铸型的水分;合金液精炼去气;正确进行浇注,避免合金液紊流充型卷入空气;正确设计浇注系统等
	2. 缩孔与缩松 缩孔:在铸件最后凝固的部位出现形状极不规则、孔壁粗糙的孔洞。 缩松:铸件截面上细小而分散的缩孔 	(1) 铸件结构设计不合理,壁厚不均匀; (2) 浇注系统或冒口设置不正确,补缩不足; (3) 浇注温度过高,熔融金属收缩过大; (4) 与熔融金属的化学成分有关	合理设计铸件结构;合理设置浇冒口系统;合理调整熔融金属成分
	3. 砂眼 铸件表面或内部带有砂粒的孔洞 	(1) 铸件结构不合理,砂型或砂芯局部薄弱,浇注时被合金液冲坏; (2) 型腔或浇口内散砂未吹净; (3) 型砂强度不高或局部未舂紧,掉砂或浇注时被合金液冲坏; (4) 合箱时砂型局部挤坏; (5) 浇口开设不正确,冲坏砂型或砂芯	合理设计铸件结构和浇注系统;增强砂型局部紧实度;提高型砂、芯砂的强度

表 2.2(续 1)

	缺陷名称和特征	产生原因	防治方法
孔洞类缺陷	4. 渣气孔 铸件上表面充满熔渣的孔洞，常与气孔并存，大小不一，成群集结 渣气孔	(1)浇注时挡渣不良； (2)浇注温度低，渣不易上浮； (3)浇注系统不正确，挡渣效果差	正确设计浇注系统；不中断浇注，避免熔渣进入型腔
表面缺陷	5. 机械粘砂 铸件的部分或整个表面上，黏附一层金属与砂料的机械混合物，使铸件表面粗糙	(1)浇注温度过高，熔融金属渗透力强； (2)型砂过粗，砂粒间空隙过大； (3)砂型舂得太松，型腔表面不致密 (4)型砂耐火性差	降低浇注温度；选用合适的型砂
	6. 夹砂、结疤 铸件表面产生疤状金属突起物。其表面粗糙，边缘锐利，有一小部分疤片金属和铸件本体相连，在疤片和铸件间有型砂 夹砂　砂块 铸件 鼠尾　结疤	(1)型腔强度较低，浇注温度过高，型腔表层受热后鼓起或开裂，合金液钻入； (2)浇注速度太慢，型砂受热时间过长； (3)内浇道过于集中，局部砂型烘烤厉害	提高铸型强度；降低浇注温度；减少浇注时间
形状尺寸不合格	7. 错型 铸件的一部分与另一部分在分型面处相互错开	(1)合型时上、下型未对准； (2)分模的上、下模样未对准	尽可能采用整模造型
	8. 偏芯 芯型位置偏移，引起铸件内腔和局部形状位置偏错	(1)芯型变形； (2)芯型下偏； (3)芯型悬臂过长，引起下垂； (4)芯头与芯座尺寸不对，或间隙过大； (5)浇道位置不对，合金液冲刷型芯	合理设计型芯；增加芯撑等固定装置；正确设计浇注系统

表 2.2(续 2)

缺陷名称和特征	产生原因	防治方法
形状尺寸不合格 9. 浇不到 　　铸件残缺或轮廓不完整,或可能完整,但边角圆且光亮。常出现在远离浇口的部位及薄壁处 	(1)浇注温度过低; (2)浇包中合金液量不够; (3)浇口太小或未开出气孔; (4)铸件壁厚设计太薄	提高浇注温度和浇注速度;依据合金成分合理设计铸件壁厚及浇铸系统;保证足够合金液用量
裂纹冷隔类缺陷 10. 冷隔 　　在铸件上穿透或不穿透、边缘呈圆角状的缝隙。多出现在远离浇口的宽大上表面或薄壁处、金属流汇合处、激冷部位处 	(1)浇注温度过低; (2)浇注时断流或浇注速度太慢; (3)浇口位置不对或浇口太小; (4)远离浇口的铸件壁太薄	提高浇注温度;不中断浇注过程;正确设计浇注系统
11. 裂纹 　　热裂:铸件开裂,裂纹断面严重氧化,呈现暗蓝色,外形曲折而不规则。 　　冷裂:裂纹断面不氧化并发亮,有时轻微氧化,呈现连续直线状 	(1)铸件结构设计不合理,壁厚不均匀; (2)型砂或芯砂退让性差; (3)落砂过早; (4)合金化学成分不当,收缩过大; (5)浇注系统开设不当,阻碍铸件收缩	合理设计铸件结构;增加型砂和芯砂的退让性;正确设计浇注系统
组织缺陷 12. 白口 　　铸件断口呈银白色,难以切削加工	(1)炉料成分不对; (2)熔化配料操作不当; (3)落砂过早; (4)铸件壁过薄	调整合金化学成分;铸后进行退火处理

2.铸件的质量检验方法

铸件的质量检验方法分为外观检验、无损探伤检验、化学成分检验、机械性能检验和断口宏观及显微检验等项目。

①外观检验是指用简单的工具和量具检查铸件表面或表皮下的缺陷及检验铸件的外形尺寸等。

②无损探伤检验是指在不破坏被检验件的前提下所进行的检验,常用的方法有射线探伤(X射线、γ射线)、超声波探伤、磁粉探伤、荧光检验及着色探伤等。

③化学成分检验用于炉前对合金液快速分析和调配,铸造后成分复检。

④机械性能检验用于对随炉的试棒或试样进行拉伸试验、弯曲试验、冲击试验等。

⑤断口宏观及显微检验用于铸件内部组织和缺陷情况的准确检验,需利用金相显微镜、电子显微镜、电子探针等分析手段。

2.5.3　铸件成本初步分析

在实际生产中,人们既要求铸件的质量高,又要求铸件的成本低。第一,良好的铸件设计不但可以显著降低生产费用,而且有利于提高铸件的质量。第二,铸件材料对铸件的成本的影响是明显的,如表2.3所示。因此,在满足使用要求的前提下,应该选用价廉的材料。第三,铸造方法对成本的影响是显著的,如表2.4所示。第四,生产技术管理对铸件成本的影响是显著的。大量事实表明,搞好管理工作,可以不用投资或者用很少投资就能取得明显的经济效益。所谓"七分在管理,三分在技术",说明了人在生产中的能动作用。

表2.3　各类铸件的相对价格

材料类别	灰铸铁	球墨铸铁	可锻铸铁	碳钢	低锰钢	含铬钢	铝硅合金	黄铜	锡青铜
相对价格	0.6	0.8	1.0	1.0	1.2	1.4	6.0	5.0	8.0

表2.4　几种铸造方法经济性的比较

比较项目	砂型铸造	金属型铸造	压力铸造	熔模铸造	离心铸造
小批量生产时的适应性	最好	良好	不好	良好	不好
大量生产时的适应性	良好	良好	最好	良好	良好
模样或铸型制造成本	最低	中等	最高	较高	中等
铸件的切削加工余量	最大	较大	最小	较小	内孔大
金属利用率①	较差	较好	较好	较差	较好
切削加工费用	中等	较小	最小	较小	中等
设备费用	低中	较低	较高	较高	中等

注:①金属利用率是铸件净重除以铸件净重与浇冒口之和得出的比值。

对于铸件的报价,应该从以下方面考虑。

①材料费:原材料质量×原材料单价;

②工装费:根据铸造方法的不同,包括模样、芯盒或模具及其他附件、检测仪器等费用;

③工时费:工时×工时单价;

④水、电、气(包括采暖)等动力能源消耗:$\sum$(相应工时×某能源单价);

⑤其他消耗:根据铸造方法的不同,包括辅助材料(例如,型砂)、辅助工具、照明等费用;

⑥设备折旧:工时×工时单价÷折旧年限(h);

⑦厂房折旧:工时×工时单价÷折旧年限(h);

⑧图纸工艺化设计费用:铸件工艺、铸型装配工艺、工装设计、工艺服务等费用;

⑨运输及包装费:工件工序间周转、存放保管、出厂包装、发货等费用;

⑩管理费:调度指挥、行政管理、质量管理、设备管理、安技管理等费用;

⑪税费:增值税。

铸件的简便报价方法是合成为每吨(或每千克)的价格。

2.6 特种铸造简介

凡是与传统普通砂型铸造有一定区别的铸造方法,统称为特种铸造。目前,行业内使用的特种铸造的方法多达几十种。本节主要介绍常用的几种方法。这些方法各有优点,但是它们又都有其应用的局限性,应该根据需求,有选择性地进行使用。

2.6.1 金属型铸造

金属型铸造是用金属材料制成铸型,并在重力下将熔融金属浇入铸型获得铸件的工艺方法。因为铸型可反复使用几百次至几千次,所以又称为"永久型铸造"。金属型的分类和结构如图 2.47 所示。

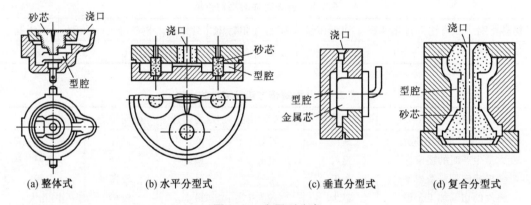

(a) 整体式   (b) 水平分型式   (c) 垂直分型式   (d) 复合分型式

图 2.47 金属型分类

金属型铸造的铸件组织致密,力学性能好,精度高,表面质量好,液态金属损耗小;适合大批量生产形状简单的有色金属铸件,如铝合金活塞、汽缸体、缸盖、铜合金轴瓦轴套等;易于实现机械化、自动化。

2.6.2 压力铸造

压力铸造是将液态金属在高压下高速充入金属铸型,并在压力下结晶凝固的铸造方法,其特点是液态金属高压和高速充填铸型。图 2.48 所示为压力铸造的工作原理。

压铸件有较高的尺寸精度和表面质量,较高的强度和硬度,尺寸稳定,生产效率高,是所有铸造方法中生产速度最快的一种方法,适用于生产有色金属的精密铸件。由于设备费用大,铸型制造周期长,一般用于大批量生产。

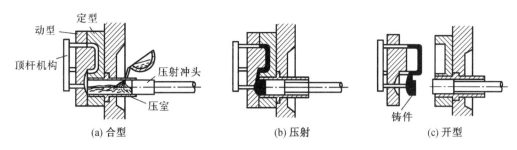

(a) 合型　　　　　　　　　(b) 压射　　　　　　　　(c) 开型

图 2.48　卧式冷压铸机工作原理

2.6.3　熔模铸造

熔模铸造又称失蜡铸造,是用易熔材料(蜡或塑料等)制成精确的可熔化模样,在模样上包覆多层耐火涂料,经干燥、硬化制成型壳,溶出(或熔化)模样后,经高温焙烧获得铸型,趁热进行浇注的铸造方法。熔模铸造的过程如图 2.49 所示。

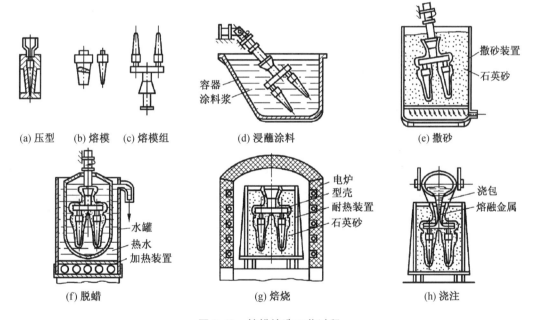

(a) 压型　(b) 熔模　(c) 熔模组　　　(d) 浸蘸涂料　　　　　(e) 撒砂

(f) 脱蜡　　　　　　　　(g) 焙烧　　　　　　　　(h) 浇注

图 2.49　熔模铸造工艺过程

熔模铸造的尺寸精度高,表面粗糙度好,适用的合金广泛,特别适合难加工的金属材料及难加工的零件形状(如刀具、工具、涡轮叶片等),适合各种生产批量,是实现少切削、无切削加工的重要方法之一。缺点是工艺过程复杂,周期长,铸件不宜过大。熔模铸造广泛用于航天、航空、汽车、拖拉机、机床、电器、仪表和刀具等制造部门。

2.6.4　离心铸造

离心铸造是将液态金属浇入旋转的铸型中,在离心力的作用下成形并凝固的铸造方法。离心铸造一般在离心机上进行,根据旋转轴在空间位置的不同,有卧式和立式两种离心机。离心铸造的原理如图 2.50 所示。

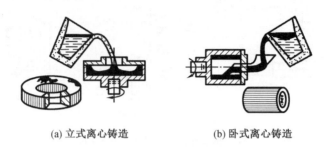

(a) 立式离心铸造   (b) 卧式离心铸造

图 2.50 离心铸造示意图

离心铸造的组织致密,无缩孔、缩松、气孔、夹渣等缺陷,力学性能好;可以不用型芯和浇注系统成形中空零件,简化了生产过程,节约了金属;由于离心力的作用,使其适合流动性较差的合金、薄壁铸件和双金属铸件的铸造生产。离心铸造的内孔尺寸不精确,内表面粗糙,不适于单件小批量生产。离心铸造目前广泛用于制造铸铁管、汽缸套、双金属轴承、特殊钢的无缝管坯、造纸机滚筒等。

2.6.5 低压铸造

低压铸造是介于一般重力铸造和压力铸造之间的铸造方法,如图 2.51 所示,用较低的压力(0.02 ~ 0.06 MPa)使金属液自下而上充填型腔,并在压力下结晶以获得铸件的方法。

低压铸造充型平稳,可用金属型也可用砂型。铸件在压力下结晶,组织致密,质量较高,主要用于生产质量要求高的铝合金、铜合金及镁合金铸件。如发动机的汽缸盖、曲轴、叶轮、活塞等。从20 世纪 70 年代起出现了侧铸式、组合式等高效低压铸造机,开展定向凝固及大型铸件的生产等研究,提高了铸件质量,扩大了低压铸造的应用范围。

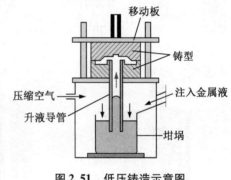

图 2.51 低压铸造示意图

2.6.6 消失模铸造

消失模铸造是采用聚苯乙烯泡沫塑料模样代替普通模样,造好型后留在铸型内,浇注时模样燃烧、汽化而消失,金属液取代了原来泡沫塑料模样所占据的空间位置,冷却凝固后即可获得所需要的铸件,亦称实型铸造、汽化模铸造或无型腔铸造等。消失模铸造的过程如图 2.52 所示。

消失模铸造不用起模,加大了铸件设计的自由度,简化了生产过程,缩短了制造周期,主要应用于形状结构复杂、无法起模或活块和外型芯过多的铸件的生产。

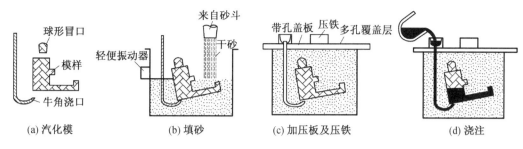

图 2.52　消失模铸造示意图

2.7　铸造安全技术和环境保护

2.7.1　铸造过程的安全注意事项

①未经允许,任何人不许私自动用铸造设备(如起重机、筛砂机、碾砂机、排风扇、熔化炉等)。

②工作场地要平整、干净,工具、材料、装置应按规定堆放,不许堵塞通道和影响工作。

③在生产现场,特别是熔炼和浇注部位,严禁地面积水,以免高温金属液遇水爆炸。

④凡参加熔炼和浇注人员,必须按规定穿戴好防护用品,如工作衣、裤、鞋、帽、防护眼镜等。

⑤浇注前必须预先清理好浇注通道,检查起重设备、浇包等工具有无障碍。

⑥浇包、挡渣棒等工具必须烘干、预热,以防操作时湿、冷工具引起熔融金属爆炸伤人。

⑦冲天炉在鼓风熔炼前及中途临时停风时,必须打开风带上的风眼盖,以免炉中积累的 CO 过多而引起爆炸事故。

⑧吊车工作时,任何人不得位于吊运物下方或附近,避免意外伤害。

⑨不得随意接触铸件,避免灼伤。

2.7.2　铸造生产过程的环境保护技术

铸造生产是多数机械制造企业的必要组成部分。铸造生产的显著特点是工序多,原料消耗量大,固体废料多。因此,必须研究解决各种材料的回收利用、组织闭路生产过程的问题,以确保所在的环境不受影响,实现绿色制造。为此,要注重环境保护,吸收、引进先进的铸造技术,不断持续改进生产工艺,努力实现机械化、自动化生产,实现闭路封闭管理,克服甚至杜绝跑、冒、滴、漏、泄,注重主、辅材料的回收利用问题。

1. 主要材料的回收、利用和闭路生产

铸造生产的主料有金属炉料、造型材料两大类。金属炉料转变成铸件及其浇冒口系统,浇冒口系统切割下来后可以回炉重新熔配使用。浇注时应注意合金液的滴漏、飞溅,减小浪费和环境污染。造型材料方面,砂型铸造的型砂、芯砂一般可以分类回收,通过砂处理后重复使用。熔模铸造等特种铸造产生的型壳、废砂芯很难满足再次使用的要求,一般可作为辅助材料利用或者废弃。生产中提高机械化、自动化程度有利于生产的组织管理、材料的回收利用。

2. 辅助材料的回收

辅助材料是指燃料燃烧产生的灰分和炉渣。目前在我国主要用灰分和炉渣生产水泥、砖、矿物棉、保温板等建筑材料。

3. 污染治理问题

铸造生产的最大污染是熔炼炉释放出的烟气。烟气中除了有害气体外,还含有大量的粉尘。除熔炼外,铸造生产的每一环节都可能产生污染。造型及制芯过程中使用耐火材料和黏结剂、物料搬运、炉料破碎、砂芯烘干、浇注、铸件的落砂和清理过程等都将产生大量的粉尘及有害气体。

生产中应该研究推广使用无毒的铸造材料和铸造工艺;采用密封罩、通风柜、除尘器等排风除尘设备,或建立全封闭生产线,将有害气体、粉尘收集起来集中进行净化处理。

第3章 锻压成形工艺

【学习要求】

(1)了解金属压力加工的常用方法、特点和应用;

(2)了解锻造的分类、特点、应用和生产工艺过程;

(3)熟悉自由锻的设备、工具和基本工序;

(4)熟悉常用板料冲压工艺和设备;

(5)实践操作金属板材的剪切、折弯、拉伸;

(6)建立产品质量、加工成本、生产效益、安全生产和环境保护等方面的工程意识,养成遵守职业规范、职业道德等方面的习惯,增强岗位责任感和敬业精神。

3.1　金属压力加工概述

金属材料通过冶炼、铸造,获得铸锭后,可通过塑性加工的方法获得具有一定形状、尺寸和力学性能的型材、板材、管材或线材,以及零件毛坯或零件。金属的塑性变形对材料的性能也会产生重要的影响,是金属材料重要的强化手段。在工业生产中,也被称为塑性加工或压力加工。

金属塑性加工有如下特点。

①金属塑性成形主要是依靠塑性变形发生物质转移来实现工件形状和尺寸变化的,因而材料的利用率很高。

②通过塑性加工,除尺寸和形状发生改变外,金属的组织、性能也能得到改善和提高,尤其对于铸造坯,经过塑性加工将使其结构致密、粗晶破碎细化和均匀化,从而使性能提高。此外,塑性流动所产生的流线也能使其性能得到改善。

③塑性加工过程便于实现生产过程的连续化、自动化,适于大批量生产,因而劳动生产率高。

④塑性加工产品的尺寸精度和表面质量高。很多精密的塑性加工方法,可以不经过切削加工直接生产出零件,实现无屑加工,节省大量材料。

⑤设备较庞大,能耗较高。

常用的金属塑性加工方法有锻造、冲压、轧制、拉拔和挤压等,在现代工业中占有非常重要的地位。锻造和冲压合称为锻压,常用于制造毛坯或零件。轧制、挤压、拉拔用于生产常用的金属型材、板材、管材、线材等原材料。

锻造在我国有着悠久的历史,齐家文化时期,约公元前2000多年前,冷锻工艺已应用于制造工具。商代中期(公元前14世纪)用陨铁制造武器,采用了加热锻造工艺。随着科学技术的不断发展,面对现代机械制造中精密锻件及复杂形状零件的制造,出现了许多塑性成形新工艺、新技术,如超塑性成形、内高压成形、电磁成形、热冲压成形以及微成形技术等,扩大了塑性成形的适用范围。现代工艺中广泛采用了电加热和少、无氧化加热,提高了锻件表面质量,改善了劳动条件,具有更高的生产效率。

3.2 锻造成形工艺

3.2.1 锻造概述

锻造是利用锻压机械对坯料施加压力,使之产生塑性变形,从而获得具有一定机械性能、形状和尺寸的锻件的一种加工方法。为了使金属材料在高塑性下成形,锻造通常是在热态下进行的,因此锻造也称为热锻。锻造是塑性加工的重要分支。

金属材料经过锻造后,其内部组织更加致密和均匀,强度和冲击韧性都得到提高。承受重载荷的零件通常用锻件作为毛坯,再经切削加工而成,如主轴、传动轴、连杆、齿轮等。

1. 锻造特点

通常金属的强度会随着自身温度的升高而下降。因此,通过加热可以提高锻造坯料的塑性,降低变形抗力,从而使金属易于流动成形,此外,由于锻造时材料所产生的纤维组织会使锻件性能得到明显改善,使锻件获得良好的组织和力学性能。而且,随着加热温度的升高,金属材料的变形抗力会降低,可以用很小的锻打力使锻件获得较大的变形而不破裂,大大降低了设备吨位,提高了模具的使用寿命。同时,锻造的适应范围广,锻件的质量可以小至不足 1 kg,大至数百吨;既可进行单件小批量生产,又可进行大批量生产,对于模锻来说,生产效率较高;采用精密模锻可使锻件尺寸、形状接近成品零件,可以大大地节省金属材料和减少切削加工工时。但锻造使用设备能耗较高,而且不能锻造形状复杂的锻件,特别是具有复杂内腔的锻件。

2. 锻造方法

按所用工具及模具安装情况不同,锻造可分为自由锻、模锻和胎模锻。

(1)自由锻

只用简单的通用性工具,或在锻压设备的上、下砧间直接使坯料成形而获得所需几何形状及内部质量的锻件的加工方法称为自由锻。根据锻造设备的类型及作用力的性质,自由锻可分为手工自由锻造、锤上自由锻造和液压机上自由锻造。

(2)模锻

在专用模锻设备上利用模具使毛坯成形而获得锻件的锻造方法称为模锻。根据设备不同,模锻分为锤上模锻、水压机上模锻、热模锻压力机上模锻等。

(3)胎模锻

胎模锻是采用自由锻方法制坯,然后在胎模中最后成形的一种锻造方法,也可以看作是介于自由锻和模锻之间的锻造方法。胎模锻适合于中小批量生产,在没有模锻设备的中小型企业应用普遍。胎模锻锻模为可移动式,模锻锻模为固定式,而自由锻靠固定的平砧或型砧成形。

按变形温度,锻造可分为热锻、冷锻、温锻和等温锻造。热锻是在金属再结晶温度以上进行的锻造;冷锻是在低于金属再结晶温度下的锻造,通常所说的冷锻多指在常温下进行的锻造;温锻是介于热锻及冷锻之间的锻造;等温锻造俗称等温锻,主要特点是模具与成形件处理基本相同的温度,因此需要带有模具加热及控温装置。等温锻造一般速率较低,主要采用液压机。

一般来说,一种锻件选用哪种锻造方法生产,与形状、尺寸、技术要求和生产批量大小等很多因素有关。通常,单件小批生产采用自由锻方法,而大批量生产则需采用模锻方法生产。但有些航空重要产品上的锻件,虽然批量不大,但由于流线和性能等方面的要求,要求工艺的一致性等,通常也采用模锻方法生产。

3. 锻造应用

一般零件的生产过程是:冶炼—制坯—切削加工—热处理。制坯是为切削加工零件提供毛坯。通常有三种途径:一是用铸造方法生产毛坯铸件;二是将铸锭轧(挤、锻)成一定规格的棒材或型材;三是用锻造方法生产毛坯,将坯料锻成所需形状、尺寸的锻件。这三种途径中,铸造方法可以获得比较准确的接近零件形状、尺寸的铸件,甚至获得比锻件更为复杂的形状的铸件,但其组织性能较差,通常只用于性能要求低的零件、部件。经过轧制的棒材或型材直接经过切削加工时,除了切削加工量较大、材料损耗较多以外,其内部的金属纤维组织常常被切断,容易造成应力腐蚀,承载拉压交变应力的能力较差,从而使零件使用性能降低。而经过锻造方法热加工变形后由于金属的变形和再结晶,使原来的粗大枝晶和柱状晶粒变为晶粒较细、大小均匀的等轴再结晶组织,使钢锭内原有的偏析、疏松、气孔、夹渣等压实和焊合,其组织变得更加紧密,提高了金属的塑性和力学性能。此外,锻造加工能保证金属纤维组织的连续性,使锻件的纤维组织与锻件外形保持一致,金属流线完整,可保证零件具有良好的力学性能与较长的使用寿命,这是铸件所无法比拟的。

因此,对很多力学性能要求较高的零件,锻造是一种质量高且经济实用的成形方法。目前,锻造已经得到了越来越广泛的应用。例如,发电设备中主轴、转子、叶轮、护环等重要零件都是由锻件制成的。按质量分数计算,飞机上有85%左右的构件是锻件。飞机发动机的涡轮盘、后轴颈(空心轴)、叶片、机翼的翼梁,机身的肋筋板、轮支架、起落架的内外筒体等都是涉及飞机安全的重要锻件。飞机锻件多采用高强度、耐磨、耐蚀的铝合金、钛合金、镍基合金等贵重材料制造。为了节约材料和节约能源,飞机用锻件大都采用模锻或多向模锻压力机来生产。汽车上有17%~19%的锻件。一般的汽车由车身、车箱、发动机、前桥、后桥、车架、变速箱、传动轴、转向系统等部件构成,汽车锻件的特点是外形复杂、质量轻、工况条件差、安全度要求高。如汽车发动机所使用的曲轴、连杆、凸轮轴,前桥所需的前梁、转向节,后桥使用的半轴、半轴套管,桥箱内的传动齿轮等,无一不是有关汽车安全运行的关键锻件。

3.2.2　锻造生产工艺过程

锻造生产工艺包括下料、坯料加热、锻造成形、锻件冷却和热处理等主要工艺过程。随着锻件尺寸形状、技术要求、生产批量及现场条件的不同,锻造工艺过程也不同。

1. 下料

下料是根据锻件的形状、尺寸和质量从选定的原材料上截取相应的坯料。大型锻件一般用钢锭作坯料,中小型锻件一般以热轧圆钢或方钢为原材料。锻件坯料的下料方法主要有剪切、锯、气割等。剪切可在锻锤或专用的棒料剪切机上进行,生产效率高,但坯料断口质量较差,适用于大批量生产;锯可在锯床上使用弓锯、带锯或圆盘锯进行,坯料断口整齐,但生产率低,主要适用于中小批量生产;气割是使用氧气切割设备,操作方便,但断口质量较差,且金属损耗较多,只适用于单件小批生产的条件,特别适合于大截面钢坯或钢锭的切割。

2.坯料的加热

(1)锻造温度范围

加热的目的是提高坯料的塑性和降低其变形抗力,是改善金属锻造性能的有效措施。除少数具有良好塑性的金属可在常温下锻造外,大多数金属都应加热后锻造成形,因此,加热是锻造生产的一个重要环节,并对生产率、产品质量和金属有效利用等有很大影响。

金属锻造时,所允许加热的最高温度称为始锻温度。如果加热温度过高,会产生过热或过烧,使锻件成为废品。金属在锻造过程中,热量逐渐散失,温度下降。金属温度降低到一定程度后,不但锻造费力,而且易开裂,此时必须停止锻造,重新加热。金属停止锻造的温度,称为终锻温度。金属坯料始锻温度和终锻温度之间的范围称为锻造温度范围。

锻造温度范围影响变形可用的时间,进而影响加热次数、材料烧损和生产率。确定锻造温度范围的原则是:保证锻造变形过程中金属毛坯具有良好的塑性和较低的变形抗力,并在锻后获得良好的内部组织。始锻温度在保证不出现加热缺陷的前提下,应尽可能高;终锻温度在保证还有足够塑性及锻后获得细小晶粒的前提下,应尽可能低。常用金属材料的锻造温度范围如表3.1所示。

表3.1 常用金属材料的锻造温度范围

材料种类	牌号举例	始锻温度/℃	终锻温度/℃
低碳钢	20、Q235A	1 200 ~ 1 250	800
中碳钢	35、45	1 150 ~ 1 200	800
高碳钢	T8、T10A	1 100 ~ 1 150	800
合金结构钢	30Mn2、40Cr	1 200	800
铝合金	2Al2(LAl2)	450 ~ 500	350 ~ 380
铜合金	HPb59 - 1	800 ~ 900	650

实际生产中,锻坯的加热温度可以通过仪表来测定,也可以通过观察锻坯火色来判断。碳钢的加热温度与其火色的对应关系如表3.2所示。

表3.2 碳钢的加热温度与其火色的对应关系

加热温度/℃	1 300	1 200	1 100	900	800	700	600 以下
火色	黄白	淡黄	黄	淡红	樱红	暗红	赤褐

(2)加热设备

锻造加热设备按热源的不同,分为火焰加热炉(燃料炉)和电加热炉(电炉)两大类。火焰加热炉常用烟煤、重油、天然气或煤气等作为燃料,利用燃料燃烧时产生的高温火焰直接加热锻坯;电加热炉是通过将电能转换为热能束加热锻坯。

(3)加热缺陷及防止

金属在加热过程中,由于加热不当,可能产生氧化、脱碳、过热、过烧、裂纹等加热缺陷。

①氧化。加热高温使毛坯金属表层与炉气中的氧化性气体(O_2、CO_2、H_2O、SO_2等)发生

剧烈氧化反应,生成氧化皮,造成金属烧损。加热时的氧化烧损量不可避免,在下料时应考虑相应的烧损量。减小氧化的措施是快速加热和控制送风。

②脱碳。金属表层的碳在高温下与氧或氢发生反应而使表层碳分降低,破坏了表层的机械性能。减小脱碳的措施是快速加热或加热前在坯料表面上涂保护涂料。

③过热。当加热温度过高或过热时间过长时,毛坯内部晶粒显著长大,使材料的塑性与冲击韧性显著降低。锻件若产生过热一般可通过热处理改善。

④过烧。当加热温度接近材料熔点时,其晶粒间低熔点物质开始熔化,并被氧化形成脆壳,破坏了晶粒间的联系,锻打时发生碎裂,过烧的锻件是无法挽救的,只得报废重新冶炼。

⑤裂纹。导热性能差的金属材料或大型坯料加热时,由于芯部和表面温差较大,如果加热速度过快,在内应力作用下会产生裂纹。一般应采取预热的措施,并控制装炉温度和加热速度。

3. 锻造成形

锻造成形是锻造工艺过程的核心,坯料在锻造设备上一般需经过若干锻造工序,才能达到一定的形状和尺寸要求。应根据不同的生产条件和生产规模选用不同的锻造方法,在单件小批生产中选用自由锻,在成批、大批大量生产中选用模锻。

4. 锻件的冷却

为获得一定力学性能的合格锻件,应注意采取不同的冷却方式。锻件冷却方式有如下几种。

①空冷。锻后置于空气中冷却,但不应放在潮湿或有强烈气流的地方,冷却速度快。空冷适用于低、中碳钢及合金结构钢的小型锻件。

②坑冷。锻后在坑中或箱中用砂子、炉渣、石灰覆盖冷却,冷却速度稍慢。坑冷适用于合金工具钢。

③炉冷。锻后立即放入炉中随炉冷却,冷却速度极慢。炉冷适用于高合金钢等锻件。

5. 锻件的热处理

锻件在切削加工前,一般还需要进行热处理。常用的锻后热处理方法有正火、退火等。热处理的作用是使锻件内部组织进一步细化和均匀,消除锻造残余应力,降低锻件硬度,便于进行切削加工。

3.3　自　由　锻

只用简单的通用性工具,或在锻压设备的上、下砧间直接使坯料成形而获得所需几何形状及内部质量的锻件的加工方法称为自由锻。根据锻造设备的类型及作用力的性质,自由锻可分为手工自由锻和机器自由锻,机器自由锻又分为锤上自由锻造和液压机上自由锻造。锤上自由锻造用于生产中、小型自由锻件。液压机上自由锻造用于生产大型自由锻件。

随着锻造成形技术的发展,手工自由锻由于劳动强度大、锻件精度差,已逐渐被淘汰;而机器自由锻是自由锻的主要形式,并得到较大的发展。

自由锻工具简单,操作灵活,但锻件精度较低,生产率不高,劳动强度大,适用于单件小批量锻件或大型锻件的生产。

3.3.1 自由锻设备和工具

自由锻设备按施加力的性质分为锻锤和液压机两类。锻锤施加的是冲击力,常用的自由锻有空气锤、蒸汽－空气锤等。液压力施加的是静压力,常用的有水压机、油压机等。空气锤的吨位小,一般为 60～750 kg,故只用来锻造小型件。蒸汽－空气锤的吨位稍大,一般为 0.5～10.0 t。大型锻件使用水压机或油压机锻造。

1. 空气锤

空气锤是生产小型锻件的常用设备,结构和工作原理如图 3.1 所示,电动机通过减速机构和曲柄－连杆机构,推动压缩缸中压缩活塞,产生压缩空气,通过手柄或踏杆操纵上、下旋阀进行配气,使压缩空气进入工作缸的上部或下部,或直接与大气连通,从而使空气锤实现空转、上悬、下压、连击、单击五种动作,以满足锻造各道工序的不同要求。

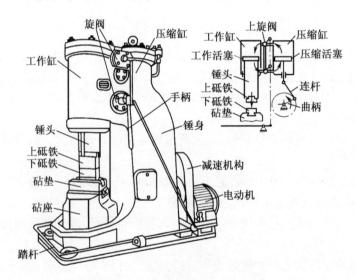

图 3.1 空气锤结构和工作原理图

①空转。压缩缸和工作缸的上、下部分都与大气相通,压缩空气排入大气中,落下部分靠自重停在下砧铁上,电机及传动部分保持空转。

②上悬。压缩缸和工作缸的上部都经上旋阀与大气相通,压缩空气只能经下旋阀进入工作缸的下部,将落下部分顶起到最高点。下旋阀有一个逆止阀,防止压缩空气倒流,使落下部分保持上悬。此时,可以在下砧铁进行尺寸检验或更换锻件等工作。

③下压。压缩缸上部及工作缸下部与大气相通,压缩空气由压缩缸经逆止阀及中间通道进入工作缸上部,使落下部分保持向下压紧锻件。此时,可进行弯曲或扭转的操作。

④连击。压缩缸和工作缸均不与大气相通,压缩活塞将压缩空气交替压入工作缸上下腔,推动落下部分上、下往复运动,形成连续打击。

⑤单击。操作手柄由上悬位置推到连续打击位置,再快速退回上悬位置,使落下部分打击一次后回到上悬位置,形成单次打击。

空气锤的规格以其工作活塞、锤杆和上砧铁等落下的质量表示,如 75 kg、560 kg。自由锻空气锤实物照片如图 3.2 所示。

蒸汽－空气锤与空气锤的主要区别是以滑阀汽缸代替压缩缸,以锅炉提供的蒸汽或由压缩机提供的压缩空气为动力。

2. 水压机

水压机是一种液压设备,水压机作用在坯料上的力是静压力。水压机的规格为可提供的最大静压力,目前最大的水压机已达 18 500 t,水压机的规格标志着一个国家制造业的能力和水平。图 3.3 为我国中信重工机械股份有限公司生产的油压机——18 500 t 自由锻油压机。该机组规格居世界之最,最大镦粗力达到 18 500 t,可锻造世界最大的 600 t 级钢锭、单重 400 t 级锻件。中国重型机械研究院自主研发的 19 500 t 自由锻造油压机及 300 t/750 t 级全液压锻造操作机在江苏江阴一次热负荷试车成功,成为已投产的世界最大吨位的自由锻造油压机及世界最大夹持力/夹持力矩的全液压锻造操作机,整体装机水平达到世界之最。

图 3.2　自由锻空气锤

图 3.3　中信重工 18 500 t 自由锻油压机

3. 常用工具

自由锻的常用工具如图 3.4 所示。

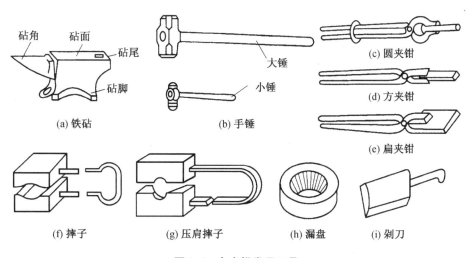

图 3.4　自由锻常用工具

3.3.2 自由锻的基本工序及其操作

根据各工序变形性质和变形程度的不同,自由锻造工序可分为基本工序、辅助工序和精整工序三大类。基本工序是使金属坯料产生一定程度的塑性变形,以得到所需形状和尺寸或改善其性能的工艺过程。它是锻件成形过程中必需的变形工序,如镦粗、拔长、冲孔、弯曲、切割、扭转和错移等,而实际生产中最常用的是镦粗、拔长和冲孔三道工序。辅助工序是为基本工序操作方便而进行的预变形工序,如压钳口、压钢锭棱边和压肩等。精整工序是在完成基本工序之后,用以提高锻件尺寸及形状精度的工序,如镦粗后的鼓形滚圆和截面滚圆,凸起、凹下及不平和有压痕面的平整,拔长后的弯曲校直和锻斜后的校正等。自由锻件的成形基本都是这三道工序的组合。

下面简要介绍实际生产常用的自由锻基本工序。

1. 镦粗

使毛坯高度减小、横截面积增大的锻造工序称为镦粗。镦粗主要分为整体镦粗和局部镦粗两大类,如图 3.5 所示。

(1)镦粗的作用

①获得横截面较大而高度较小的锻件(饼块件);

②用作冲孔前的准备工序(增大坯料的横截面积以便于冲孔);

③采用"反复镦拔",镦粗与拔长相结合,可提高锻造比,同时击碎合金工具钢中的块状碳化物,并使其分布均匀以提高锻件的使用性能。

(2)镦粗操作的工艺要点

①镦粗的坯料高度 H 与直径 D 之比应小于 2.5～3.0。高度比过大的坯料容易镦弯或因锤击力不够而成双鼓形,甚至发生折叠现象而使锻件报废,如图 3.6 所示。

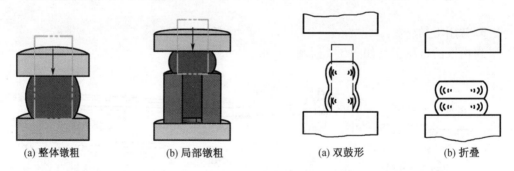

(a) 整体镦粗   (b) 局部镦粗   (a) 双鼓形   (b) 折叠

图 3.5　镦粗　　　　　　　　图 3.6　双鼓形和折叠

②镦粗部分的加热要均匀,以防锻件畸形或镦裂。

③坯料的端面应平整并与轴线垂直,每击打一次应绕其轴线旋转一次,以防镦歪或镦偏。

④局部镦粗时,要采用合适的漏盘。漏盘孔壁要有 3°～5°的斜度,上口部分应加工出圆角。

⑤镦粗过程中如出现镦弯、双鼓形、镦歪应及时矫正。镦粗后,须及时进行滚圆修整。

2. 拔长

使毛坯横截面积减小而长度增加的工序称为拔长。拔长可分为矩形截面坯料的拔长、圆截面坯料的拔长和空心坯料的拔长(芯轴拔长),如图 3.7 所示。

(1)拔长作用

①由横截面积较大的坯料得到横截面积较小而轴向较长的轴类锻件;

②作为辅助工序进行局部变形;

③采用"反复镦拔",镦粗与拔长相结合,可提高锻造比,同时击碎合金工具钢中的块状碳化物,并使其分布均匀以提高锻件的使用性能。

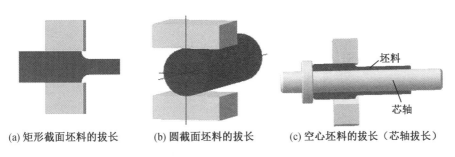

| (a) 矩形截面坯料的拔长 | (b) 圆截面坯料的拔长 | (c) 空心坯料的拔长(芯轴拔长) |

图 3.7　拔长分类

(2)拔长工艺要点

拔长适用于制造轴类锻件。拔长操作的工艺要点如下:

①拔长的坯料沿砧铁宽度方向送进,每次送进量 L 以砧铁宽度 B 的 0.3 ~ 0.7 倍为宜。送进量过大,坯料主要向宽度方向变形,拔长效率低;送进量过小,会出现折叠,如图 3.8 所示。

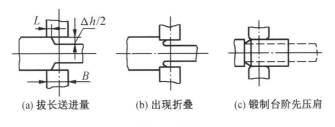

| (a) 拔长送进量 | (b) 出现折叠 | (c) 锻制台阶先压肩 |

图 3.8　拔长

②拔长过程中,要不断翻转坯料,翻转顺序如图 3.9 所示。每次锻打后坯料宽度和高度比应小于 2.0 ~ 2.5,保证翻转后再锻打时不会弯曲或折叠。

③锻造有台阶或凹挡的锻件先压肩,再局部拔长。

④圆形截面坯料拔长时,应先锻成方形截面,在拔长至方形边长接近工件要求的直径时,将方形锻成八角形,再倒棱滚打成圆形。

⑤套筒类锻件的拔长须先冲孔,然后套在拔长芯轴上拔长,如图 3.10 所示。

⑥拔长后要进行修整,以使形状规则,表面光洁,尺寸准确,中心线平直。修整时,坯料沿砧铁长度方向送进。

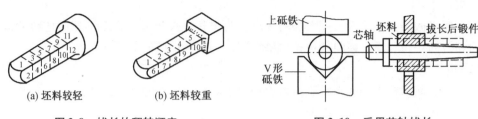

(a) 坯料较轻	(b) 坯料较重	
图 3.9　拔长的翻转顺序		图 3.10　采用芯轴拔长

3. 冲孔

在坯料上锻出通孔和盲孔的工序叫作冲孔。冲孔适用于制造圆环类空心件,或芯轴拔长前的准备工序。冲孔的方法主要有实心冲子冲孔(双面冲孔)和垫坯上冲孔(单面冲孔),如图3.11所示。后者适用于厚度小的坯料。冲孔的主要质量问题有走样、裂纹和孔冲偏等。

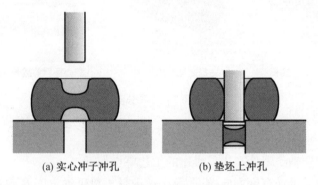

(a) 实心冲子冲孔　　　　(b) 垫坯上冲孔

图 3.11　冲孔

(1)冲孔适用条件

①锻件带有大于 $\phi30$ mm 的盲孔或通孔;

②需要扩孔的锻件应预先冲出通孔;

③需要拔长的空心件应预先冲出通孔。

(2)冲孔操作工艺要点

①冲孔前,坯料应先镦粗,尽量减小冲孔的深度。冲孔的坯料应加热到始锻温度,以提高塑性,防止冲裂。

②为保证孔位正确,应先试冲,即先用冲子轻轻压出孔位的凹痕,如有偏差,可加以修正。

③冲孔过程中应保持冲子的轴线与锤杆中心线平行,以防将孔冲歪。

④一般锻件的通孔采用双面冲孔法冲出,先从一面将孔冲至坯料厚度 2/3～3/4 的深度,取出冲子,翻转坯料,再从反面将孔冲透,如图 3.12 所示。较薄的坯料可采用单面冲孔,单面冲孔使用漏盘,且须仔细对正。

⑤为防止冲孔过程中坯料冲裂,冲孔的孔径一般要小于坯料直径的1/3。如果超过这一限制时,要先冲出一较小的孔,然后采用扩孔的方法达到所要求的孔径尺寸。

常用的扩孔方法有冲头扩孔和芯轴扩孔。冲头扩孔利用扩孔冲子锥面产生的径向分力将孔扩大,同时存在较大的切向拉应力,为防止冲裂,每次冲孔量不宜过大,如图 3.13 所示。芯轴扩孔实际上是将带孔的坯料在芯轴上沿圆周方向拔长,扩孔量几乎不受限制,最适用于大直径圆环件的扩孔。

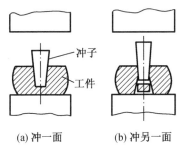

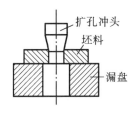

图 3.12　双面冲孔过程　　　　　图 3.13　冲头扩孔

4. 弯曲

弯曲是将坯料弯成一定的角度或形状的锻造成形工序,如图 3.14 所示。弯曲适合于各种弯曲类锻件的生产。弯曲时,只需加热坯料的待弯部分。

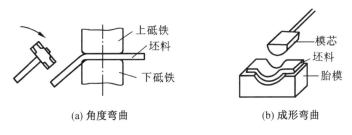

图 3.14　弯曲

5. 错移

错移是将坯料的一部分相对于另一部分错移开,但仍保持轴心平行的锻造成形工序,如图 3.15 所示。错移适用于曲轴类锻件的生产。锻前先在错移部位压肩,然后锻打错开,最后修整。

6. 扭转

扭转是将坯料的一部分相对于另一部分绕其轴线旋转一定角度的锻造成形工序,如图 3.16 所示。扭转适合于曲轴、麻花钻类锻件生产。坯料受扭部分应沿全长截面均匀一致且表面光滑无缺陷,受扭部位应加热到较高温度并均匀热透,锻后应缓冷。

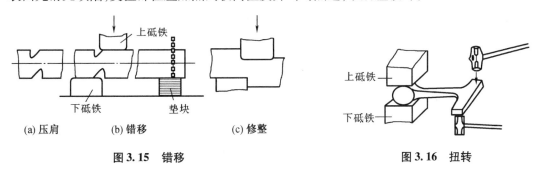

图 3.15　错移　　　　　　　　　图 3.16　扭转

7. 切割

切割是分割坯料或切除锻件余料的锻造成形工序,如图 3.17 所示。切割后应在较低温度下去除端面毛刺。

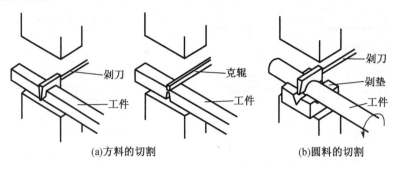

(a)方料的切割　　　　　　　　(b)圆料的切割

图 3.17　切割

3.3.3　典型锻件的自由锻工艺实例

1.阶梯轴锻件的自由锻工艺

阶梯轴类锻件自由锻的主要变形工序是整体拔长(或镦粗)及分段压肩、拔长。具体工艺过程视坯料直径尺寸和锻件各段直径尺寸而定。表 3.3 所示为阶梯轴锻件图、坯料图及锻造工艺过程。

表 3.3　阶梯轴锻件图、坯料图及锻造工艺过程

锻件名称		阶梯轴	工艺类别	自由锻
材料		45	设备	150 kg 空气锤
加热火次		2	锻造温度范围	850 ~ 1 100 ℃
锻件图			坯料图	

序号	工序名称	工序简图	工具名称
1	下料		锯床

表 3.3(续 1)

序号	工序名称	工序简图	工具名称
2	拔长		圆嘴钳
3	压肩		圆嘴钳、压肩捧子
4	拔长		圆嘴钳
5	捧圆及修整		圆嘴钳、捧子
6	调头,压肩		圆嘴钳、压肩捧子
7	拔长另一头		圆嘴钳

表3.3(续2)

序号	工序名称	工序简图	工具名称
8	撵圆及修整	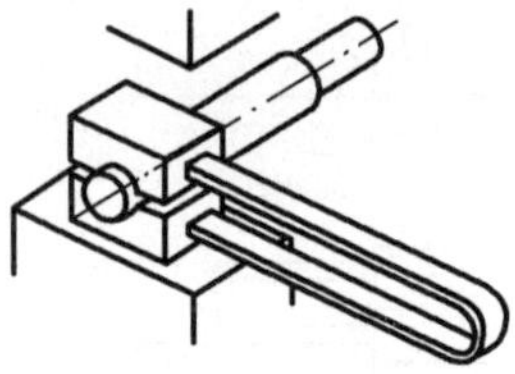	圆嘴钳、撵子

2. 齿轮坯自由锻工艺

齿轮坯属带孔盘类锻件,其主要变形工序为镦粗和冲孔(或再扩孔)。表3.4所示为齿轮坯锻件图、坯料图及锻造工艺过程。

表3.4 齿轮坯锻件图、坯料图及锻造工艺过程

锻件名称	齿轮坯	工艺类别	自由锻
材料	45	设备	150 kg 空气锤
加热火次	1	锻造温度范围	850 ~ 1 100 ℃
锻件图 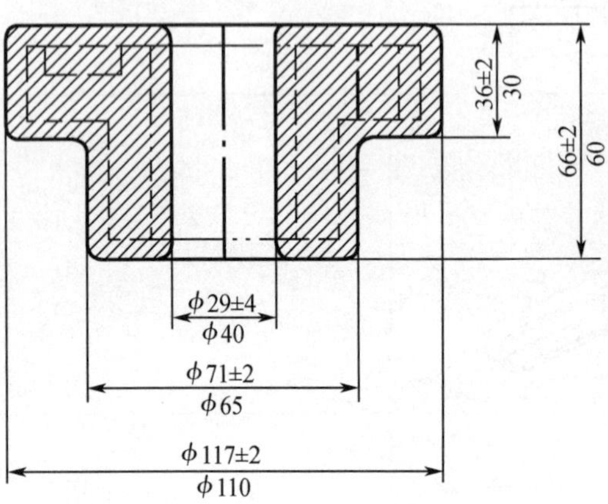		坯料图	

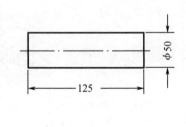

序号	工序名称	工序简图	工具名称
1	下料		锯床

表 3.4(续)

序号	工序名称	工序简图	工具名称
2	镦粗		尖嘴钳、镦粗漏盘
3	冲孔 (采用双面冲孔)		尖嘴钳、镦粗漏盘、 冲子和冲孔漏盘
4	修整外圆		尖嘴钳、冲子
5	修整平面		尖嘴钳、镦粗漏盘

3.4　胎模锻与模锻

　　胎模锻和模锻是锻件批量生产中常用的方法。胎模锻与自由锻相比,具有生产率高,锻件质量好,且能锻造较复杂形状锻件;而与模锻相比,模具简单,成本低,不需要昂贵的设备,但精度和质量比模锻差,且胎模寿命短,工人劳动强度大,生产率低。

3.4.1 胎模锻

胎模锻是在自由锻设备上使用胎模生产锻件的一种锻造方法。一般过程是先用自由锻方法使坯料初步成形,然后在胎模中终锻成形。胎模与自由锻设备不进行机械固定,只是在使用时平放在下砧铁上。胎模锻适用于中小批量小型锻件的生产。

胎模的结构形式很多,主要可分为扣模、套模、合模等,如图3.18所示。

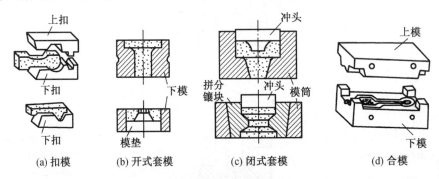

| (a) 扣模 | (b) 开式套模 | (c) 闭式套模 | (d) 合模 |

图 3.18　胎模种类

1. 扣模

模具由上扣和下扣组成,有时只用下扣,上表面为平面。锻造时,锻件在扣模中不做转动,只做前后移动。扣模适用于有平直侧面的非回转体短锻件成形,或为合模锻造制坯。

2. 套模

模具有开式和闭式两种形式,闭式由模套、模冲和模垫组成,锻造时不产生飞边;开式只有下模,锻造时有飞边,如图3.18(b)和(c)所示。套模适用于成形回转体锻件,如齿轮、法兰盘等。

3. 合模

模具由上、下模和导向装置组成。锻造时,沿分模面横向产生飞边。合模适用于成形形状较复杂的非回转体锻件,如连杆、叉形件等。

图3.19所示为手锤胎模锻的生产过程,锻件胎模采用合模结构。

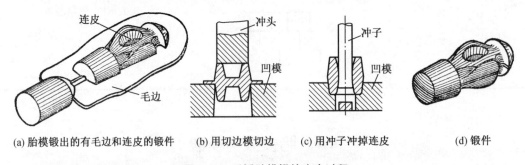

| (a) 胎模锻出的有毛边和连皮的锻件 | (b) 用切边模切边 | (c) 用冲子冲掉连皮 | (d) 锻件 |

图 3.19　手锤胎模锻的生产过程

3.4.2　模锻

模锻是在专用模锻设备上利用模具使金属坯料在冲击力或压力作用下,在锻模模膛内变形而获得锻件的工艺方法。模锻工艺生产效率高,劳动强度低,尺寸精确,加工余量小,并可锻制形状复杂的锻件,适用于批量生产。但模具成本高,需有专用的模锻设备,不适用于单件或小批量生产。

模锻根据使用设备的不同可分为锤上模锻、水压机上模锻、热模锻压力机上模锻、平锻机上模锻和螺旋压力机上模锻等。

压力机模锻的常用设备有曲柄压力机、摩擦压力机、平锻机和模锻水压机等。锤上模锻的常用设备是蒸汽 – 空气模锻锤,锻模上模固定在锤头上,下模固定在模垫上,通过锤头的往复运动实现对置于下模中的坯料进行灵活的锤击。

1. 锻模

锤上模锻所用的锻模结构如图 3.20(a)所示。锻模由上模 2 和下模 4 两部分组成。下模 4 紧固在模垫 5 上,上模 2 紧固在锤头 1 上,并与锤头一起做上下运动。9 为模腔,锻造时毛坯放在模腔中,上模随锤头向下运动对毛坯施加冲击力,使毛坯充满模腔,最后获得与模腔形状一致的锻件,如图 3.20(b)所示。

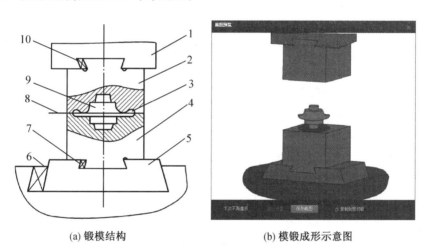

(a) 锻模结构　　　　　　　　　　(b) 模锻成形示意图

1—锤头;2—上模;3—飞边槽;4—下模;5—模垫;

6,7,10—紧固楔铁;8—分模面;9—模腔。

图 3.20　锤上模锻

锤上模锻的工艺特点如下:

①毛坯在模腔中可以经多次连续变形实现最终成形;

②锤头的行程、速度、打击力等均可调节,可以满足各种变形的需要,如进行制坯;

③可以设计多模腔结构,以锻造多种类型的锻件。

根据模腔内金属流动的特点又可将模锻分为开式模锻和闭式模锻两类。

2. 开式模锻和闭式模锻

开式模锻即有飞边的模锻,是变形金属的流动不完全受模腔限制的一种锻造方法,如图 3.21 所示。由于开式模锻有飞边槽,用以增加金属从模腔中流出的阻力,促使金属充满模腔,同时容纳多余的金属。闭式模锻在闭式模具中进行,锻件没有飞边,所以又称无飞边模锻,如图 3.22 所示。

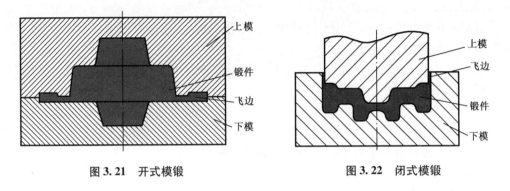

图 3.21 开式模锻   图 3.22 闭式模锻

闭式模锻与开式模锻相比,可以减少切边材料损耗并节省切边设备,有利于金属充满模膛;由于金属处于明显的三向压应力状态,更有利于低塑性材料的成形,适合精密模锻。

3. 模膛及其功用

模膛根据其功用不同可分为模锻模膛和制坯模膛两类。

(1)模锻模膛

模锻模膛又分为预锻模膛和终锻模膛两类。预锻模膛的作用是使毛坯变形到接近于锻件的形状和尺寸,经预锻后再进行终锻时,金属容易充满模膛。同时减少了终锻模膛的磨损,延长锻模使用寿命。对于形状简单的锻件或批量不大时可不设预锻模膛,只有在锻件形状复杂、成形困难,且批量较大的情况下,设置预锻模膛才是合理的。预锻模膛的圆角和斜度要比终锻模膛大得多,而且没有飞边槽。

终锻模膛的作用是使毛坯最后变形到锻件所要求的形状和尺寸,因此,它的形状应和锻件的形状相同;但因锻件冷却时要收缩,故终锻模膛的尺寸应比锻件尺寸放大一个收缩量。钢锻件收缩量取 1.5%。任何锻件的模锻均需要终锻模膛。

(2)制坯模膛

对于形状复杂的锻件,为了使毛坯形状基本符合锻件形状,以便使金属能合理分布和很好地充满模膛,就必须预先在制坯模膛内制坯。制坯模膛有以下几种:拔长模膛、滚压模膛、弯曲模膛和切断模膛。

根据模锻件的复杂程度不同,所需变形的模膛数量也不等,可将锻模设计成单膛或多膛锻模。多膛锻模是在一副锻模上具有 2 个以上模膛的锻模,最多不超过 7 个模膛。图 3.23 所示为弯曲连杆模锻件的锻模,即为多膛模锻。

3.5 板料冲压

冲压是金属塑性加工的基本方法之一,是靠冲压设备和模具对板料毛坯施加外力,使之产生塑性变形或分离,从而获得所需形状和尺寸的工件的成形加工方法。冲压按加工温度分为热冲压和冷冲压。冷冲压多在常温下进行,当板料厚度较厚(超过 8~10 mm)时,应加热后再进行冲压。冲压有如下特点:

①冲压可获得形状复杂、尺寸精度高、表面质量好的冲压件,不经机械加工即可进行装配。

②冲压件的刚度高、强度高、质量轻。

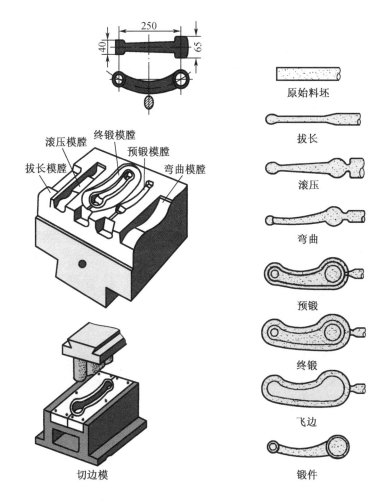

图 3.23 弯曲连杆锻件锻造过程

③冲压加工的生产效率高,且操作方便。冲压加工是利用冲压设备和冲模的简单运动来完成相当复杂形状零件的制造过程,而且并不需要操作工人的过多参与,所以冲压加工的生产效率很高。

④原材的损耗少,模具寿命长。冲压加工时,一般不需要对毛坯加热,对原材料的损耗较少,因此也是一种节约能源和资源的具有环保意义的加工方法。

⑤冲压生产质量稳定,容易实现自动化与智能化生产。

由于冲压工艺具有上述突出的特点和在技术与经济方面明显的优势,因此在国民经济各个领域中广泛应用,在汽车工业、国防工业、轻工业、家用电器制造业等部门占据着十分重要的地位。

3.5.1 冲压的设备

板料冲压所用的主要设备有剪板机、曲柄压力机、液压机、数控冲床等。

1.剪板机

剪板机也称为剪床,是用一个刀片相对另一刀片做往复直线运动剪切板材的机器。剪板机属于锻压机械中的一种。剪板机工作时借于运动的上刀片和固定的下刀片,采用合理的刀片间隙,对各种厚度的金属板材施加剪切力,使板材按所需要的尺寸断裂分离。剪板机的规格一般以能剪板材的厚度和长度来表示,如 Q11—3×1500 型(图3.24),表示能剪厚3 mm、宽 1 500 mm 的板材。使用剪板机前,应根据板料厚度和材质调整好上、下刀口的间隙,通常板材厚度越大,材质越硬,则应取的间隙越大。

2. 曲柄压力机

曲柄压力机用于冲压(也称冲床),是一种最常用的冲压设备,可适用于薄板零件的冲裁、成形(弯曲、拉深等),是进行冲压加工的基本设备。冲床的规格以额定公称压力来表示,如 J23—63,J 表示机械压力机,2 表示双柱压力机,3 表示可倾机身,63 表示公称压力为630 kN。J23 – 63 型冲床如图3.25所示。

图3.24 Q11—3×1500 型剪板机

图3.25 J23 – 63 型冲床

3. 液压机

液压机是利用液体为工作介质,用来传递能量以实现各种工艺的机器。液压机包括水压机和油压机。以水基液体为工作介质的称为水压机,以油为工作介质的称为油压机。液压机工作平稳,压力大,操作空间大,设备结构简单。液压机适合于中心载荷零件的弯曲、成形、翻边等多种冲压工艺,是汽车、船舶、压力容器、化工等行业的首选产品。

4. 数控冲床

数控冲床是数字控制冲床的简称,是一种装有程序控制系统的自动化机床。常用的有数控转塔冲床(numerical control turret punch press, NCT),它是利用最传统的冲裁技术和最简单的模具在板材上进行冲孔加工、浅拉深成形的压力加工设备。数控转塔冲床由电脑控制系统、机械或液压动力系统、伺服送料机构、模具库、模具选择系统、外围编程系统等组成。通过编程软件(或手工)编制加工程序,由伺服送料机构将板料送至需加工的位置,同时由模具选择系统选择模具库中相应的模具,液压动力系统按程序进行冲压,自动完成工件的加工。

相对于传统冲压而言,数控冲床具有节省模具费用、使用成本低、生产周期短、加工范围广等特点,故目前的应用越来越广。数控冲床适合于加工小批量、多样化的产品。

3.5.2 冲压分类

冲压按工艺可分为分离工序和成形工序两大类。分离工序是使毛坯的一部分与另一部分相互分离的工序,如剪切、落料、冲孔、修边、精密冲裁等。成形工序是使毛坯的一部分相对于另一部分产生位移而不破裂的工序,如弯曲(压弯、滚变、卷弯、拉弯等)、拉深、胀形、翻边、扩口、缩口等。

板料冲压的主要工序见表 3.5。

表 3.5　板料冲压的主要工序

工序名称		工序简图	特点及应用
分离工序	切断		切断是用剪刀或模具切断板料,切断线不是封闭的
	落料		落料是利用冲裁取得一定外形的制件或毛坯的冲压方法。冲落部分为成品,周边为废料
	冲孔		冲孔是将冲压坯内的材料以封闭的轮廓分离开来,得到带孔制件的一种冲压方法。冲落部分为废料,周边为成品
	切边		切边是将成形零件多余边缘的材料冲切下来
成形工序	弯曲		弯曲是把板材、棒材、管材或型材等加工成具有一定角度和形状的零件的成形方法。弯曲件的形状也多种多样:如 V 形件、U 形件、Ω 形件以及其他各种形状的零件
	拉深		拉深是利用模具使冲裁后得到的平板毛坯变形成开口空心零件的工序称为拉深。通过拉深可以制成圆筒形、球形、锥形、盒形、阶梯形、带凸缘的和其他复杂形状的空心件

表 3.5(续)

工序名称		工序简图	特点及应用
成形工序	翻边		翻边是在坯料的平面部分或曲面部分,利用模具的作用,使之沿封闭或不封闭的曲线边缘形成有一定角度的直壁或凸缘的成形方法
	胀形		胀形是在模具的作用下,迫使毛坯厚度减薄和表面积增大,以获得零件几何形状的冲压加工方法

3.5.3 冲模

冲模是使板料分离或变形的工具,是冲压生产的主要工艺装备。冲压件的形状、表面质量、尺寸精度、生产率以及经济效益都直接关系到模具结构。

1. 模具结构

冲模一般都是由固定和活动两部分组成的。固定部分用压铁、螺栓等紧固在冲床的工作台上,称为下模;活动部分紧固在冲床的滑块上,称为上模。上模随着滑块上下往复运动,从而完成一次冲压过程。

构成冲模的零部件按其作用分为工艺构件和辅助构件两部分。工艺构件包括工作零件,定位零件,压料、卸料及出件零部件;辅助构件包括导向零件、固定零件、标准紧固件及其他。图 3.26 是简单冲模的结构。

①工作零件。其作用是使被加工材料变形、分离,从而加工成工件,如凸模、凹模、凸凹模等。

②定位零件。其作用是确保条料在冲模中正确定位,条料在冲模中定位分为纵向定位和横向定位。纵向定位是确定条料在冲模中送料的步距,由挡料销、导正销、侧刃等元件完成;横

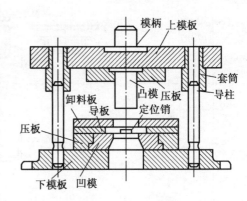

图 3.26 简单冲模的结构

向定位是保持条料正确的送进方向,主要由定位板(定位销)、导料板(导料销)来完成。

③压料、卸料及出件零部件。其主要分为卸料板、推件装置、顶件装置、压边圈几种。卸料板的主要作用是把材料从凸模上卸下,有时也作压料板以防材料变形或帮助送料导向和保护凸模;推件装置装于上模部分,其作用是将工件或废料从上模中推出;顶件装置利用装在下模部分的弹顶器将工件从下模顶出。

④导向及支承固定零件。其一般包括上模板、下模板、导柱和导套,共同组成模架,冲压模具的全部零件都安装在上、下模板上。导柱和导套起导向作用,可提高模具精度、寿命

及工件质量,还能节省调试模具的时间。上模座上一般装有模柄,用于上模与冲床的连接。

2. 冲模种类及特点

冲压件的多样性决定了冲模的结构形式多种多样。冲模的种类很多,按冲压工艺性质分为冲裁模、弯曲模、拉深模、成形模等;按冲压工序的组合方式分为单工序模、复合模、级进模等。在模具设计过程中,一般按单工序模、复合模、级进模来确定模具类型。

(1)单工序模

单工序模是指在压力机的一次行程内,只完成单一工序的模具。其结构简单、通用性好,适合于中、小批量生产和大型件的大批量生产。图 3.26 所示即为单工序模。

(2)复合模

复合模是指在压力机的一次行程内、模具的一个工位上,完成两道以上冲压工序的模具,是一种多工序冲压模具。复合模结构复杂,不易制造,适合于形状简单、尺寸不大、精度要求不高件的大批量生产。

(3)级进模

级进模是指在压力机的一次行程内、模具的不同工位上,完成多道工序的模具,又称连续模或跳步模。在冲压过程中,随着冲床连续工作,条料在级进模内逐次向前送进,经过多个工位逐步冲切后,获得一个完整的产品。一个复杂的冲压零件,用一副多工位级进模即可冲制完成,一副模具上往往有数十道工序。级进模生产效率高,容易实现生产机械化和自动化,适合于形状复杂、尺寸不大、精度要求较高件的大批量生产。

图 3.27 所示为自行车脚蹬内板零件,采用级进模生产共有五个工位:第一工位,冲中间工艺孔;第二工位,中间孔翻边;第三工位,冲中间底孔及整形;第四工位,冲两端 2 个孔;第五工位,落料,冲裁后的成品件和废料均从模具底孔漏出。图 3.28 所示为自行车脚蹬内板工序排样图。

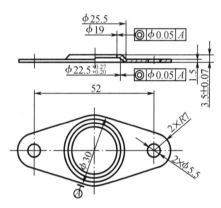

图 3.27　自行车脚蹬内板零件简图

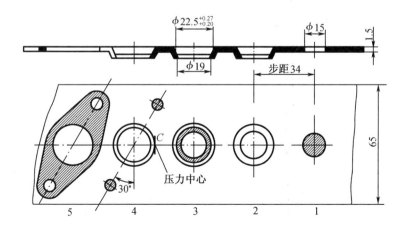

图 3.28　自行车脚蹬内板工序排样图

3.5.4　典型件冲压工艺实例

下面以油封外夹圈为例说明其冲压工艺过程。

油封外夹圈零件图及三维模型如图 3.29 和图 3.30 所示。其冲压工艺规程卡见表 3.6。

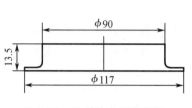

图 3.29　油封外夹圈零件图

图 3.30　油封外夹圈三维模型

表 3.6　油封外夹圈冲压工艺规程卡

冲压件名称	油封外夹圈	件数	128
材料	08	材料规格	1.5 mm×2 000 mm×1 000 mm

材料排样

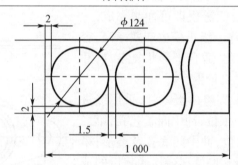

序号	工序名称	工序简图	操作说明	设备
1	剪切下料		在 1.5 mm×2 000 mm×1 000 mm 的 08 钢薄板上垂直于 2 000 mm 长边每隔 125 mm 处画线,在剪床上沿着画线剪断,获得 16 件 1 000 mm×125 mm 板条	剪床
2	落料	φ124	用冲模‐Ⅰ对 16 件 1 000 mm×125 mm 板条在冲床上落料,获得 φ124×1.5 mm 钢片(08 钢)128 件	冲床、冲模‐Ⅰ
3	拉深	φ90 φ117	用拉深模在压力机上逐件将 φ124×1.5 mm 钢片(08 钢)进行拉深变形,获得外缘为 φ117、内腔为 φ90×8.5 mm 的拉深件	压力机、拉深模
4	冲孔	φ80	用冲模‐Ⅱ在压力机上将拉深后的 φ90 孔沿着中心线按拉深方向对底部冲出 φ80 的孔	压力机、冲模‐Ⅱ

表 3.6（续）

序号	工序名称	工序简图	操作说明	设备
5	翻边	$\phi 90$　13.5　$\phi 117$	用冲模 - Ⅲ 在压力机上将冲出的 $\phi 80$ 孔沿着轴线的冲孔方向翻成 $\phi 90$ 的直边	压力机、冲模 - Ⅲ
6	修边		用修边模在压力机上将拉伸后的 $\phi 117$ 裁平齐	压力机、修边模

第4章　焊接成形工艺

【学习要求】

(1)了解焊接的设备、原理、特点、应用;

(2)了解焊接的安全规范、环境保护措施以及简单的经济成本分析;

(3)熟悉常见的焊接方法;

(4)针对零件(或产品),能对其毛坯进行初步的工艺分析,并初步具备相关设备或工具的操作技能。

4.1　焊接的分类和特点

焊接是通过加热或加压,或两者并用,用或不用填充材料,使焊件形成原子间结合的一种加工方法。焊接实现的连接是不可拆卸的永久性连接,被连接的焊件材料可以是同种或异种金属,也可以是金属与非金属等。

我国是世界上应用焊接技术最早的国家之一。河南辉县战国墓中的殉葬铜器的耳和足就是用铸焊方法与本体连接的,比欧洲早了 2 000 多年。现代焊接是 19 世纪末发展起来的一种连接工艺。与铆接相比,焊接具有节省金属材料、生产率高、连接质量优良、劳动条件好等优点。由于它具有很多优点,因而已在工程上获得了越来越广泛的应用。例如,船舶、冶金、建筑、锅炉、化工容器、飞机、火箭、宇宙飞船、火车车厢、汽车等的制造都离不开焊接;自行车、量刃具、仪表、家电、微电子元件等的生产同样离不开焊接。此外,焊接还用于修补铸、锻件缺陷和局部受损坏的零件,在生产中具有较大的经济意义。

焊接方法很多,根据焊缝金属在焊接时所处的状态不同,一般分为熔焊、压焊和钎焊三大类(图 4.1)。

①熔焊是将焊件接头加热至熔化状态,不加压力完成焊接。生产中常用的熔焊方法有气焊、焊条电弧焊、埋弧焊、二氧化碳气体保护焊、氩弧焊和激光焊等。

②压焊是对焊件加压(加热或不加热)完成焊接,如电阻焊、摩擦焊等。

③钎焊是采用低熔点的填充金属(称为钎料)熔化后,与固态焊件金属相互扩散形成原子间的结合而实现连接的方法,如铜焊、银焊、锡焊等。

熔焊的焊接接头如图 4.2 所示。被焊的工作材料称为母材。焊接过程中局部受热熔化的金属形成熔池,熔池金属冷却凝固后形成焊缝。焊缝两侧的母材受焊接加热的影响(但未熔化),引起金属内部组织和力学性能变化的区域称为焊接热影响区(简称热影响区)。焊缝和热影响区的过渡区域称为熔合区。焊缝、熔合区和热影响区三者构成焊接接头。焊缝各部分的名称如图 4.3 所示。

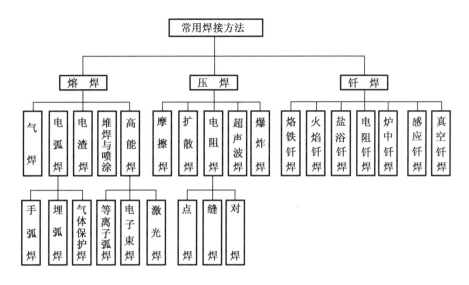

图 4.1 常用焊接方法分类

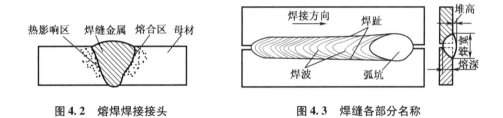

图 4.2 熔焊焊接接头

图 4.3 焊缝各部分名称

4.2 焊条电弧焊

4.2.1 手工电弧焊方法

1. 手工电弧焊原理

利用电弧作为焊接热源的熔焊方法称为电弧焊,简称弧焊。用手工操纵焊条进行焊接的电弧焊方法称为焊条电弧焊,习惯上称为手工电弧焊,简称手弧焊。

焊条电弧焊的焊接过程如图 4.4 所示。焊接前,将焊件和焊钳分别连接到电焊机的输出端两极,并用焊钳夹持电焊条。焊接时,首先在焊条与焊件之间引出电弧,电弧的高温将焊条端头与焊件局部熔化而形成熔池。随着电弧沿焊接方向前移,熔池迅速冷却、凝固形成焊缝,使分离的两块焊件牢固地连接成一整体。焊条的药皮熔化后形成熔渣覆盖在熔池上,熔渣冷却后形成渣壳对焊缝起保护作用,最后将渣壳清除掉,接头的焊接工作完成。

焊条电弧焊的设备简单,操作方便灵活,适应性强。它适用于厚度 2 mm 以上的多种金属材料和各种形状结构的焊接,尤其适于结构形状复杂、焊缝短或弯曲的焊件和各种不同空间位置的焊缝焊接。焊条电弧焊的主要缺点是焊接质量不够稳定,生产效率较低,对操作者的技术水平要求较高。目前,它是工业生产中应用最为广泛的一种焊接方法。

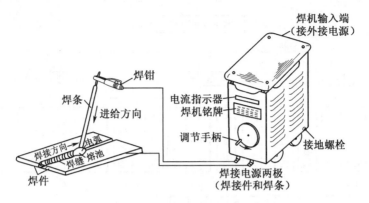

图4.4　焊条电弧焊示意图

2. 手弧焊基本操作技术

焊接前接头处应除尽铁锈、油污,以便于引弧、稳弧和保证焊缝质量。除锈要求不高时可用钢丝刷;要求高时,应采用砂轮打磨。

引弧和堆平焊波是最基本的手弧焊操作技能。使焊条和焊件间产生稳定电弧的过程称为引弧。方法有敲击法和摩擦法两种,如图4.5所示。首先是将焊条引弧端接触焊件,形成短路,然后迅速向上提起2~4 mm,电弧即可引

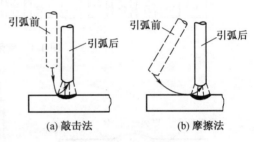

图4.5　引弧方法

燃。堆平焊波就是在焊缝位置堆敷焊缝金属,其关键是掌握好焊条与工件的角度,以及操作焊条的基本动作,保持合适的电弧长度和均匀的焊接速度,如图4.6和图4.7所示。

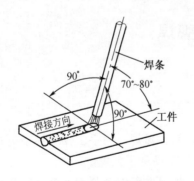

图4.6　平焊的焊条角度

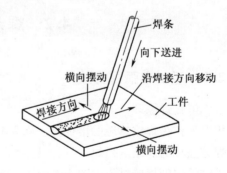

图4.7　运条基本动作

4.2.2　焊接电弧

焊接电弧是由焊接电源供给的,在具有一定电压的两电极间或电极与焊件间,由气体介质中产生的强烈而持久的放电现象,如图4.8所示,即在一定条件下电荷(带电粒子)通过两电极之间气体空间的导电过程。为维持电弧燃烧,必须不断输送电能给电弧。在焊接电弧燃烧过程中,呈现出电压低、电流大、温度高、发光强的特点。

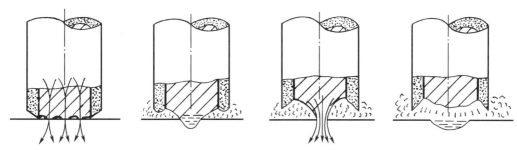

(a) 焊条与焊件开始接触 (b) 电流热效应使局部金属熔化 (c) 提起焊条时电流从细颈通过 (d) 液态金属向焊条和焊件分离

图 4.8 焊接电弧的产生过程

焊接电弧由阴极区、弧柱和阳极区三部分组成(图 4.9)。以焊接低碳钢为例,阴极区的热量主要是正离子碰撞阴极时,由正离子的动能和它与阴极区电子复合时释放的位能转化而来的,阴极区平均温度为 2 400 K,约占总热量的 36%。阳极区的热量主要是电子撞入阳极时,由电子的动能和逸出功转化而来的。由于阳极区不发射电子,也就不消耗发射电子所需要的能量,所以阳极区温度比阴极区高,温度可达 2 600 K,约占总热量的 43%。弧柱区是阴极区和阳极区之间的电弧部分,其长度基本上等于电弧的长度,弧柱区的热量主要由正、负离子复合时释放出的电离能转化而来,其热量取决于气体介质的电离能力和电流大小。弧柱区中心温度可高达 6 000~8 000 K,约占总热量的 21%。正是由于电弧在阴极和阳极上产生的热量不同,因而用直流焊机焊接时,就有正接和反接两种接线方式。正接是将工件接电源正极,焊条接负极(图 4.10(a)),使得电弧中的热量大部分集中在焊件上,加速焊件的熔化,因此多用于焊接较厚的焊件。反接是将工件接电源负极,焊条接正极(图 4.10(b)),反接法常用于薄壁件的焊接,以及非铁合金、不锈钢、铸铁等的焊接。使用酸性焊条时分正接和反接;使用碱性焊条时,按规定均采用直流反接法。

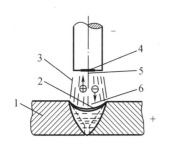

1—焊件;2—阳极斑点;3—弧柱区;
4—阴极斑点;5—阴极区;6—阳极区。

图 4.9 电弧的构造

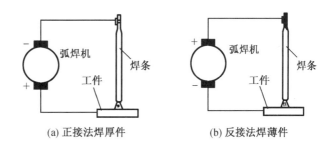

(a) 正接法焊厚件　　　　(b) 反接法焊薄件

图 4.10 直流弧焊时的正接与反接

4.2.3 电焊机和工具

1. 焊条弧焊机

电弧焊需要专用的弧焊电源,称为电弧焊机,俗称电焊机或焊机。焊条电弧焊的弧焊电源也称为手弧焊机,简称弧焊机。弧焊机按产生的焊接电流性质可分为交流弧焊机和直流弧焊机两类,其中常用的直流弧焊机有整流式直流弧焊机和逆变式直流弧焊机。

(1)交流弧焊机

交流弧焊机实际上是一种具有一定特性的降压变压器,因此又称为弧焊变压器。其输出电压与普通变压器的输出电压不同,随输出电流(负载)的变化而变化。空载(不焊接)时,电焊机的电压为 60~80 V,既能满足顺利引弧的需要,对人身也比较安全。引弧以后,电压会自动下降到电弧正常工作所需的 20~30 V。当引弧开始,焊条与工件接触形成短路时,电焊机的电压会自动降到趋近于零,使短路电流不致过大。它具有结构简单、价格低廉、使用方便、噪音较小、维护容易的优点,但电弧稳定性不如直流弧焊机好。图 4.11 所示为 BX3-300 型交流弧焊机的内部结构和外形及其型号含义。

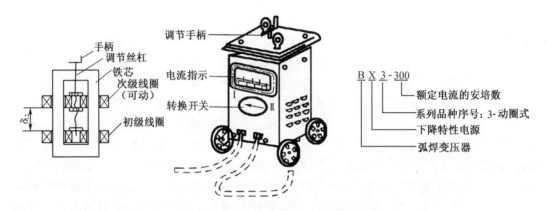

图 4.11　BX3-300 型交流弧焊机的内部结构和外形及其型号含义

(2)整流弧焊机

直流弧焊机早期分旋转式直流弧焊机和整流式弧焊机两类。旋转式直流弧焊机结构复杂,价格高,维修困难,使用时噪音大,目前很少使用。当代直流弧焊机的主流是整流式直流弧焊机和逆变式直流弧焊机两大类。

整流弧焊机是利用大功率的硅整流元件组成整流器,将交流电转变成直流电,供焊接时使用,因此又称为弧焊整流器。整流弧焊机由三相降压变压器、磁饱和电抗器、整流器组、输出电抗器、通风机组及控制系统等组成。与交流弧焊机相比,整流弧焊机的电弧稳定性好,整流弧焊机结构简单,维修方便,噪音小。图 4.12 所示为常用的 ZXG-300 型整流弧焊机及其型号含义。

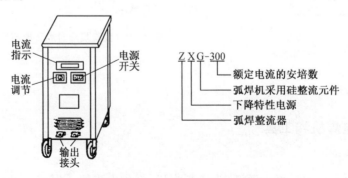

图 4.12　ZXG-300 型整流弧焊机及其型号含义

（3）逆变式弧焊机

逆变式弧焊机又称为弧焊逆变器。它具有高效节能、质量轻、体积小、动态响应快和良好的弧焊工艺性能等优点。其工作原理是：380 V 交流电经三相桥式全波整流器变成高压脉动直流电，经过滤波变成高压直流电，再经过逆变器变成几千赫兹到几十或几百千赫兹的中频高压交流电，再经过中频变压器降压、全波整流后变成适合焊接的低压直流电。

2. 焊条电弧焊常用工具

常用的焊条电弧焊工具有：夹持焊条的焊钳；保护操作者免于灼伤的电焊手套和面罩；进行焊前和焊后清理所需的清渣锤和钢丝刷等，如图 4.13 所示。

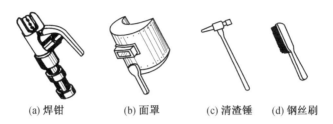

(a) 焊钳   (b) 面罩   (c) 清渣锤   (d) 钢丝刷

图 4.13　焊条电弧焊工具

4.2.4　电焊条

1. 焊条的组成和作用

焊条由芯部的金属焊芯和表面药皮涂层组成，如图 4.14 所示。

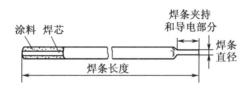

图 4.14　电焊条结构图

金属焊芯有一定的直径和长度，分别代表了焊条的直径和长度，如表 4.1 所示。金属焊芯在焊接时有两个作用：一是作为电极，传导电流，产生电弧；二是与母材一起熔化后组成焊缝金属。

表 4.1　焊条直径和长度规格　　　　　　　　　　　　　单位：mm

焊条直径	2.0	2.5	3.2	4.0	5.0	5.8
焊条长度	250,300	250,300	350,400	350,400,450	400,450	400,450

药皮是压涂在焊芯表面的涂料层，由矿石粉、铁合金粉和黏结剂等原料按一定比例配制而成。它的主要作用是：保证电弧稳定燃烧，造气、造渣以隔绝空气，保护熔化金属；对熔化金属进行脱氧、去硫、渗合金元素，以改善焊缝质量和性能。

2. 焊条的种类

焊条有多种类型，按其熔渣化学性质不同可分为酸性焊条和碱性焊条两大类。药皮熔化后形成的熔渣以酸性氧化物为主的焊条称为酸性焊条，如 E4303、E5003 等，氧化性强，合金元素烧损大,焊缝的塑性和韧性不高,且焊缝中氢含量高,抗裂性差。但是,酸性焊条具有良好的工艺适应性,对油、水、锈不敏感,交直流电源均可,因而广泛应用于一般结构件的焊接。熔渣以碱性氧化物和氟化钙为主的焊条称为碱性焊条(又称低氢焊条),如 E4315、E5015 等,它的脱氧、去氢和渗合金作用强,与酸性焊条相比,其焊缝金属的含氢量较低,有益元素较多,有害元素较少,因此焊缝力学性能与抗裂性好。但是,碱性焊条工艺适应性和电弧稳定性差,对油、水、锈较敏感,抗气孔性能差,一般要求采用直流电源焊接,主要用于重要的钢结构或合金钢结构的焊接。

焊条按用途分为十大类:结构钢焊条、钼和铬钼耐热钢焊条、不锈钢焊条、堆焊焊条、低温钢焊条、铸铁焊条、镍和镍合金焊条、铜和铜合金焊条、铝和铝合金焊条、特殊用途焊条。

结构钢焊条是焊接结构生产中应用最广泛的焊条,包括碳钢焊条和低合金钢焊条。

3. 焊条的牌号与型号

焊条的牌号是焊条行业统一的焊条代号。为与国际标准接轨,已被新的国家标准焊条型号所代替。但考虑到焊条牌号已沿用多年,专业人员已习惯使用,所以在生产实践中还是将焊条牌号与焊条型号对照使用,但以焊条型号为主。如 E4303、E4315、E5003、E5015,焊条型号中"E"表示焊条;"43"和"50"分别表示熔敷金属抗拉强度最小值分别为 43 kgf/mm^2(420 MPa)和 50 kgf/mm^2(490 MPa);焊条型号中第三位数字表示适用的焊接位置,"0"和"1"表示适用于全位置焊接;第三位和第四位数字组合时表示药皮类型和焊接电源种类,"03"表示钛钙型药皮,用交流或直流正、反接焊接电源均可;"15"表示低氢钠型药皮,直流反接焊接电源。图 4.15 所示是以"J422"(图 4.15(a))和"E4303"(图 4.15(b))为例,表示同一种焊条的牌号与型号的对应关系。

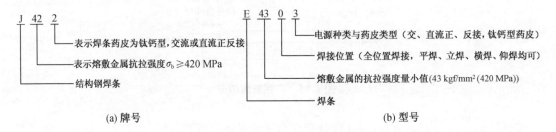

(a) 牌号　　　　　　　　　　　　　　　　(b) 型号

图 4.15　电焊条牌号和型号的含义

4. 焊条的选用原则

焊条无论从牌号或型号来说种类都很多,各有其应用条件。其选择应遵循下列原则:

①等强度原则(必须遵循),即焊条与母材应具有相同的抗拉强度等级。

②同成分原则(必须遵循),即焊条与母材应具有相同或相近的化学成分。

③焊件结构要求。对重要结构有抗裂性要求时应选用碱性低氢焊条。

④工艺适应性要求。对难以焊前清理、易产生焊接气孔的焊件应选用酸性焊条。

⑤焊接设备的要求。如无直流焊机,则应选用交直流两用的焊条。

4.2.5　手工电弧焊工艺

1. 焊接接头形式和坡口形式

常用的焊接接头形式有对接接头、搭接接头、角接接头、T 形接头,如图 4.16 所示。

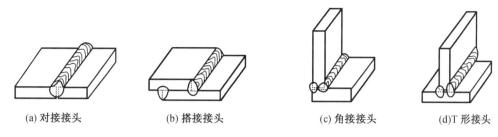

(a) 对接接头　　　　(b) 搭接接头　　　　(c) 角接接头　　　　(d)T 形接头

图 4.16　常见焊接接头形式

　　为了保证焊接强度,焊接接头处必须熔透。焊件较薄时,在焊件接头处只要留出一定的间隙,采用单面焊或双面焊就可以保证焊透。焊件较厚时,为了保证焊透,焊接前要把焊件的待焊部位加工成所需的几何形状,即需要开坡口。对接接头常用的坡口形式有 I 形坡口、Y 形坡口、双 Y 形坡口和带钝边 U 形坡口等。手工电弧焊焊接接头的基本形式与尺寸如表 4.2 所示。

表 4.2　手工电弧焊焊接接头的基本形式与尺寸

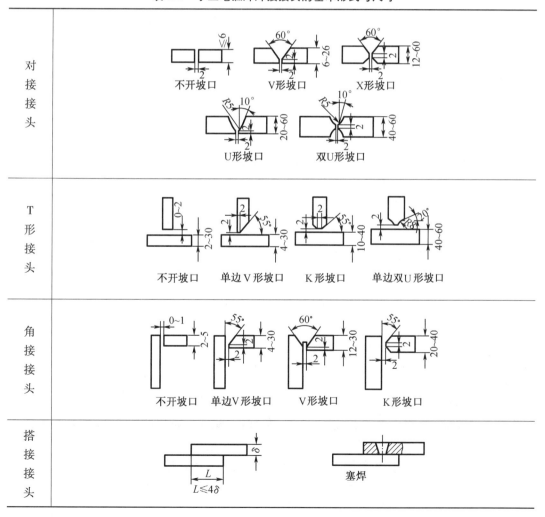

坡口加工称为开坡口。常用的开坡口方法有刨削、车削、氧乙炔火焰切割、等离子切割和碳弧气刨等。

2. 焊接位置

熔焊时,焊件接缝所处的空间位置称为焊接位置,有平焊位置、立焊位置、横焊位置和仰焊位置等。对接接头的各种焊接位置如图4.17所示。平焊位置最易于操作,生产率高,劳动条件好,焊接质量容易保证。立焊位置和横焊位置次之,仰焊位置最差。因此,焊件应尽可能放在平焊位置施焊。

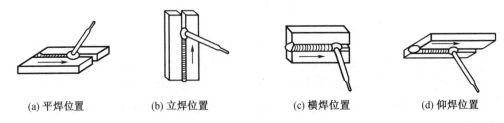

| (a) 平焊位置 | (b) 立焊位置 | (c) 横焊位置 | (d) 仰焊位置 |

图4.17 焊接位置

3. 焊接工艺参数的选择

焊接工艺参数是焊接时为保证焊接质量而选定的诸物理量(如焊接电流、电弧电压、焊接速度等)的总称。焊条电弧焊的焊接工艺参数包括焊条直径、焊接电流、电弧电压、焊接速度和焊接层次等。焊接工艺参数选择是否正确,直接影响焊接质量和生产率。

焊条直径根据焊件厚度选择。厚度较大的焊件应选用直径较大的焊条;焊件较薄时,应选用小直径的焊条。一般情况下,焊件厚度和焊条直径之间的关系可参考表4.3。多层焊的第一层焊缝和非水平位置施焊的焊条应采用直径较小的焊条。

表4.3 焊件厚度与焊条直径选择   单位:mm

焊件厚度	≤1.5	2	3	4 ~ 5	6 ~ 12	>12
焊条直径	1.5	1.6,2.0	2.0,3.2	3.2,4.0	4.0,5.0	6.0

焊接电流可依据下面的经验公式确定:

$$I = (30 \sim 50)d \tag{4.1}$$

式中 I——焊接电流,A;

      d——焊条直径,mm。

在实际生产中,焊接电流大小是根据焊件厚度、接头形式、焊接位置、焊条种类等因素,通过试焊来调整和确定的。

电弧电压由电弧长度决定。电弧长,电弧电压高;电弧短,电弧电压低。电弧过长时,燃烧不稳定,熔深减小,熔宽加大,并且容易产生焊接缺陷。因此,在焊接时应力求使用短弧焊接。一般情况下要求电弧长度不超过焊条直径,碱性焊条焊接时,应比酸性焊条弧长更短些。但电弧也不宜过短,否则熔滴过渡时可能发生短路,使操作困难。

焊接速度是指焊条沿焊接方向移动的速度,焊接速度的快慢一般由焊工凭经验确定。

4.焊接工艺参数对焊缝成形和焊件熔深的影响

焊接工艺参数是否合适,直接影响焊缝成形。图4.18表示焊接电流和焊接速度对焊缝形状的影响。图(a)所示焊缝形状规则,焊波均匀并呈椭圆形,焊缝各部分尺寸符合要求,表明焊接电流和焊接速度选择合适。图(b)所示焊接电流太小,电弧不易引出,燃烧不稳定,电弧吹力小,熔池金属不易流开,焊波呈圆形,堆高增大和熔深减小。图(c)所示焊接电流太大,焊条熔化过快,尾部发红,飞溅增多,焊波变尖,熔宽和熔深都增加。焊薄板时易烧穿。图(d)所示焊接速度太小时,焊缝焊波变圆且堆高,熔宽和熔深都增加,焊薄板时可能会烧穿。图(e)所示焊接速度太大时,焊波变尖,余高、熔宽和熔深都减小。

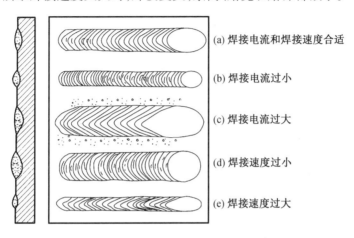

(a) 焊接电流和焊接速度合适

(b) 焊接电流过小

(c) 焊接电流过大

(d) 焊接速度过小

(e) 焊接速度过大

图4.18　焊件电流和焊接速度对焊缝形状的影响

5.焊接变形

焊接时,焊件局部受热,温度分布不均匀,熔池及其附近的金属被加热到高温时,受周围温度较低部分母材金属所限制,不能自由膨胀。因此,冷却后将会发生纵向(沿焊缝长度方向)和横向(垂直焊缝方向)的收缩,从而引起焊接变形。

焊接变形的基本形式有缩短变形、角变形、弯曲变形、扭曲变形和波浪形变形等,如图4.19所示。焊接变形降低了焊接结构的尺寸精度,严重的变形还会造成焊件报废。为了减小焊接变形,应采取合理的焊接工艺,如正确选择焊接顺序或机械固定等方法。采用退火处理,可以降低焊接件的内应力,从而减小变形。焊接变形可以通过手工矫正、机械矫正和火焰矫正等方法予以解决。这些措施均增加了制造成本。

4.3　气焊与气割

4.3.1　气焊

1.气焊原理及其特点

气焊是一种利用气体火焰来熔化母材与填充金属的焊接方法(图4.20)。通常用作气焊的可燃性气体为乙炔(C_2H_2),以氧气作为助燃气,火焰温度可达3 100 ~ 3 300 ℃。将焊件加热到一定温度后,再将焊丝熔化,充填焊缝,然后用火焰将接头吹平,待其凝固后,便形成焊缝。

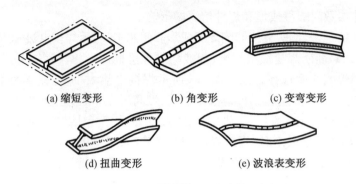

(a) 缩短变形　　(b) 角变形　　(c) 变弯变形

(d) 扭曲变形　　(e) 波浪表变形

图 4.19　焊接变形的基本形式

气焊火焰的温度比电弧低,热量分散,加热较慢,生产率低,焊接变形大。气焊火焰还会使液态金属氧化或增碳,其保护效果较差,焊接接头质量不高。但是火焰加热容易控制熔池温度,易于均匀焊透,实现单面焊双面成形。此外,气焊设备简单,移动方便,且不需要电源,这给室外作业提供了一定的方便。

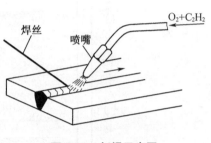

图 4.20　气焊示意图

气焊一般应用于 3 mm 以下的低碳钢薄板、铸铁和管子的焊接。在质量要求不高时也可用于不锈钢、有色金属及其合金的焊接。

2. 气焊设备

气焊所用的设备由氧气瓶、乙炔瓶、减压器、回火保险器、焊炬和氧气胶管及乙炔胶管等组成,如图 4.21 所示。

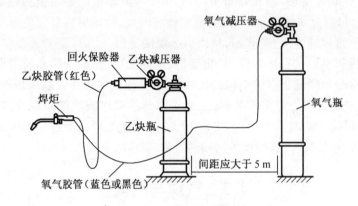

图 4.21　气焊设备及其连接

(1)氧气瓶

氧气瓶是贮存和运输氧气的高压容器。其工作压力为 15 MPa,容积为 40 L。使用氧气瓶时要保证安全,注意防止氧气瓶爆炸。按照规定,氧气瓶的外表面涂天蓝色漆,并用黑漆标以"氧气"字样,外套相隔一定距离的两道防震圈。

(2)乙炔瓶

乙炔瓶是一种贮存和运输乙炔用的容器,工作压力为 1.5 MPa。在乙炔瓶内装有浸满丙酮的多孔性填料,能使乙炔稳定而又安全地储存在瓶内。使用时,溶解在丙酮内的乙炔就分解出来,通过乙炔瓶阀流出,而丙酮仍留在瓶内,以便溶解再次压入的乙炔。乙炔瓶外形比氧气瓶粗短,可稳定地直立放置,外表面漆成白色,并用红漆标以"乙炔"和"火不可近"字样。使用乙炔瓶时要注意保证安全。

（3）减压器

减压器是将高压气体降为低压气体的调节装置。气焊时所需的气体工作压力一般较低,如氧气压力通常为 0.2~0.3 MPa,乙炔压力最高不超过 0.15 MPa。因此,必须将气瓶内输出的气体减压后才能使用。减压器的作用就是降低气瓶输出的气体压力,并能保持降压后的气体压力稳定,而且可以调节减压器的输出气体压力。

（4）回火保险器

正常焊接时,火焰在焊炬的喷嘴外面燃烧。但当发生气体供应不足或管路、喷嘴阻塞等情况时,火焰会沿乙炔管路向里燃烧,这种现象称为回火。如果回火现象蔓延到乙炔瓶就可能引起爆炸。回火保险器的作用就是截住回火气体,保证乙炔瓶的安全。

（5）焊炬

焊炬又称焊枪,它的作用是使氧与乙炔均匀混合,并能调节混合比例,以形成适合焊接要求的稳定燃烧的火焰。射吸式焊炬的外形如图 4.22 所示,常用型号有 H01—2 和 H01—6等。型号中"H"表示焊炬,"0"表示手工操作,"1"表示射吸式,"2"和"6"表示可焊接低碳钢件的最大厚度分别为 2 mm 和 6 mm。各种型号的焊炬均配有 5 个大小不同的焊嘴,以便焊接不同厚度的焊件。

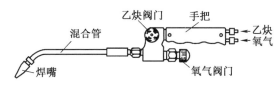

图 4.22 焊炬

3. 焊丝与气焊熔剂

气焊的焊丝作为填充金属,与熔化的母材一起组成焊缝。焊接低碳钢时,常用的焊丝的牌号有 H08、H08A 等。焊丝直径一般为 2~4 mm,气焊时根据焊件厚度来选择。为了保证焊接质量,焊丝直径和焊件厚度不宜相差太大。

气焊熔剂是气焊时的助熔剂,其作用是保护熔池金属,去除焊接过程中形成的氧化物,增加液态金属的流动性。

气焊熔剂主要供气焊铸铁、不锈钢、耐热钢、铜、铝等金属材料时使用,气焊低碳钢时不必使用气焊熔剂。我国气焊熔剂的牌号有 CJ101、CJ201、CJ301 和 CJ401 四种。其中 CJ101为不锈钢和耐热钢气焊熔剂;CJ201 为铸铁气焊熔剂;CJ301 为铜及铜合金气焊熔剂;CJ401为铝及铝合金气焊熔剂。

4. 气焊工艺

（1）气焊火焰

通过在焊炬上改变氧和乙炔的体积比,可获得三种不同性质的气焊火焰:中性焰、碳化焰和氧化焰,如图 4.23 所示。

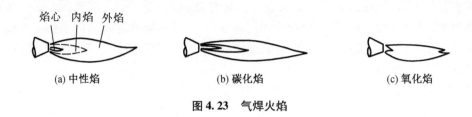

(a) 中性焰   (b) 碳化焰   (c) 氧化焰

焰心　内焰　外焰

图 4.23　气焊火焰

①中性焰。当氧气与乙炔以 1.0 ~ 1.2 的体积比混合燃烧后生成中性焰。中性焰由焰心、内焰、外焰三部分组成,内焰温度最高,可达 3 000 ~ 3 200 ℃。中性焰适用于焊接低碳钢、中碳钢、合金钢、紫铜和铝合金等多种材料。

②碳化焰。当氧气与乙炔以小于 1.0 的体积比混合燃烧后生成碳化焰。由于氧气较少,燃烧不完全,整个火焰比中性焰长,但温度比较低,最高温度低于 3 000 ℃。用碳化焰焊接会使焊缝金属增碳,一般只用于高碳钢、铸铁等材料的焊接。

③氧化焰。当氧与乙炔以大于 1.2 的体积比混合燃烧后生成氧化焰。由于氧气充足,燃烧比中性焰剧烈,火焰较短,温度比中性焰高,可达 3 100 ~ 3 300 ℃。氧化焰对焊缝金属有氧化作用,一般不易采用,但在焊接黄铜时可用氧化焰,以防止低沸点的锌的蒸发。

(2)点火、调节火焰及灭火

点火时,先微开氧气阀门,再打开乙炔阀门,随后点火。刚开始燃烧时为碳化焰,通过逐渐开大氧气阀门,可调整得到中性焰或氧化焰。灭火时应先关闭乙炔阀门,然后关闭氧气阀门。

(3)平焊操作

工件熔化形成熔池后再将焊丝点入熔池内熔化。焊炬的移动速度应保持熔池有一定的大小尺度。气焊时要掌握好焊炬与工件的夹角,如图 4.24 所示。工件越厚,夹角越大。正常的角度范围为 30° ~ 50°。在焊缝最末端减小角度以填满熔池和避免烧穿。

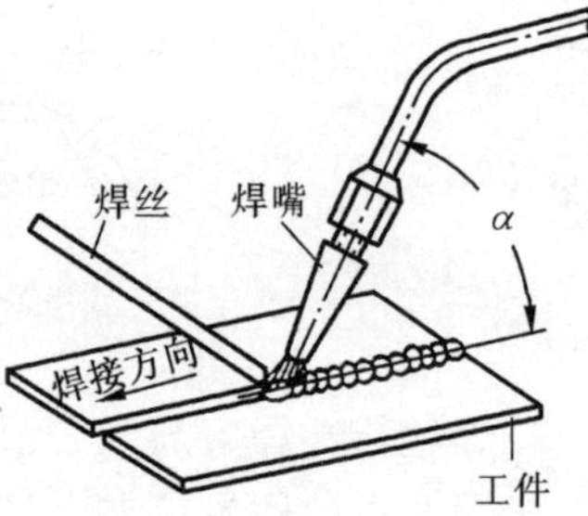

图 4.24　焊炬角度示意图

焊丝　焊嘴　α　焊接方向　工件

4.3.2　气割

1.气割原理与操作

气割即氧气气割,是利用某些金属在纯氧中燃烧的原理来实现金属切割的方法(图 4.25)。

气割所用的割炬与焊炬的结构不同(图 4.26),它比焊炬多一根切割氧气管及切割氧气阀。割嘴的出口处有两条通道,周围一圈为乙炔和氧气的混合气体出口,中间通道为切割氧气出口,两道互不相通。切割操作过程如下:打开割炬上的预热氧和乙炔阀门,点燃预热火焰,调成中性焰对工件加热到高温,然后打开切割氧气阀,氧气流使高温金属剧烈氧化燃烧,生成的氧化物同时被氧气吹走。金属燃烧产生的热量和预热火焰又将临近金属预热到燃点,随着割炬以一定的速度移动

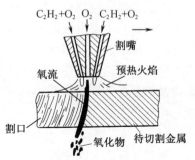

$C_2H_2+O_2$　O_2　$C_2H_2+O_2$　割嘴　预热火焰　氧流　割口　氧化物　待切割金属

图 4.25　气割过程

便形成一道割口。

金属气割过程实质上是金属在纯氧中的燃烧过程,而不是熔化过程。在整个气割过程中,割件金属没有熔化,而且也不允许熔化。若割件发生熔化现象,则割口宽而不整齐。

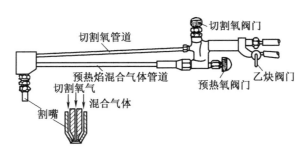

切割氧管道　切割氧阀门

预热焰混合气体管道　乙炔阀门

切割氧气　预热氧阀门

混合气体

割嘴

图 4.26　割炬

2. 气割对材料的要求

①被割材料的燃点应低于其熔点,否则金属会先熔化而无法形成整齐的切口,因此高碳钢和铸铁不易进行气割。

②燃烧的金属氧化物的熔点应低于金属本身的熔点,否则难熔渣壳会阻碍切割继续进行,如铝和不锈钢。

③只有金属燃烧时放热量大,导热性相对小,才能保持切口温度,使切割延续进行。铜及铜合金因燃烧时放热少而导热又快,因而难以进行气割。

满足上述要求的金属材料有低碳钢、中碳钢、低合金结构钢和纯铁等。而铸铁、不锈钢和铜、铝及其合金均不能进行气割。

4.4　其他焊接方法简介

1. 埋弧自动焊

埋弧自动焊简称埋弧焊,是电弧在焊剂层下燃烧,利用机械自动控制焊丝送进和电弧移动的一种电弧焊方法。

如图 4.27 所示,在埋弧自动焊中使用焊丝和焊剂作为焊接材料,焊丝末端与焊件之间产生电弧以后,电弧的热量使焊丝、焊件和焊剂熔化,有一部分甚至蒸发。金属和焊剂的蒸发气体形成一个封闭的包围电弧和熔池金属的空腔,使电弧和熔池与外界空气隔绝。空腔上部被一层熔渣膜包围,有效地阻挡了有碍操作的弧光。随着电弧向前移动,电弧不断熔化前方的焊件、焊丝及焊剂,而熔池的后部边缘开始冷却凝固形成焊缝。比较轻的熔渣浮在熔池表面,冷却后形成渣壳。

埋弧焊时,堆置焊剂、引燃电弧、送进焊丝、保持一定弧长和电弧沿焊接方向移动等全都是以机械化的方式进行的,它由埋弧焊机来完成。埋弧焊机分为自动和半自动两类。图4.28 所示的埋弧自动焊机由焊接电源、控制箱和焊车三部分组成。埋弧自动焊通常适于中厚板(6 ~ 60 mm)工件和批量生产,用于处于水平位置的长直焊缝和较大直径(≥250 mm)的环形焊缝的焊接。

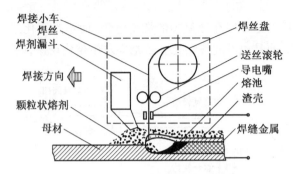

图 4.27　埋弧自动焊过程示意图

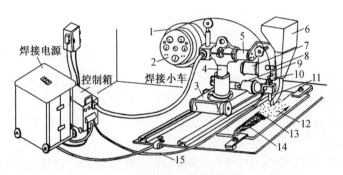

1—焊丝盘;2—操纵盘;3—车架;4—立柱;5—横梁;6—焊剂漏斗;7—焊丝送进电机;8—送丝滚轮;
9—小车电动机;10—机头;11—导电嘴;12—焊剂;13—渣壳;14—焊缝;15—焊接电缆。

图 4.28　埋弧自动焊机示意图

2. 气体保护电弧焊

气体保护电弧焊简称气体保护焊,是利用外加气体作为电弧介质并保护电弧和焊接区的电弧焊。常用的气体保护焊有氩弧焊和二氧化碳气体保护焊。

(1) 氩弧焊

氩弧焊是以氩气作为保护气体的气体保护电弧焊。氩气是一种惰性气体,焊接时不与金属发生反应,也不溶于金属。氩气的导热系数很小,又是单原子气体,高温时不分解,使电弧热量损失小,燃烧稳定。因此用氩弧焊可以获得高质量的焊缝。

氩弧焊按电极是否熔化可分为非熔化极氩弧焊和熔化极氩弧焊。

非熔化极氩弧焊采用钨丝作为电极,故又称为钨极氩弧焊(TIG 焊),如图 4.29(a)所示。焊接时钨丝电极不熔化,只起导电和产生电弧的作用。因为钨丝电极能通过的电流有限,所以只适用于 6 mm 以下薄板的焊接。钨极氩弧焊又分为手工钨极氩弧焊和自动钨极氩弧焊。手工钨极氩弧焊由于操作方便,应用较广泛,其焊机如图 4.30 所示。

熔化极氩弧焊(MIG 焊)是以连续送进的焊丝作为电极,可以采用大电流,生产率高,可以焊接厚度大的工件,如图 4.29(b)所示。熔化极氩弧焊可分为自动和半自动两种形式。

氩弧焊的主要特点:

①用惰性气体进行保护,适宜焊接合金钢、易氧化的有色金属及稀有金属;

②电弧在气流压缩下燃烧,热量集中,熔池小,热影响区小,工件焊接变形小;

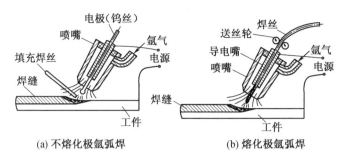

(a) 不熔化极氩弧焊　　　　　(b) 熔化极氩弧焊

图 4.29　氩弧焊示意图

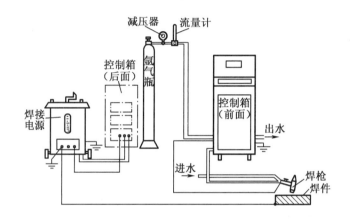

图 4.30　手工钨极氩弧焊机结构示意图

③电弧稳定,飞溅小,无熔渣,成形美观;

④明弧可见,易于观察,操作方便,易于各种焊接位置的焊接,易于实现自动化;

⑤氩气价格高,焊接成本高,氩弧焊设备的维修较为复杂。

氩弧焊主要用于焊接铝及其铝合金、钛合金、不锈钢、耐热钢和重要的低合金结构钢。

(2)二氧化碳气体保护焊

二氧化碳气体保护焊是以二氧化碳气体作为保护气体的气体保护电弧焊。它用焊丝作电极和填充金属,有自动焊和半自动焊两种方式。由于半自动方式操作方便,应用更为广泛,如图 4.31 所示。焊接电源需采用直流,反接(焊件接负极)。常用的焊丝牌号有H08Mn2SiA 等。

二氧化碳气体保护焊的优点是:成本低,电流密度大,熔深大,焊接速度快,无须清渣,生产率高,操作性好;焊接变形小,抗裂性好,焊缝质量较高,适用于各种空间位置的焊接。

二氧化碳气体保护焊的缺点是:焊缝表面成形较差,飞溅较多。CO_2 在高温时分解出氧化性气氛,导致合金元素氧化烧损,还会导致气孔和飞溅,所以不能用于焊接有色金属及高合金钢。

二氧化碳气体保护焊常用于碳钢和低合金钢的焊接,还适用于耐磨零件堆焊、铸钢件的补焊。

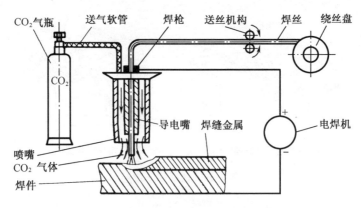

图 4.31　半自动二氧化碳气体保护焊

3. 电阻焊

电阻焊是利用电流通过焊件时在接触面产生的电阻热将焊件局部加热到塑性或熔化状态,并在压力下形成接头的焊接方法。

电阻焊按焊接接头形式可以分为点焊、缝焊、凸焊和对焊,如图 4.32 所示。

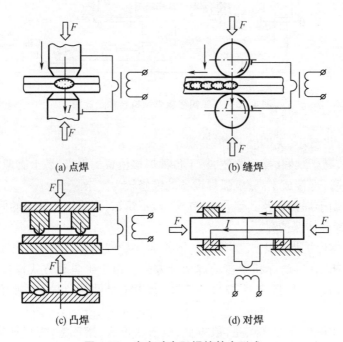

图 4.32　半自动电阻焊的基本形式

①点焊。它是利用柱状电极加压通电,在搭接工件接触面之间形成不连续焊点的一种焊接方法。它适用于焊接薄板搭接结构、金属网和交叉钢筋构件等。

②缝焊。它是用旋转的滚轮电极压紧焊件并带动焊件向前移动,配合断续通电形成连续的焊缝。它适用于有气密性要求的薄壁容器的焊接。

③凸焊。它是点焊的一种变形。在一个焊件的贴合面上预先加工出一个或多个突起点,使其与另一个焊件表面相接触并通电加热,然后压塌,使这些接触点形成焊点。

④对焊。它是将工件整个端面接触,由于接触处电阻较大,大电流通过使接头处温度迅速升高进入塑性状态,再施加较大的轴向力,使整个断面焊接成一个整体。它广泛应用于焊接杆状和管状零件,如钢轨、刀具等。按焊接过程和操作方法不同,分为电阻对焊和闪光对焊两种。

电阻焊具有焊接电压低(1~12 V),焊接电流大(几千安至几万安),完成接头时间短,生产率高,焊接变形小,不需填充金属,易于实现机械化等特点。

4. 钎焊

钎焊是采用比母材熔点低的金属材料作钎料,将组装好的焊件和钎料加热到高于钎料熔点、低于母材熔点的温度,利用液态钎料润湿母材,填充接头间隙,并与母材相互扩散实现焊接的方法。

钎焊的接头形式多采用板料搭接和套件镶接。根据钎料熔点不同,钎焊分为软钎焊和硬钎焊。

①软钎焊。钎料熔点在 450 ℃ 以下,常用钎料是锡铅钎料。软钎焊接头强度低(<70 MPa),主要用于受力不大、工作温度不高的工件的焊接,如仪表、导电元件等的焊接。

②硬钎焊。钎料熔点在 450 ℃ 以上,常用钎料有铜基钎料和银基钎料等。硬钎焊接头强度较高(>200 MPa),主要用于受力较大的铜及铜合金件以及刀具和量具的焊接。

钎焊时使用熔剂清除焊件表面的氧化膜及污物,改善钎料与工件间的润湿性,保护钎料和焊件免遭氧化,提高接头质量。硬钎焊时,常用钎剂有硼砂、硼砂和硼酸的混合物等;软钎焊时,常用钎剂是松香、氯化锌溶液等。

钎焊加热的方法有烙铁加热、火焰加热、电阻加热、感应加热、盐浴加热等加热方法。

与熔化焊相比,钎焊的特点如下:

①加热温度低,组织和性能变化小,变形也小;

②可以连接同种或异种金属,也可以连接金属和非金属。对板料的厚度没有严格限制;

③可以焊接其他焊接方法难以连接的结构复杂的接头;

④接头强度较低,耐热能力较差,焊前准备工作要求高。

5. 激光焊

激光具有单色性和方向性,能量密度高,已成功地应用于金属和非金属的焊接、穿孔、切割等方面。

激光焊接的特点是:焊接时间短,生产率高,不易氧化;热量集中,工件不变形;可以到达其他方法无法到达的部位进行焊接;可以焊接异种材料。激光焊接特别适用于焊接微型、精密和热敏感的焊件,如集成电路等电气元件。

6. 等离子弧焊接

前面提到等离子弧切割,若把等离子弧调成温度较低、冲击较小的"柔性弧",且在等离子弧周围通保护气(氩气),以避免空气的有害影响,即可以实现等离子弧焊接。

等离子弧焊接具有能量集中、热影响区小、焊接质量好、生产率高,以及能够单面焊双面成形,能够焊箔材和薄板等特点,特别适合焊接各种难熔、易氧化及热敏感性强的金属材料(如钨、钼、铍、铜、铝、钽、镍、钛及其合金,以及不锈钢和超高强度钢)。

7. 摩擦焊

摩擦焊(属于压焊)是利用焊件接触端面摩擦产生热量使接触部位达到热塑性状态,然后迅速顶锻,形成牢固接头的一种焊接方法。

摩擦焊的特点是焊接质量好,生产率高,易于实现自动化,可以实现异种金属的连接。

4.5 焊接缺陷与质量成本分析

4.5.1 焊接缺陷分析

在焊接接头中产生的不符合设计或工艺文件要求的缺陷称为焊接缺陷。工件结构设计不合理、原材料不符合要求、接头焊前准备不良、焊接工艺选择不当或焊接操作技术不高等均易产生缺陷。表4.4列出了常见的焊接缺陷的名称、特征和产生原因。

表4.4 常见焊接缺陷的名称特征和产生原因

缺陷名称	示意图	缺陷特征	产生原因
焊缝表面尺寸不符合要求		焊波粗劣,焊缝宽度不均,高低不平	坡口尺寸选择不当;装配质量不高;工艺参数不合理
夹渣		焊后残留在焊缝中的熔渣	焊件不洁;焊接电流太小;焊接速度过高;焊缝冷却太快;多层焊时各层熔渣未除干净
气孔		熔池中的气泡在凝固时未能逸出而残留下来形成的空穴	电弧过长;焊条受潮;坡口表面未清理干净;焊速太快;电流过小;焊件含碳、硅量高
裂纹		焊缝中存在的缝隙,有纵向和横向裂纹之分	与材料的成分有关;焊接电流太大;焊缝冷速太快;焊接顺序不正确;焊接应力过大
未焊透		焊缝根部未完全熔透	装配间隙太小;坡口角度太小;焊接电流太小;焊速过高;焊条角度偏移;电弧过长
咬边		沿焊趾的母材部位产生的沟槽或凹陷	电流过大;运条不当;角焊缝焊接时焊条角度或电弧长度不正确;焊速太快
焊瘤		焊缝中间或两端生成的金属瘤	焊条熔化太快;电弧过长;运条不正确;焊速太慢;立焊、仰焊时操作不当

表 4.4(续)

缺陷名称	示意图	缺陷特征	产生原因
塌陷	塌陷	焊后在焊缝表面或焊缝背面形成的低于母材表面的局部低洼部分	电流过大;焊接速度过低;装配间隙不当;坡口尺寸不当;运条不正确
烧穿	烧穿	焊缝上形成穿孔	坡口间隙过大;电流过大,焊接速度过低,电弧不必要停留

4.5.2　焊接质量检验

焊接检验通常分为三个阶段:焊前检验、生产过程检验和焊后终检。

1. 焊前检验

焊前检验的主要内容包括母材及焊接材料的质量检验,焊接结构鉴定及焊接工艺审定。焊接结构鉴定是审查焊接结构的可检验性、探伤空间位置和探测面状态的合理性等。

2. 生产过程检验

生产过程检验是对制造过程的跟踪检查,检查对工艺文件的执行情况和执行状态,是产品质量控制的重要环节。

3. 焊后终检

焊后终验是对焊接质量的综合评定,应根据产品技术要求进行检验。焊后终检主要包括焊缝的外观检查、焊缝密封性检验和焊缝内部缺陷检验,分为破坏性检验和非破坏性检验两类。

生产中常用的检验方法有外观检查、密封性检验、无损探伤(包括渗透探伤、磁粉探伤、射线探伤和超声波探伤)和水压试验等。

外观检查是用肉眼观察或借助标准样板、量规等,必要时利用低倍放大镜检查焊缝表面缺陷和尺寸偏差。

密封性检验是指检查有无漏水、漏气和渗油、漏油等现象的试验,主要用于检查不受压或压力很低的容器、管道的焊缝是否存在穿透性的缺陷。常用的方法有气密性试验、氨气试验和煤油试验等。

无损探伤主要用于焊缝内部缺陷检验。常用 X 射线探伤和超声波探伤配合使用来检查焊接接头的内部缺陷,如内部裂纹、气孔、夹渣和未焊透等。

水压试验用来检查受压容器的强度和焊缝致密性。一般是超载检查,试验压力为工作压力的 1.25 ~ 1.50 倍。

破坏性检验包括力学性能试验、金相检验、断口检验和耐压试验等。

4.5.3　焊接件成本初步分析

在实际生产中,人们既要求焊件的质量高、焊缝美观、外形漂亮,又要求焊接件的成本低。

首先,良好的焊接件结构设计不但可以显著降低生产费用,而且也有利于提高焊接件的质量。其次,焊接母材对焊接件成本的影响是明显的,焊接工艺性好的成本低。因此,在满足使用要求的前提下,应该选用可焊性好的材料。再次,焊接方法对成本的影响也是显著的。最后,生产技术管理对焊接件成本的影响也是显著的。"七分在管理,三分在技术",说明搞好管理工作,对降低制造成本十分重要。

对于焊接件的报价,可以从以下方面考虑。

①材料费:焊缝材料质量×材料单价;

②工装费:根据焊接方法的不同,包括模具、夹具及其他附件、检测仪器等费用;

③工时费:工时×工时单价;

④水、电、气(包括采暖)等动力能源消耗:$\sum$(相应工时×某能源单价);

⑤其他消耗:根据焊接方法的不同,包括辅助材料(例如,保护气体)、辅助工具、照明等费用;

⑥设备折旧:工时×工时单价÷折旧年限(h);

⑦厂房折旧:工时×工时单价÷折旧年限(h);

⑧图纸工艺化设计费用:焊接件工艺、装配工艺、工装设计、工艺服务等费用;

⑨运输及包装费:工件工序间周转、存放保管、出厂包装、发货等费用;

⑩管理费:调度指挥、行政管理、质量管理、设备管理、安全技术管理等费用;

⑪税费:增值税。

4.6　焊接安全技术和环境保护

4.6.1　焊接安全技术

1. 保证设备安全

①设备连接线路可靠,防止因接触不良而发热;

②时刻防止焊钳放置不当而导致短路损坏电机;

③发现焊机异常时立即切断电源;

④工作完毕或设备检查时必须切断电源。

2. 保证人身安全,防止触电、弧光伤害、烫伤及烟尘中毒

①焊接操作者必须穿绝缘鞋,戴电焊手套;

②人体不要同时接触焊机输出两端;

③施焊时必须使用面罩(焊帽),保护眼睛和脸部;

④操作间要挂帘以免伤害他人;

⑤注意清渣时渣的飞出方向,防止烫伤,焊后用火钳夹件,不准手拿;

⑥焊接现场应采取良好的通风除尘措施。

3. 防火、防爆

①工作完毕进行火种检查;

②手弧焊场地周围不能放有易燃易爆品。

4.6.2　焊接的环境保护问题

焊接或切割作业时,存在电弧光辐射和火花飞溅问题,焊接烟尘及有害气体问题,存在火灾甚至爆炸隐患,使用钍钨极氩弧焊时具有放射性,使用非熔化极氩弧焊时采用高频振荡器来引弧会产生高频电磁场,等等。上述列举均对人体和环境造成危害。因此,需要采取环保措施降低甚至是铲除危害。

焊接电弧弧光中含有不可见的紫外线和红外线,焊接烟尘中含有各种金属、非金属及化合物的微粒,焊接现场空气中会存在臭氧、氮氧化物、一氧化碳、二氧化碳和氟化氢等各种有害气体,电弧、焊花、现场使用的氧气、乙炔等容易引起火灾或爆炸。

综上所述,焊接作业时,要划定作业场地,严格管理;防护服和用具应该佩戴整齐;防护屏障、消防设备及用具等应齐全;通风除尘设备应完备;采取加强现场屏蔽高频电磁波及提高工作效率,从而减少高频振荡器的工作时间措施;采用放射剂量小的铈钨极或钇钨极替代钍钨极等来进行环境治理。

第 5 章 塑料成形工艺

【学习要求】

(1)了解塑料的种类、应用和塑料制品的生产过程;

(2)了解塑料成形工艺方法;

(3)熟悉塑料注射成形的原理、设备各部分作用及成形工艺过程;

(4)实践操作塑料制品的注射成形;

(5)建立产品质量、加工成本、生产效益、安全生产和环境保护等方面的工程意识,养成遵守职业规范、职业道德等方面的习惯,增强岗位责任感和敬业精神。

5.1 塑料的分类及应用

塑料是以合成树脂或天然树脂为原料,在一定温度和压力条件下可塑制成形的高分子材料,一般含有添加剂,如填充剂、稳定剂、增塑剂、固化剂、润滑剂、着色剂等。塑料以其密度小(密度一般为 $0.83 \sim 2.20 \ \text{g/cm}^3$)、比强度大、比刚度大、耐腐蚀、耐磨、绝缘、自润滑性好、易成形、易复合等优良的性能,在机械制造、轻工、包装、电子、建筑、汽车、航空航天领域得到广泛应用。

1. 塑料的组成和分类

塑料一般由树脂和添加剂组成,目前生产中主要使用合成树脂。树脂在塑料中起决定性作用,决定了塑料的类型和基本性能,但也不能忽视添加剂的重要影响。

塑料按照其热性能和成形工艺特点,可分为热塑性塑料和热固性塑料两大类。

(1)热塑性塑料

其特点是加热时呈熔融状态,冷却后成形固化,再加热又可软化,塑制成另一种形状的制品,并且可以反复多次成形。聚乙烯、聚丙烯、聚氯乙烯、聚苯乙烯、ABS 塑料、有机玻璃、尼龙、聚碳酸酯等属此类。

(2)热固性塑料

其特点是初加热时软化,冷却后固化成形,一旦硬化便不再变软,高温下仍保持原有的硬度。酚醛塑料、环氧塑料等属此类。

塑料按照用途,可分为通用塑料、工程塑料、特殊塑料。其中工程塑料是在工程技术中作结构材料的塑料,既具有一定的金属特性,又具有塑料的优良性能,在机械、电子、轻工、军事等领域得到广泛应用。

2. 常用塑料及应用

(1)ABS 塑料

ABS 塑料是一种热塑性塑料,由丙烯腈、丁二烯、苯乙烯聚合而成。使用温度范围为 $-40 \sim 100 \ ℃$,在使用温度范围内具有良好的抗冲击强度、表面硬度、表面光泽度、尺寸稳定性、耐化学药品性和电绝缘性,且耐磨性较好。它的不足在于热变形温度比较低,低温抗冲击性能不够好,耐候性较差。ABS 塑料应用范围广泛,可用于制造齿轮、泵叶轮、轴承、家电外壳、汽车挡泥板和扶手等。

（2）聚酰胺

聚酰胺通常称为尼龙（PA）,是一种热塑性塑料。常用的有尼龙6、尼龙66、尼龙610 和尼龙 1010。尼龙具有较高的强度和冲击韧性,还具有自润滑、耐磨、耐疲劳、耐油等优点;缺点是吸水率大,成形收缩率较大。尼龙广泛用于制造轴承、齿轮、蜗轮、衬套、导管、螺钉、螺母等。

（3）聚碳酸酯（PC）

聚碳酸酯（PC）透明,呈微黄色,也是一种热塑性塑料。聚碳酸酯具有特别高的强度和良好的尺寸稳定性、耐蠕变性、耐热性和电绝缘性;缺点是内应力大,容易开裂。其广泛用于制造齿轮、凸轮、蜗轮和蜗杆等对冲击韧性和尺寸稳定性要求较高的精密零件。

（4）聚四氟乙烯（PTEE）

聚四氟乙烯（PTEE）俗称"塑料王",也是一种热塑性塑料。其具有优良的化学稳定性、电绝缘性、自润滑性、耐大气老化性能,还具有较好的阻燃性和强度,是主要的工程塑料。其主要应用在耐化学腐蚀、耐磨、密封和电绝缘方面,如阀门、软管、密封圈、垫圈、容器、线圈架等。

（5）酚醛塑料（PF）

酚醛塑料（PF）是一种热固性塑料,在酚醛树脂中加入适当的填料经固化处理而形成。若用木屑作填料,可制作电木制品。酚醛塑料的强度好、硬度高、耐热性好,且不易变形;但性脆,不耐冲击。其主要用于制作电器零件、一般机械零件、耐蚀件、水润滑轴承,如开关壳、汽车刹车片、电器绝缘板、绝缘齿轮。

（6）环氧树脂（EP）

环氧树脂（EP）是一种热固性树脂,其种类很多,其中最主要的是双酚 A 环氧树脂。它具有优良的黏结性、电绝缘性、耐热性和化学稳定性,收缩率和吸水率小,强度高,还耐辐射。环氧树脂一般为黏性的透明液体,加入固化剂后,在加热或室温条件下可以固化。其主要用来生产塑件、环氧玻璃钢及密封材料。

5.2　塑料制品生产过程

塑料制品的生产是一种既复杂又繁重的过程,它的目的是根据各种塑料的固有性能,利用一切可以实施的方法,使其成为具有一定形状而又有使用价值的物件或定型材料。

塑料制品生产过程主要是由成形、机械加工、修饰和装配四个连续过程组成的,如图5.1 所示。成形是将各种形态的塑料（粉料、粒料、溶液或分散体）制成所需形状的制品或坯件的过程,它在四个过程中最为重要。其他三个过程,通常都是根据制品的要求来取舍的,有时统称为后加工。

1. 成形

塑料的成形有各种模塑成形、层压及压延成形等。其中塑料模塑成形种类较多,如挤出、压缩模塑、传递模塑、注射模塑等,它们的共同特点是利用塑料成形模具（简称塑料模）来制成具有一定形状和尺寸的塑料制品。

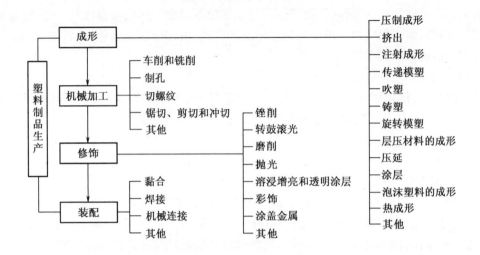

图 5.1　塑料制品生产过程

塑料模具是塑料成形的主要工艺装备之一,它对塑料获得一定形状和所需性能起着决定性的作用,在塑料工业中约有 95% 的产品靠模具生产。根据塑料成形方法不同,塑料模具有注射模、压缩模、压注模、挤出模、中空塑料吹塑成形模、气压成形模等。

2. 机械加工

塑料的机械加工是借用切削金属或木材等加工方法对塑料进行加工的总称。一般采用与金属切削同样的设备和工具。车、铣、钻、铰、镗、锯、剪、冲等加工工艺方法同样可应用于加工塑料。

由于塑料的弹性较大,导热性差,加工时材料易变形、分层和开裂,甚至产生高温熔化,因此应采取必要的措施,不能用切削金属的要求和条件对待塑料。另外,即使同是塑料,其性能还会因种类等的不同而有较大差别,所以对切削要求也不可能完全一样。切削塑料同切削金属情况相似,塑料的机械性能、热性能、热效应,刀具几何参数和切削条件等都是影响切削的主要因素。

3. 修饰

修饰是对模塑制品或其他成形制品表面进行的后加工,但主要是模塑制品。修饰的主要加工方法有锉削、转鼓滚光、磨削、抛光、溶浸增亮和透明涂层、彩饰、涂盖金属等。其中前四种属于机械加工中的常用加工方法,后几种方法属于表面涂覆的方法。

4. 装配

装配指的是用黏合、焊接以及机械连接等方法使制成的塑料部件拼成完整制品的作业。

(1)黏合

通过一种称为黏合剂的物料而使塑料与塑料或其他材料彼此连接的作业称为黏合。黏合剂分为三类:溶剂黏合剂、溶液黏合剂、活性黏合剂。被黏合的物料表面应清洁平整,但不需要抛光,切忌存有油脂、水分等,即使是微量的,也会降低黏接强度。

(2)焊接

利用加热熔化使塑料部件进行接合的作业称为焊接。焊接时,可以加入新的塑料,如焊条,也可以不加。由于加热的方式不同,焊接可分为很多的方法,但比较重要的是:加热工具焊接、感应焊接、热气焊接、超声焊接等所有焊接方法只适于热塑性塑料。

（3）机械连接

凭借机械力的作用而使塑料部件之间或与其他材料（绝大多数是金属）的部件发生连接的方法称为机械连接。目前采用的机械连接方法较多,较为常用的机械连接方法有螺钉连接、弹簧夹、弹簧插销、铆接等。

5.3　塑料注射成形工艺

塑料注射成形又称为注射模塑,是热塑性塑料成形制品的一种重要方法。除少数热塑性塑料外,几乎所有的热塑性塑料都可以用注射成形工艺来成形。注射成形已成功地用来成形某些热固性塑料。注射成形制品占塑料制品总量的 20% ～ 30% ,主要是各种工业配件,仪表仪器的零件和壳体等。

注射成形具有成形周期短,能一次成形外形复杂、尺寸精确、带有金属或非金属嵌件的塑料模制品;对成形各种塑料的适应性强;生产效率高,易于实现全自动化生产等一系列优点。因此,注射成形是一种比较经济而先进的成形技术,发展迅速,并将继续朝着高速化和自动化的方向发展。

5.3.1　注射机

注射成形是通过注射机来实现的。注射成形的过程是将粒状或粉状塑料从注射机的料斗送进加热的料筒,经加热熔化呈流动状态后,由柱塞或螺杆的推动而通过料筒端部的喷嘴并注入温度较低的闭合塑模中。充满塑模的熔料在受压的情况下,经冷却固化后即可保持塑模型腔所赋予的形状。最后松开模具就能从中取得制品,并在操作上完成一个模塑周期。注射成形的一个模塑周期从几秒钟至几分钟不等,时间的长短取决于制件的大小、形状和厚度,注射机的类型以及所采用塑料的品种和工艺条件等因素。

注射机主要有柱塞式注射机和移动螺杆式注射机,它们的作用原理大致相同,所不同的是前者用柱塞施加压力,而后者则用螺杆施加压力。目前常用的是移动螺杆式注射机,主要由注射系统、锁模系统、液压传动与电气控制系统、注射模等组成。图 5.2 是注射机基本动作程序,具体工作过程如下。

1.合模和锁模

模具首先以低压快速进行闭合,当动模与定模接近时,转换为低压低速合模,然后切换为高压将模具锁紧。

2.注射

合模动作完成以后,在移动油缸的作用下,注射装置前移,使料筒前端的喷嘴与模具贴合,再由注射油缸推动螺杆向前直线移动（此时螺杆不转动）,以高压、高速将螺杆前端的塑料熔体注入模具型腔,如图 5.2(a)所示。

3.保压

注入模具型腔的塑料熔体在模具的冷却作用下会产生收缩,未冷却的塑料熔体也会从浇口处倒流。因此,在这一阶段注射油缸仍需保持一定压力进行补缩,才能制造出饱满、致密的塑件,如图 5.2(b)所示。

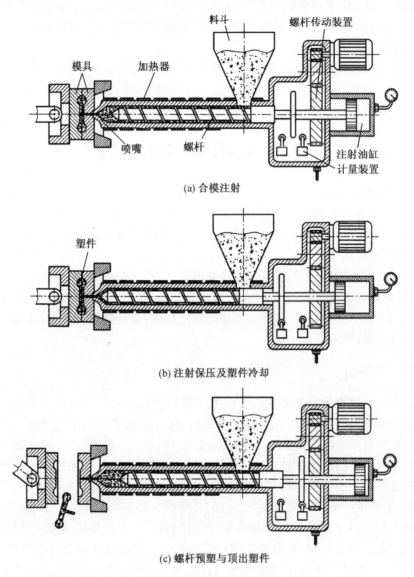

(a) 合模注射

(b) 注射保压及塑件冷却

(c) 螺杆预塑与顶出塑件

图 5.2　注射机基本动作程序

4.冷却和预塑化

当模具浇口处的塑料熔体冷凝封闭后,保压阶段结束,塑件进入冷却阶段。此时,螺杆在液压马达(或电机)的驱动下转动,使来自料斗的塑料颗粒向前输送,同时,塑料受加热器加热和螺杆转动产生的剪切摩擦热的作用,温度逐渐升高,直至熔融成黏流状态。当螺杆将塑料颗粒向前输送时,螺杆前端压力升高,迫使螺杆克服注射油缸的背压后退,螺杆的后退量反映了螺杆前端塑料熔体的体积,即注射量。螺杆退回到设定注射量位置时停止转动,准备下一次注射,如图 5.2(c)所示。

5.脱模

冷却和预塑化完成后,为了不使喷嘴长时间顶压模具和喷嘴处出现冷料,可以使注射装置后退或卸去注射油缸前移压力。合模装置开启模具,顶出装置动作,顶出模具内的塑件,如图5.2(c)所示。

注射成型是一个循环的过程。注射机的工作循环周期如图5.3所示。

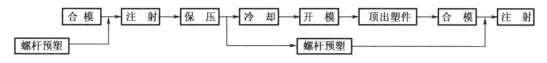

图5.3　注射机的工作循环周期

5.3.2　注射模

注射模可分为动模和定模两大部件。注射充模时动模和定模闭合,构成型腔和浇注系统;开模时定模和动模分离,取出制件。定模安装在注射机的固定板上,动模则安装在注射机的移动模板上。注射模具一般包括成形零件、浇注系统、合模导向装置、脱模机构、侧向分型抽芯机构、温度调节系统、排气系统等部分,如图5.4所示。

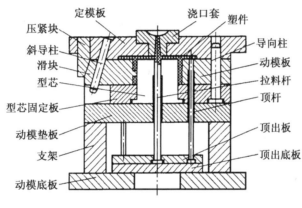

图5.4　侧向抽芯的注射模

1. 成形零件

直接与熔体相接触并成型塑料制件的零件。通常有凸模、型芯、成形杆、凹模、成形环、镶件等零件。在动模和动模闭合后,型腔确定了塑件的内部和外部轮廓尺寸。

2. 浇注系统

将塑料熔体由注射机喷嘴引向型腔的流道称为浇注系统,由主流道、分流道、浇口和冷料井组成。

3. 合模导向装置

为确保动模与定模闭合时,能准确导向和定位对中,通常分别在动模和定模上设置导柱和导套。深腔注射模还须在主分型面上设置锥面定位,有时为保证脱模机构的准确运动和复位,也设置导向零件。

4. 脱模机构

脱模机构是指模具开模过程的后期,将塑件从模具中脱出的机构。

5. 侧向分型抽芯机构

带有侧凹或侧孔的塑件在被脱出模具之前,必须先进行侧向分型或拔出侧向凸模或抽出侧型芯。

6. 温度调节系统

为了满足注射工艺对模具温度的要求,模具设有冷却或加热的温度调节系统。模具冷却一般在模板内开设冷却水道,加热则在模具内或周边安装电加热元件,有的注射模须配备模温自动调节装置。

7. 排气系统

为了在注射充模过程中将型腔内原有气体排出,常在分型面处开设排气槽。小型腔的排气量不大,可直接利用分型面排气,也可利用模具的顶杆或型芯与配合孔之间间隙排气。大型注射模须预先设置专用排气槽。

5.3.3　注射成形工艺过程

注射成形工艺过程包括成形前的准备、注射过程和制件的后处理。

1. 成形前的准备

为使注射过程顺利进行和保证产品质量,应对所用的设备和原料做好以下准备工作。

①成形前对原料的预处理。根据各种塑料的特性及供料状况,一般在成形前应对原料进行外观和工艺性能的检验。有些塑料模塑前需进行充分的干燥,以防影响制品的外观和内在质量,使各项性能指标显著降低,如聚碳酸酯、聚酰胺、聚砜和聚甲基丙烯酸甲酯等。

②料筒的清洗。在初用某种塑料或某一注射机之前,或者在生产中需要改变产品、更换原料、调换颜色或发现塑料中有分解现象时,都需要对注射机(主要是料筒)进行清洗或拆换。

③嵌件的预热。为了装配和使用强度的要求,塑料制件内常需要嵌入金属材质的嵌件。注射前,金属嵌件应先放进模具内的预定位置,而后才能在成形后使其与塑料成为一个整体件。有嵌件的塑料制品,在嵌件的周围会出现裂纹,导致制品强度下降,这是由于金属嵌件与塑料的热性能和收缩率差别较大的缘故。因此除在设计制件时加大嵌件周围的壁厚,借以克服这种困难外,成形中对金属嵌件进行预热是一项有效措施。

④脱模剂的选用。脱模剂是使塑料制件容易从模具中脱出而敷在模具表面上的一种助剂。常用的脱模剂有三种:一种是硬脂酸锌,除聚酰胺塑料外,一般塑料均可使用;另一种是液体石蜡(又称白油);第三种是硅油,润滑效果良好,但价格高,使用较麻烦。无论使用哪种脱模剂都应适量,过少起不到应有的效果;过多或涂抹不匀则会影响制件外观及其强度。

2. 注射过程

注射过程在注射机上完成,如前所述,完整的注射过程包括加料、塑化、注射入模、保压、冷却和脱模等几个步骤。

3. 制件的后处理

注射制件经脱模后或机械加工后,常需要进行适当的后处理,制件的后处理主要指退火和调湿处理。

①退火处理。由于塑料在料筒内塑化不均匀或在模腔内冷却速度不同,因此常会产生不均的结晶、定向和收缩,致使制品存有内应力,这在生产厚壁或带有金属嵌件的制品时更为突出。存有内应力的制件在贮存和使用中常会发生力学性能下降,光学性能变坏,表面有银纹,甚至变形开裂。生产中解决这些问题的方法是针对制件进行退火处理。退火处理

的方法是使制品在定温的加热液体介质或热空气循环烘箱中静置一段时间。处理的时间取决于塑料品种、加热介质的温度、制品的形状和模塑条件。一般退火温度应控制在制品使用温度以上 10 ~ 20 ℃,或低于塑料的热变形温度 10 ~ 20 ℃。温度过高会使制品发生翘曲或变形;温度过低又达不到目的。退火时间视制品厚度而定,以达到消除制品内应力的目的。退火处理时间到达后,制品应缓慢冷却至室温。冷却太快,有可能重新引起内应力而前功尽弃。

②调湿处理。聚酰胺类塑料制品在高温下与空气接触时常会氧化变色。此外,在空气中使用或存放时易吸收水分而膨胀,需要经过长时间后才能得到稳定的尺寸。因此,如果将刚脱模的制品放在热水中进行处理,不仅可隔绝空气进行防止氧化的退火,同时还可快速达到吸湿平衡,故称为调湿处理。适量的水分还能对聚酰胺起着类似增塑的作用,从而改善了制件的柔曲性和韧性,使抗冲强度和抗张强度均有所提高。调湿处理的时间随聚酰胺塑料的品种、制件形状、厚度及结晶度大小而异。

5.4　其他塑料成形方法简介

塑料的成形除注射成形外,还有压制成形、压铸成形、挤出成形、压延成形、浇注成形、吹塑成形、真空成形、热成形、泡沫塑料成形等成形方法。

1. 压制成形

压制成形又称压缩成形、模压成形或压缩模塑,是指先将粉状、粒状或纤维状等塑料放入成形温度下的模具型腔中,然后闭模加压而使其成形并固化的作业。

压制成形主要用于热固性塑料,亦可用于热塑性塑料。压制热固性塑料时,塑料一直是处于高温的,置于型腔中的热固性塑料在压力作用下,先由固体变为半液体,并在这种状态下流满型腔而取得型腔所赋予的形状。随着交联反应的深化,半液化的黏度逐渐增加以至变为固体,最后脱模成为制品。热塑性塑料的压制,在前一阶段的情况与热固性塑料相同,但是因为没有交联反应,所以在流满型腔后,须将塑模冷却使其固化才能脱模成为制品。

压制成形工艺是由物料的准备和模压两个过程组成的,其中物料的准备又分为预压和预热两个部分。预压一般只用于热固性塑料,而预热则可用于热固性和热塑性塑料。模压过程可分为加料、闭模、排气、固化、脱模与模具清理等。如制品有嵌件需要在压模时封入的,则在加料前将嵌件安放好。图 5.5 所示为压制成形过程。

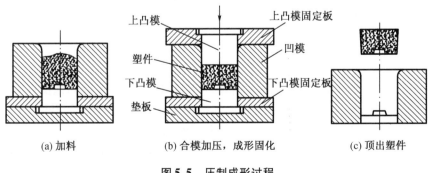

(a) 加料　　　　　(b) 合模加压,成形固化　　　　(c) 顶出塑件

图 5.5　压制成形过程

压制成形使用的主要设备是液压机和塑模。液压机的作用在于通过塑模对塑料施加压力、开闭模具和顶出制品。压制成形用的塑模按其结构特征,可分为溢式、不溢式和半溢式三类,其中以半溢式用得最多。模具加热主要有电加热、过热蒸气加热和热油加热等,其中最普遍的是电加热。

压制成形的主要优点是可模压较大平面的制品和利用多槽模进行大量生产;其缺点是生产周期长、效率低,不能模压要求尺寸准确性较高的制品,这一情况尤以多槽模较为突出,主要原因是每次成形时制品毛边厚度不一致。

用于压制成形的塑料有酚醛塑料、氨基塑料、不饱和聚酯塑料、聚酰亚胺等,其中以酚醛塑料、氨基塑料的使用最为广泛。模压制品主要用于机械零部件、电器绝缘件、交通运输和日常生活等方面。

2. 压铸成形

压铸成形又称传递模塑或挤塑。如图 5.6 所示,压铸成形原理先将塑料加入模具的加料腔,使其受热成为黏流状态,在柱塞的压力作用下,黏流态的塑料经浇注系统充满闭合的型腔,塑料在型腔内继续受热、受压,经过一定时间固化后,打开模具取出塑件。压铸成形使用的模具称为压铸模、传递模或挤塑模。

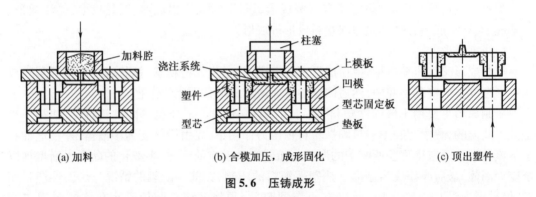

图 5.6 压铸成形

压铸成形可以成形带有深孔以及其他复杂形状的塑件,也可成形带有精细的、易碎的嵌件。塑件的飞边较小,尺寸准确,性能均匀,品质较高。模具的磨损较小。但与压制成形相比,模具的制造成本较高,成形压力大,操作较复杂,塑件收缩率大且方向性较明显。

压铸成形用于酚醛树脂、三聚氰胺甲醛树脂和环氧树脂等热固性塑料的成形。

3. 挤出成形

挤出成形也称挤出模塑或挤出,它在热塑性塑料加工领域中,是一种变化众多、用途广泛、比重很大的加工方法。由挤出制成的产品都是连续的型材,如管、棒、丝、板、薄膜、电线电缆的涂覆和涂层制品等。挤出虽然也可用于热固性塑料的成形,但仅限于少数几种塑料,且挤出制品的种类也有限。

挤出过程可分为两个阶段:第一阶段是使固态塑料塑化(即变成黏性流体),并在加压情况下使其通过特殊形状的口模而成为截面与口模形状相仿的连续体;第二阶段则是用适当的处理方法使挤出的连续体失去塑性状态而变成固体,即得所需制品。图 5.7 所示为管材挤出成形原理示意图。挤出成形所用设备主要是螺杆式挤出机,其大小一般用螺杆直径的大小来表示。

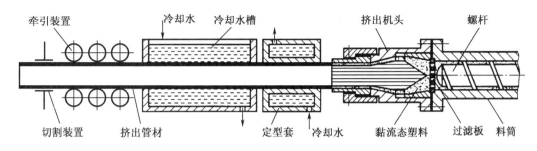

图 5.7　挤出成形原理示意图

挤出成形的制品多种多样,每一种制品所牵涉的工艺和技术都各具自己的特点,有比较简单的,如管、棒等;也有比较复杂的,如薄膜、异形材等。

4. 压延成形

压延成形是将加热塑化的热塑性塑料通过两个以上相向旋转的辊筒间隙,而使其成为规定尺寸的连续片状材料的成形方法。压延成形所采用的原材料主要是聚氯乙烯、纤维素、改性聚苯乙烯塑料。

压延产品有薄膜、片材、人造革和其他涂层制品。压延薄膜主要用于农业、工业、包装、室内装饰以及生活用品。压延片材常用作地板、录音唱片基材、传送带以及热成形片材等。

压延成形的设备是压延机,压延成形的生产特点是加工能力大、生产速度快、产品质量好、生产连续;缺点是设备庞大、投资较高、维修复杂,以及制品宽度受压延机辊筒的限制等。

5. 浇注成形

浇注成形又称铸塑,它是借用金属浇铸方法而来的。它是将尚未聚合的原料单体与固化剂、填充剂等按比例混合均匀,注入模具的型腔使其完成聚合反应,固化后得到与模具型腔相似的塑件。这种方法称为静态浇注法,在此基础上还发展了其他一些铸塑成形方法,如离心浇注、流延铸塑、搪塑、滚塑等。

静态浇注法使用的塑料有 MC 尼龙、环氧树脂、甲基丙烯酸甲酯(有机玻璃)。因为浇铸成形时很少施用压力,所以对模具和设备的强度要求较低,投资因而较小。该法适合于大型塑件的生产,也适合于需切削加工的单件塑件的生产。

6. 吹塑成形

吹塑成形又称中空成形,它源于古老的玻璃吹制工艺。吹塑成形常用于成形油箱、暖风通道、容器、塑料瓶和各种中空制品。吹塑成形常用的塑料中聚乙烯用量最大,使用最广泛。聚氯乙烯塑料因透明度和气密性优良,多用于制造矿泉水和洗涤剂瓶。吹塑成形按塑料管状形坯制取方法分为挤出吹塑成形和注射吹塑成形,常用的是挤出吹塑成形。

7. 真空成形

真空成形也称为吸塑,其成形原理如图 5.8 所示,将热塑性塑料板或片材夹持固定在模具上,用辐射加热器加热,加热到软化温度时,用真空泵抽去板或片材和模具之间的空气,在大气压作用下,板或片材拉伸变形,贴合到模具表面,冷却后定形成塑件。

真空成形常用的材料为聚乙烯、聚丙烯、聚氯乙烯、ABS 塑料、聚碳酸酯等。该法适用于药品、电子产品等包装塑件成形,以及一次性餐盒、冰箱内胆等。

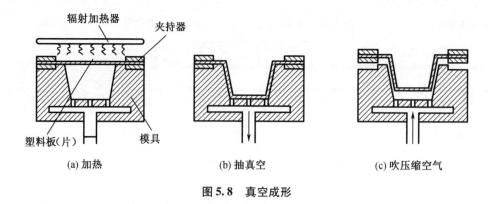

(a) 加热   (b) 抽真空   (c) 吹压缩空气

图 5.8　真空成形

第2篇　切削加工技术

第6章　测量技术

【学习要求】

(1)初步建立产品质量、零件加工质量、测量及质量检验的基本概念,并能应用于机械制造过程中质量控制和测量技术的一般问题描述和解释;

(2)熟悉常用量具结构、测量原理和应用范围,能够依据典型机械零件图样或实物,掌握常用量具的使用和基本维护方法,初步具备合理选择计量器具,判定测量数据的有效性,并遵循质量检验规程,形成典型零件检验记录的能力;

(3)了解三坐标测量机的原理、组成、测量方法及先进测量技术的发展方向;

(4)基于产品质量检验的依据和作用,理解机械产品质量对社会、健康、安全、法律及文化的影响,并承担相应的责任。

6.1　产品质量与质量检验

随着科学技术的迅猛发展,国家和人民对工业产品质量的要求越来越高。产品质量不仅影响着社会、经济和生活,而且直接关系到生命安全和国家安危。

在2000版ISO 9000族标准中,把质量定义为"一组固有特性满足要求的程度",其中"固有"系指在某事或某物中本来就有的,尤其那种永久的特性,而满足要求的程度的高低反映为质量的好坏。产品的定义为"过程的结果",通常包括四种类型,即服务(如酒店、运输)、软件(如计算机程序)、硬件(如机械零件)和流程性材料(如润滑油)。机械产品是指通过机械加工或以机械加工为主要方法生产出来的产品。

狭义地讲,产品质量是指产品对规定的质量标准和技术要求条件的符合程度;广义地讲,产品质量是指产品可以实现其使用价值,满足国家和人民需要的程度。产品的质量特性可概括为产品的性能、寿命、可靠性、安全性和经济性等五个方面。

在机械制造过程中,由于机床、刀具、电源、操作者和环境等因素直接造成产品质量的波动,这种波动是客观的,为了控制这种波动在允许范围之内,就必须进行产品质量检验。

质量检验就是对产品的一个或多个质量特性进行观察和测量,并将结果与规定的质量要求相比较,判断其合格与否的一道工序。检验的对象可以是原材料、标准件、半成品、单个成品和产品批,不同的检验对象可以有不同的质量检验。检验项目可以是单项检验,如对零件某一尺寸的检验;也可以是综合检验,如对螺纹旋合、齿轮啮合的综合检验。

质量检验一般可分为以下步骤。

①熟悉规定的质量要求,选择试验方法,指定检验规程。

②观察、测量或试验。

③记录。

④比较和判定。

⑤确认和处置,可分情况采取下列处置方式:

a. 对合格品准予发行,对不合格品做出返修、返工或报废处置;

b. 对批量产品做出合格、拒收或复检等处置。

6.2 零件的加工质量

机械系统的功能需要大量不同形状和大小的合格零部件共同实现。例如一台汽车有成千上万个零部件,这些零部件由不同的厂家生产出来,最后在总装车间进行装配。如果这些零部件的实际形状和尺寸与其设计值偏差过大,就会导致系统功能大打折扣,甚至使系统无法工作,只有所有加工零部件的形状、尺寸和表面质量严格遵守设计所规定的技术要求,才能保证各个零部件的顺利装配。为此,零件的加工质量直接影响产品和机器的工作性能和寿命。零件的加工质量包括加工精度和表面质量两大方面。其中加工精度又可分为尺寸精度、形状精度和位置精度;表面质量主要是指表面粗糙度、表层物理品质(如冷硬、残余应力、金相组织等)。

6.2.1 加工精度

1. 尺寸精度

尺寸精度是指零件实际尺寸相对于理想尺寸的准确程度,用尺寸公差等级表示。国家标准 GB/T 1800.1—2009、GB/T 1800.2—2009 规定为 20 级,即 IT01、IT0、IT1～IT18。IT 表示标准公差,数字表示公差等级,IT01 的公差值最小,尺寸精度最高;IT18 等级最低。对同一基本尺寸,公差等级越高,则公差值越小。例如,基本尺寸 A 为 35 mm 时,IT6 的公差值为 0.016 mm,IT8 的公差值为 0.039 mm。对于不同的基本尺寸,若公差等级相同,则尺寸精度相同。例如,当基本尺寸 B 为 15 mm 时,IT6 的公差值为 0.011 mm;基本尺寸 C 为 150 mm 时,IT6 的公差值为 0.025 mm,虽然 0.025 mm > 0.011 mm,但 B 和 C 的尺寸精度相同。

2. 形状精度和位置精度

零件的形状精度是指零件上某一点、线、面在加工后的实际形状与理想形状相符合的程度。国家标准 GB/T 1182—2018、GB/T 1184—1996 规定了 6 个项目的形状公差,即直线度、平面度、圆度、圆柱度、线轮廓度和面轮廓度,如表 6.1 所示。

表 6.1 形状公差及符号

项目	直线度	平面度	圆度	圆柱度	线轮廓度	面轮廓度
符号	—	▱	○	⌖	⌒	⌓

位置精度是指零件上的点、线、面的实际位置与理想位置的符合程度。国家标准 GB/T 1182—2018、GB/T 1184—1996 规定了 8 个项目的位置精度,即平行度、垂直度、倾斜度、位置度、同轴、对称度、圆跳动和全跳动,如表 6.2 所示。

表 6.2 位置公差及符号

项 目	平行度	垂直度	倾斜度	位置度	同轴度	对称度	圆跳动	全跳动
符号	//	⊥	∠	⊕	◎	≡	↗	↗↗

6.2.2 表面质量

表面质量是指零件加工后表面层的状况,具体内容包括表面粗糙度及表面层的物理品质。这里只介绍表面粗糙度。

表面粗糙度是指在工件已加工表面上,在指定长度(取样长度和评定长度)内所具有的微小峰谷不平度。这种微观几何形状的尺寸特征一般是由在切削加工中的振动、刀痕,以及刀具与工件之间的摩擦而引起的。表面粗糙度与零件的耐磨性、耐疲劳性、耐腐蚀性以及配合性质均有密切的关系。国家标准 GB/T 131—2006、GB/T 1031—2009 规定了表面粗糙度的评定参数及其数值,从 $0.012\ 5\ \mu m$ 到 $1\ 000\ \mu m$。表面粗糙度常用轮廓算术平均偏差 Ra、微观不平度十点高度 Rz 及轮廓最大高度 Ry 表示,其中最为常用的是 Ra。

6.2.3 经济精度

在机械加工过程中,影响加工精度的工艺因素很多,同一种加工方法,随着加工条件的改变,所能达到的加工精度也会不同。如果采用过分降低切削用量的方法来提高加工精度,就会降低生产率,而使产品成本提高;如果盲目地采用增加切削用量的方法来提高加工效率,就会降低加工精度。这两者都是不可取的。所以对某一种加工方法,存在一个比较经济的精度范围,以此表示该加工方法所能获得的精度,简称经济精度。表 6.3 给出了常见加工方法的经济精度范围和表面粗糙度。

表 6.3 典型加工方法的经济精度和表面粗糙度

加工类型	加工方法	被加工表面	加工经济精度	表面粗糙度 $Ra/\mu m$
车削加工	粗车	外圆柱面/端面/圆柱孔	IT12 ~ IT11	25 ~ 12.5
	半精车		IT10 ~ IT9	6.3 ~ 3.2
	精车		IT8 ~ IT7	1.6 ~ 0.8
铣削加工 刨削加工	粗铣/粗刨	平面	IT13 ~ IT11	25 ~ 12.5
	半精铣/半精刨		IT10 ~ IT9	6.3 ~ 3.2
	精铣/精刨		IT8 ~ IT7	1.6 ~ 0.8

表 6.3(续)

加工类型	加工方法	被加工表面	加工经济精度	表面粗糙度 Ra/μm
磨削加工	粗磨	外圆柱面/端面	IT8 ~ IT7	0.8 ~ 0.4
		圆柱孔		1.6 ~ 0.8
		平面		1.6 ~ 0.4
	精磨	外圆柱面/端面	IT6 ~ IT5	0.4 ~ 0.2
		圆柱孔	IT7 ~ IT6	
		平面	IT6 ~ IT5	
研磨		外圆柱面/端面	IT5 ~ IT3	0.1 ~ 0.08
		圆柱孔	IT6 ~ IT4	
		平面	IT5 ~ IT3	

6.3 测量技术及常用测量器具

6.3.1 测量技术

机械制造中的测量技术属于度量学的范畴,主要研究对零件几何参数进行测量和检验的问题,是贯彻质量标准的技术保证。零件几何量合格与否,需要通过测量或检验方能确定。

所谓测量,就是把被测量(如长度、角度等)与具有计量单位的标准量进行比较,从而确定被测几何量是计量单位的倍数或分数的过程。用公式表示为

$$L = qE \tag{6.1}$$

式中　L——被测量;

　　q——比值;

　　E——计量单位。

一个完整的几何量测量过程应包括被测对象、计量单位、测量方法及测量精度等四个要素。

①被测对象:指零件的几何量,即长度、角度、表面粗糙度、形位误差及螺纹、齿轮的各个几何参数等。

②计量单位:在几何量计量中,长度单位有米(m)、毫米(mm)、微米(μm)。角度单位有度(°)、分(′)、秒(″)。

③测量方法:指在进行测量时所采用的测量原理、测量方法、计量器具和测量条件的综合。测量条件是测量时零件和测量器具所处的环境,如温度、湿度、振动和灰尘等。根据被测对象的特点,如精度、大小、质量、材质、数量等来确定所用的计量器具,确定合适的测量方法。

④测量精度:指测量结果与零件真值的接近程度。与之相应的概念即测量误差。由于各种因素的影响,任何测量过程都不可避免地会出现测量误差,测量误差大,说明测量结果

与真值的接近程度低,则测量精度低;测量误差小,则测量精度高。

对测量技术的基本要求是:合理地选用计量器具与测量方法,保证一定的测量精度,具有高的测量效率、低的测量成本,通过测量分析零件的加工工艺,积极采取预防措施,避免废品的产生。

检验与测量是相近似的一个概念,它的含义比测量更广一些。例如,零件表面锈蚀的检验,金属内部缺陷的检查等,在这种情况下,就不能用测量的概念。

测量方法可以从不同角度进行分类,如直接测量与间接测量、绝对测量与相对测量、单项测量与综合测量、接触测量与非接触测量、在线测量与离线测量,以及静态测量与动态测量等。

测量技术的发展方向是动态测量和在线测量,因为只有将加工和测量紧密结合起来的测量方法才能提高生产效率和产品质量。

6.3.2　常用测量器具

在机械制造中,用来测量或检验零件加工质量的器具有计量工具和计量仪器,简称量具和量仪。量具是指能直接表示长度单位或界限的简单计量工具,如钢尺、游标卡尺、千分尺、百分表、千分表、量块、塞规等;量仪是利用机械、光学、气动、电动等原理将长度放大或细分的计量仪器,具有灵敏度高、精度高、测量力小、结构较复杂和对环境条件要求较高等特点,如工具显微镜、二次元测量仪及三坐标测量机等。

1.游标卡尺

游标卡尺结构简单,使用方便,是一种测量精度较高的常用量具,适用于中等测量精度(IT9级以上)的测量与检验。它可以直接测量工件的内径、外径、长度、深度、宽度和孔距等,根据零件大小选择测量范围 0~150 mm、0~200 mm、0~300 mm、0~500 mm 等,测量精度有 0.02 mm、0.05 mm 和 0.10 mm 三种,游标卡尺结构及读数方法如图6.1所示。读数原理以精度为 0.02 mm 的卡尺为例,尺身的刻度线间距为 1 mm,游标在 49 mm 的长度上等分50 个刻度,其刻线间距为 49/50 = 0.98(mm),故尺身与游标刻线间距为 1 − 0.98 = 0.02 mm。读数时,先读整数,再读小数,并将结果计算得到尺寸值。

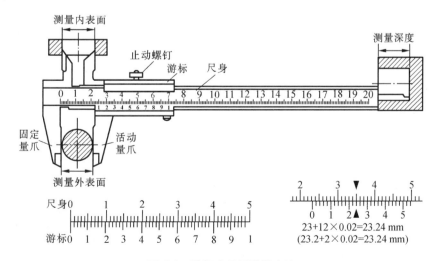

图6.1　游标卡尺及读数方法

做一做：请读出如图 6.2 所示精度 0.02 mm 游标卡尺的数值。（答案：19.52 mm）

图 6.2　游标卡尺读数练习

游标卡尺的测量方法如图 6.3 所示。

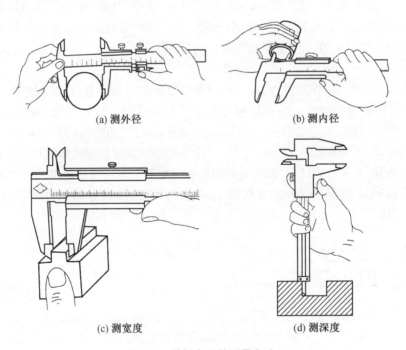

(a) 测外径　　　　　　　　　　(b) 测内径

(c) 测宽度　　　　　　　　　　(d) 测深度

图 6.3　游标卡尺的测量方法

游标卡尺的种类很多，除上述普通游标卡尺外，还有专门用于测量深度和高度的游标深度卡尺和游标高度卡尺，如图 6.4 所示。

2. 千分尺

千分尺是测量精度比游标卡尺高的精密量具，精度为 0.01 mm。千分尺可分为外径千分尺、内径千分尺和深度千分尺，其中外径千分尺应用最为广泛。外径千分尺的结构如图 6.5 所示，其测量范围有 0 ~ 25 mm、25 ~ 50 mm、50 ~ 75 mm、75 ~ 100 mm、100 ~ 125 mm 等。

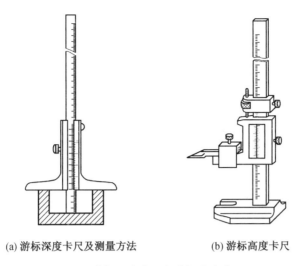

(a) 游标深度卡尺及测量方法   (b) 游标高度卡尺

图 6.4　游标深度卡尺和游标高度卡尺

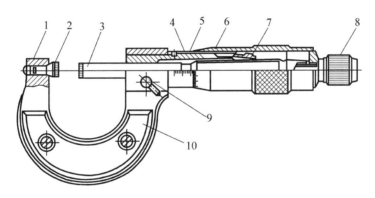

1—尺架;2—测砧;3—测微螺杆;4—螺纹轴套;5—固定套筒;6—活动套筒;
7—调节螺母;8—测力装置;9—锁紧装置;10—隔热装置。

图 6.5　外径千分尺的结构

千分尺是以固定套筒和活动套筒组成的螺旋传动机构,将角位移变成直线位移来测量工件尺寸的。图 6.6 是千分尺的读数方法。例如,0 ~ 25 mm 的外径千分尺,活动套筒上有50 条刻度线,活动套筒转动一周,带动测量螺杆移动 0.5 mm(螺杆螺距),这样活动套筒转一格时,螺杆轴间移动距离为 0.5/50 = 0.01 mm。

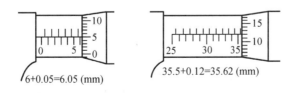

6+0.05=6.05 (mm)   35.5+0.12=35.62 (mm)

图 6.6　千分尺的读数方法

做一做:分别读出如图 6.7(a)和图 6.7(b)所示外径千分尺的数值。(答案:7.48 mm、
31.57 mm)

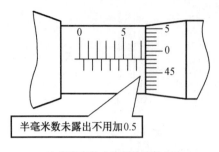

半毫米数未露出不用加0.5

(a) 半毫米数未露出的读数方法

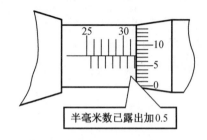

半毫米数已露出加0.5

(b) 半毫米数已露出的读数方法

图 6.7　外径千分尺读数练习

千分尺的测量方法如图 6.8 所示。

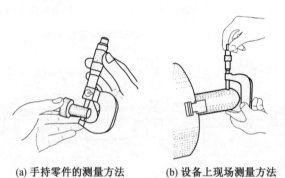

(a) 手持零件的测量方法　　(b) 设备上现场测量方法

图 6.8　千分尺的测量方法

3. 百分表和千分表

百分表和千分表是一种指示性量仪,其原理都是利用齿轮传动或杠杆将活动测量杆的直线微小位移或摆动经过放大后,变为指针的角位移或回转运动,最后,在刻度盘可读出测杆的位移量。百分表和千分表只能读出相对数值,常用来测量工件的形状和位置误差。

常用的千分表精度一般为 0.002 mm 和 0.001 mm,常用的百分表精度一般为 0.01 mm。百分表如图 6.9 所示,测量范围可分为 0 ~ 3 mm、

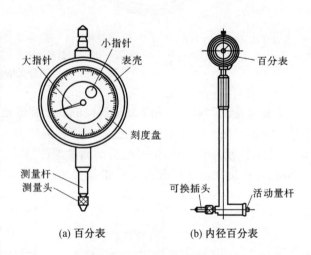

(a) 百分表　　(b) 内径百分表

图 6.9　百分表的结构示意图

0 ~ 5 mm、0 ~ 10 mm 等。百分表常装在专用的表座上(通常为磁性表座)使用,如图 6.10 所示。测量时测量杆应与被测表面垂直,其应用如图 6.11 所示。

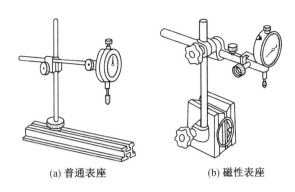

(a) 普通表座　　　　　　　　　(b) 磁性表座

图 6.10　百分表座

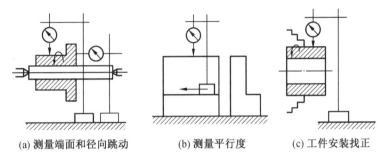

(a) 测量端面和径向跳动　　　(b) 测量平行度　　　(c) 工件安装找正

图 6.11　百分表应用示例

4. 万能角度尺和 90°量尺

在机械加工中,工件的角度测量需用角度量具,如 90°量尺、正弦规和万能角度尺等,其中常用的是万能角度尺,它可直接测量工件的内外角度。万能角度尺的结构如图 6.12 所示。

其读数原理与游标卡尺相同,它由主尺和游标尺组成读数机构。在主尺正面,沿径向均匀地布有刻线,两相邻刻线之间夹角为 1°,这是主尺的刻度值。在扇形游标尺上也均匀地刻有 30 根径向刻线,其角度等于主尺上 29 根刻度线的角度,故游标上两相邻刻线间的夹角为 $(29/30)°$。主尺与游标尺每一刻线间隔的角度差为 $1° - (29/30)° = (1/30)° = 2'$,即万能角度尺的精度值。

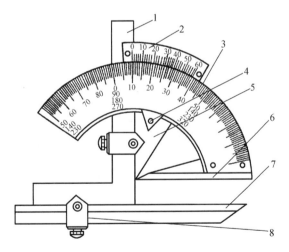

1—90°角尺;2—游标尺;3—主尺;4—制动头;
5—扇形板;6—基尺;7—直尺;8—卡块。

图 6.12　万能角度尺

90°量尺又称直角尺,其两边成 90°,用来检查工件垂直面之间的垂直情况,如图 6.13 所示。

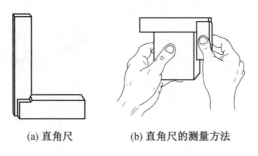

(a) 直角尺   (b) 直角尺的测量方法

图 6.13   90°量尺及其使用方法

5. 其他量具

（1）塞规和卡规

为提高测量效率,使用方便,在批量生产中常常使用极限量规。极限量规分卡规和塞规两类（图 6.14）,卡规用来测量轴径或其他外表面,塞规用来测量孔径或其他内径。

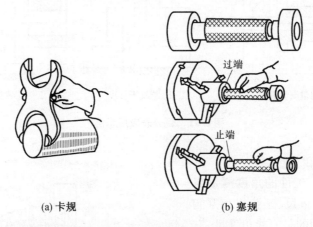

(a) 卡规   (b) 塞规

图 6.14   卡规和塞规及其使用

卡规有两个测量面,尺寸大的一端在测量时应通过轴径,称为过端,按最大极限尺寸制作;尺寸小的一端在测量时不应通过轴径,称为止端,按最小极限尺寸制作。塞规有两个测量面,尺寸小的一端在测量时应通过孔径,按最小极限尺寸制作,称为过端;尺寸大的一端在测量时不应通过孔径,按最大极限尺寸制作,称为止端。卡规和塞规的尺寸如图 6.15 所示。

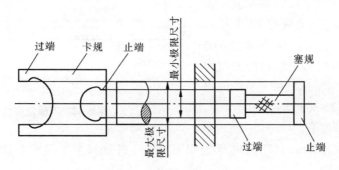

图 6.15   卡规和塞规的尺寸

（2）塞尺

塞尺又称厚薄尺,用于测量两贴合面之间缝隙的大小。它由一组薄钢片组成,其厚度为 0.03 ~ 0.3 mm,如图 6.16 所示。测量时将塞尺直接塞进间隙,当一片或数片能塞进两贴合面之间时,则一片或数片的厚度即为两贴合面的间隙值。

（3）量块

量块又称块规,主要用来校对和检定量具、量仪,也可作为标准量具直接用来检验零件。量块一般制成六面长方体,为了组合各种尺寸,量块一般按标准组合成套,装在特制的包装盒内。如图 6.17 所示,它有两个测量面和四个非测量面,其尺寸、精度等级应符合国标GB/T 6093—2001。

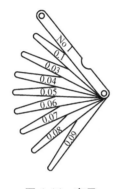

图 6.16 塞尺

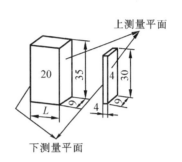

图 6.17 量块

6. 量具选择及使用的注意事项

①量具使用前,测量面、卡脚必须清洁干净,校对"0"位。

②量具的测量误差范围应与工件的测量精度相适应,量程要适当,不应选择测量精度和量程范围过大或过小的量具。

③不准使用精密量具测量毛坯和温度较高的工件。

④一般不宜直接测量运动着的工件。

⑤工件被测表面也要清洁干净。

⑥测量时,用力要适当,不能过大。

⑦不准长时间用手拿精密量具。

⑧不准乱扔、乱放量具,量具用完后必须擦净、涂油,并放入专用量具盒内,存放在干燥、无腐蚀的地方。

6.3.3　几何量先进测量技术

由于自动机床、数控机床对复杂形状零件的高效率加工,需要有快速可靠的测量设备与之配套;另一方面随着电子技术、计算机技术、数字控制技术以及精密加工技术的进步,在 20 世纪 60 年代出现了一种新型高效的精密测量仪器,即三坐标测量机（Coordinate Measuring Machining,CMM）,又称为三坐标测量仪。三坐标测量机是针对复杂形状的工件,如箱体、模具、凸轮、发动机零部件、汽轮机叶片等三维空间曲面进行测量的设备,具有通用性强、测量范围大、精度高、效率高、性能好、能与柔性制造系统相连接等特点,故广泛用于机械制造、仪器制造、汽车工业、电子工业、航空航天工业等。不仅可承担产品检验工作,也是整个生产系统进行前置反馈控制重要环节的一类精密仪器。

1. 系统组成与测量原理

简单地说,三坐标测量机测量系统是由机械系统和电子系统(含控制软件以及数据处理软件等)组成的,分为主机、测头、电气系统三大部分,在三个相互垂直的方向上有导向机构、测长元件和数显装置,如图6.18所示。

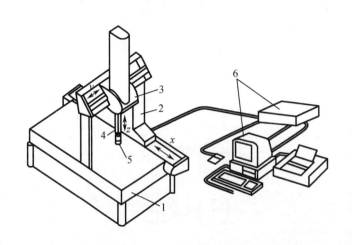

1—工作台;2—移动桥架;3—中央滑架;4—Z轴;5—测头;6—电子系统。

图 6.18　Daisy564s 型三坐标测量机

其测量原理是:将被测零件放置在工作台上,把测头手动移动到被测点上,通过测头在三个相互垂直导轨的移动,精确地测出被测零件表面点在空间的三个坐标位置的数值,由读数设备和数显装置把被测点的坐标值显示出来,经计算求出被测零件的几何尺寸、形状和位置。

软件系统是一款功能比较强大,基于 Windows 操作平台的 AC – DMIS 测量软件包,简单方便,易于上手。

2. 测量系统

RENISHAW MH20i 测量系统包含测量标尺系统和手动双旋转可分度测头系统(含 PT20 标准测力模块),作为三坐标测量机的关键组成部分之一,这两个系统决定了三坐标测量机测量精度。测量标尺系统是用来度量各轴的坐标数值的,按照性质可分为机械式标尺系统、光学标尺系统和电气式标尺系统。测头是用来拾取信号的,测头的性能直接影响测量精度和效率。按照结构原理可以分为机械式、光学式和电气式;按照测量方法又可以分接触式和非接触式。一般只测量尺寸及位置要素的情况下通常采用接触式测头。

3. Daisy564s 的使用

工件测量的具体流程如图6.19所示。

三坐标测量技术与传统测量技术的比较见表6.4。

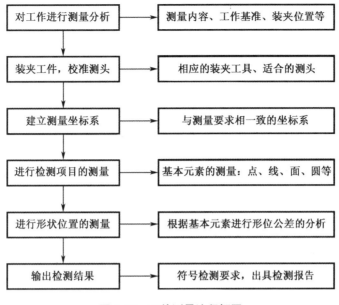

图 6.19　工件测量流程框图

表 6.4　三坐标测量技术与传统测量技术的比较

传统测量技术	三坐标测量技术
对工件要进行人工的精确调整、找正	不需要对工件进行特殊调整
专用测量仪和多工位测量仪很难适应测量任务的改变	简单地调用所对应的软件,即能完成测量任务
与实体标准或运动学标准进行测量比较	与数学或数学模型进行测量比较
尺寸、形状和位置在不同的仪器上进行不相干的测量	尺寸、形状和位置的评定在一次安装中即可完成

6.4　典型零件的检验

1. 测量任务

零件综合测量的检测任务如图 6.20 所示。

2. 零件综合测量

根据图 6.20 和实物,零件检验的步骤如下:

①读图、分析图纸中的各项要求。明确要测量的项目主要包括外径、长度、位置公差、表面粗糙度以及技术要求中的相关要求。

②根据各项要求确定测量器具、测量方法和测量部位等。选择测量外径和长度的量具以满足公称尺寸和测量精度为原则,在关键的测量位置,不同角度最少测量 3 ~ 4 次,然后再相互校对 1 ~ 2 次。位置公差,如径向圆跳动的测量,可使用等高 V 形铁或在偏摆仪上用百分表测量。

③确定测量方案,零件检验记录见表 6.5。

④按照测量方案实施,要求每组学生独立完成。

⑤填写检验记录,对测量结果进行评价。

⑥测量完毕后,对量器具进行养护。

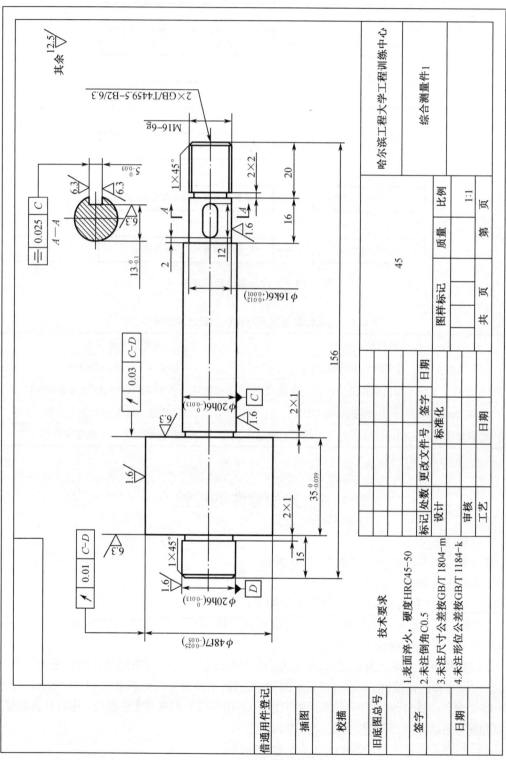

图 6.20　综合测量件 1

表6.5 零件检验记录

检验地点：　　　　　　　　测量时间：　　　　　　　　零件名称：

序号	项目	器具及规格	测量数据记录			校对数据	实测结果	合格判定 Y/N	签字/印章
			No. 1	No. 2	No. 3	No. 4			
1	$\phi16k6\left(^{+0.012}_{+0.001}\right)$	外径千分尺 0~25							
2	$\phi20h6\left(^{0}_{-0.013}\right)$ （2处）	外径千分尺 0~25							
3	$\phi48f7\left(^{-0.025}_{-0.05}\right)$	游标卡尺 0~150							
4	$35^{0}_{-0.039}$	游标卡尺 0~150							
5	$5^{0}_{-0.03}$	游标卡尺 0~150							
6	$13^{0}_{-0.1}$	游标卡尺 0~150							
7	M16—6g	螺纹环规 M16—6g							
8	⌀ 0.01 C—D	千分表、偏摆仪							
9	⌀ 0.03 C—D	千分表、偏摆仪							
10	$Ra1.6$（4处）	粗糙度样板							
11	$Ra6.3$（5处）	粗糙度样板							
12	外观毛刺、磕伤、锈蚀等	目测	是否符合要求(Y/N)						

6.5 产品质量检验岗位要求

　　质量管理体系中,质量检验与测量控制程序是保证产品质量的重要手段。客观地说,产品质量形成的主体是设计和制造,而质量保证的主体是检验,产品的符合性是由检验来保证的,因此产品质量检验是生产过程中保证质量必不可少的重要环节。

　　产品质量检验工作所依据的是国家法律和法规、技术标准、产品图样、工艺文件、明示担保和质量承诺、订货合同及技术协议。质检人员按有关的质量检验规程或检验指导书实施质量检验,对产品质量合格与否做出判定。

其岗位职能主要包括以下方面:

①判断职能。对产品进行度量(如测量、测试、化验等)并与质量标准比较,得出产品是否合格的结论。此外,根据有关规定的要求,判断产品的适用性。

②预防职能。采用先进的检验方法,及时发现产品的问题,并进行预报,防止出现批量不合格品。

③保证职能。通过检验和测试,剔除不良品,把好质量关,做到不符合质量标准的不良品不转入下道工序或流入用户手中。

④信息反馈职能。及时做好检验工作中的数据、质量信息等记录,并进行分析和评价,向领导及有关部门报告。

依据上述职能,质量检验最重要、最本质的特点就是公正。"公正"一词归属伦理学的基本范畴,意为公平正直,没有偏私。没有偏私是指依据一定的标准而言的。尽管检验工作的对象是产品,且造成产品质量问题的原因又涉及方方面面,如果质检人员所提供的数据或判断不正确,势必引起对产品质量的误判,从而造成对责任的处置也不公正。为此,质检人员对保证产品质量肩负着"特殊使命",必须具备一定的政治素质和业务素质。其中政治素质是公正执法的保证,具体体现在具有较强的大局观、责任心、事业心,必须严格按照科学规程办事,坚持实事求是的原则;业务素质是做好质量检验工作的基础,具体体现在必须熟练掌握测量技术知识和方法,具有丰富的实践经验,具备沟通协调的能力和团队精神,工作上必须坚持科学性,积极采用检测新技术,在保证检验数据真实可靠的同时,严格职业操守。

第7章 车削加工工艺

【学习要求】

（1）了解车削加工基本知识；

（2）熟悉卧式车床的主要组成、运动及操作方法；

（3）了解常用车刀结构、组成、主要几何角度；

（4）了解零件装夹方法和车床常用附件；

（5）熟悉外圆、端面、内孔、切槽、锥面、螺纹等常用车削加工工艺；

（6）典型件车削加工实践操作；

（7）建立产品质量、加工成本、生产效益、安全生产和环境保护等方面的工程意识，养成遵守职业规范、职业道德等方面的习惯，增强岗位责任感和敬业精神。

7.1　车削加工基本知识

车削加工是一种最常见、最典型的切削加工方法，常用于加工零件上的回转体表面。它所用的设备是车床，所用的刀具主要是车刀，还有中心钻、麻花钻、机用铰刀、丝锥、滚花刀等。表7.1所示为车削加工范围。

表7.1　车削加工范围

车外圆 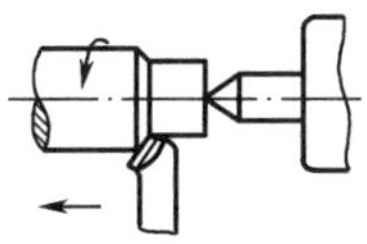	车外回转槽 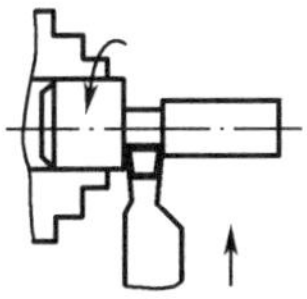	车内圆 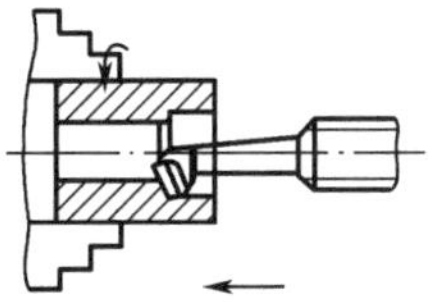	车内回转槽 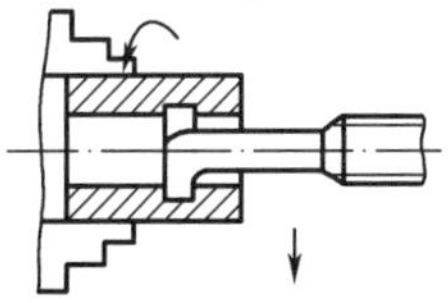
车端面 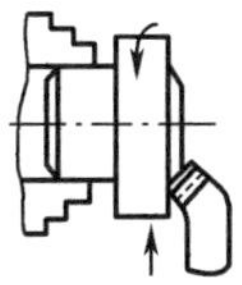	车端面环形槽 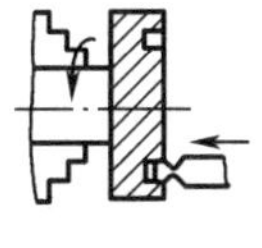	车外螺纹 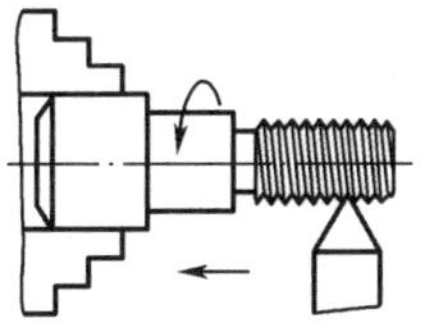	车内螺纹 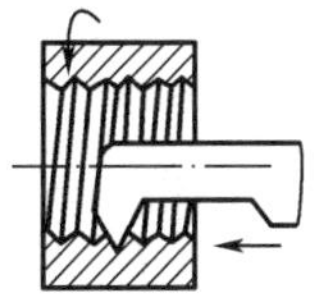
车锥面 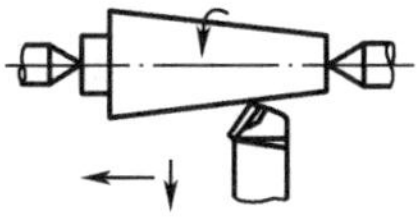	车成形面 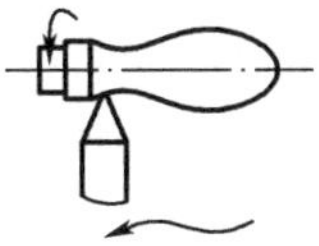	仿形车削 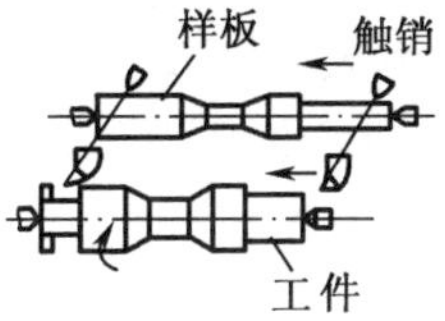	外圆滚花 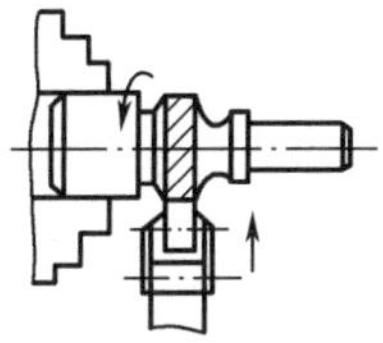

表7.1(续)

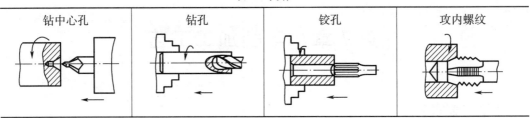

| 钻中心孔 | 钻孔 | 铰孔 | 攻内螺纹 |

车削加工时,工件的旋转为主运动,车刀的移动为进给运动。车外圆时(图7.1),工件加工表面最大直径处的线速度称为切削速度,以v(m/s)表示。工件每转一周时车刀所移动的距离称为进给量,以f(mm/r)表示。车刀每一次切去的金属层的厚度,称为切削深度(又称为背吃刀量),以a_p(mm)表示。v、f、a_p三者总称切削用量。

车削加工一般可分为粗车、半精车和精车等。表7.2列出了车削加工所能达到的加工精度和表面粗糙度。

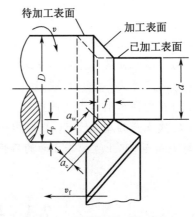

图7.1　车削时的运动及切削用量

表7.2　车削加工精度和表面粗糙度

加工阶段	粗车	半精车	精车
加工精度	IT12~IT11	IT10~IT9	IT8~IT6
表面粗糙度 $Ra/\mu m$	25~12.5	6.3~3.2	1.6~0.8

7.2 车 床

车床是完成车削加工所必需的设备。常用的车床有卧式车床、立式车床、数控车床以及各种专用车床。

卧式车床应用最普遍,工艺范围最广泛,用于加工形状简单的各种回转体工件,适用于单件小批生产。立式车床用于加工大型工件的旋转表面,适用于回转直径较大、较重、难于在卧式车床上安装的工件。数控车床加工灵活、通用性强、自动化程度高,适用于多品种小批生产或现代自动化生产。下面以C6132卧式车床为例介绍车床的组成和使用功能。

图7.2所示为C6132卧式车床。在编号C6132中:C表示车床;61表示卧式车床;32表示床身上最大工件回转直径的1/10,即320 mm。

C6132卧式车床主要由床身、主轴箱、进给箱、光杠、丝杠、溜板箱、刀架、尾座及床腿等部分组成。表7.3给出了C6132卧式车床的各组成部分和功能。

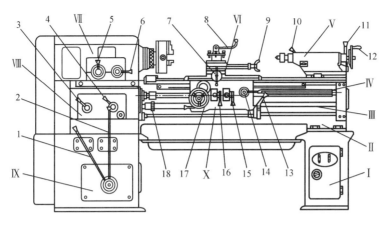

Ⅰ—床腿；Ⅱ—床身；Ⅲ—光杆；Ⅳ—丝杠；Ⅴ—尾座；Ⅵ—刀架；

Ⅶ—主轴箱；Ⅷ—进给箱；Ⅸ—变速箱；Ⅹ—溜板箱。

1,2,6—主运动变速手柄；3,4—进给运动变速手柄；5—刀架左右移动的换向手柄；

7—刀架横向手动手柄；8—方刀架锁紧手柄；9—小滑板移动手柄；10—尾座套筒锁紧手柄；

11—尾座锁紧手柄；12—尾座套筒移动手轮；13—主轴正反转及停止手柄；

14—"开合螺母"开合手柄；15—刀架横向自动手柄；16—刀架纵向自动手柄；

17—刀架纵向手动手轮；18—光杠、丝杠更换使用的离合器。

图 7.2　C6132 车床的组成部分

表 7.3　C6132 卧式车床组成部分和功能

名称	作用和功能
变速箱	电动机的转动传给变速箱,变速箱内装变速齿轮,通过变速箱上的变速手柄 1,2 可输出不同转速。变速箱远离主轴可减少变速箱振动和发热对主轴产生的影响
主轴箱	主轴箱内装有空心主轴和变速机构。主轴箱的输入是变速箱的输出转速,输出是主轴的转动和传入进给箱的转动。主轴转速可通过变速手柄 6 来调整,主轴通过夹具带动工件转动
进给箱	传入进给箱的转动,经过进给箱的变速齿轮,带动光杠和丝杠以不同转速转动
光杠	将离合器 18 向左拉,进给箱的运动通过光杠传给溜板箱,用于车削外圆、车削端面的自动进给
丝杠	将离合器 18 向右拉,将进给箱的运动通过丝杠传给溜板箱,用于车削螺纹时的自动进给
溜板箱	溜板箱与床鞍连接在一起,将光杠传来的运动变为车刀的横向或纵向运动,或将丝杠的转动变为车刀的纵向移动
刀架	首先用来夹持车刀,还可以通过溜板箱传来的运动使刀架做横向、纵向或斜向进给
尾座	尾座安装于床身的导轨上,并可沿导轨移动,在尾座的套筒内可安装顶尖以支撑工件,或安装钻头、绞刀等刀具,用于钻孔、扩孔、绞孔、攻螺纹
床身	床身用于安装车床其他部件,并保证各部件间正确相对位置。床身上面有两组平行导轨:外导轨是保证刀架正确移动的三角形导轨,内导轨是保证尾座正确定位的平导轨
床腿	床腿用于支撑床身并与地基相连,左床腿内安装了电动机和变速箱,右床腿内安装了电控箱

表 7.3(续)

名称	作用和功能
变速手柄	通过变速箱上的手柄 1,2(分别有 2 挡位和 3 挡位)和主轴箱上的手柄 6(有 2 挡位),可使主轴具有 12 种不同的转速
启停手柄	手柄 13 通过控制电机的正反转和停止,来控制主轴相应的运动。上扳为正转,中间停止,下扳为反转
刀架自控手柄	手柄 14 控制"对开螺母",上扳为打开,下扳为闭合。手柄 15 控制刀架横向自动进给,上扳为启动,下扳为停止。手柄 16 控制刀架纵向自动进给,上扳为启动,下扳为停止。手柄 5 控制刀架向左或向右移动
刀架手动手柄	手轮 17 手动控制刀架纵向移动。手柄 7 手动控制刀架横向移动。手柄 9 手动控制刀架上小滑板移动。手轮 12 手动控制刀架尾座移动
进给量调节手柄	手柄 3,4 分别有 5 挡位和 4 挡位,通过改变交换齿轮,获得不同的进给速度,即可获得 20 种不同的进给量
离合器	离合器 18 控制光杠、丝杠的离合,左拉为光杠工作,右拉为丝杠工作
锁紧手柄	手柄 8 锁紧方刀架,手柄 11 锁紧尾座,手柄 10 锁紧尾座套筒

7.3 车刀及其安装

7.3.1 车刀

车刀由刀柄(夹持部分)和刀头(切削部分)两部分组成。车刀的种类按连接方式有机夹式、焊接式和整体式车刀,如图 7.3 所示;按类型和用途有外圆车刀、端面车刀、内孔车刀、切断刀、切槽刀、螺纹车刀等,如图 7.4 所示。

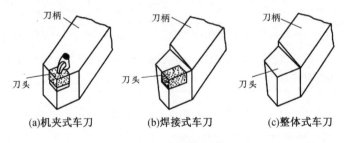

(a)机夹式车刀　　　(b)焊接式车刀　　　(c)整体式车刀

图 7.3　车刀的组成

车刀材料(切削部分的材料)通常有碳素工具钢、合金工具钢、高速钢、硬质合金、陶瓷、人造金刚石、立方氮化硼等。目前,常用的车刀材料主要是高速钢和硬质合金。

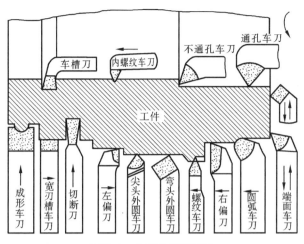

图 7.4　车刀类型和用途

7.3.2　车刀切削部分的组成

车刀切削部分是由三面、两刃、一尖组成的,如图 7.5 所示。具体的含义如下。

①前刀面:切削时切屑流过的表面。

②主后刀面:切削时与工件过渡表面相对应的平面。

③副后刀面:切削时与已加工表面相对的平面。

④主切削刃:前刀面与主后刀面相交部分,完成主要切削任务。

⑤副切削刃:前刀面与副后刀面的相交部分,它部分地参与切削工作。

⑥刀尖:主切削刃与副切削刃的相交处,常为一段过渡圆弧或小直线。

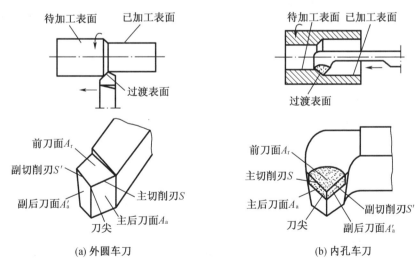

(a) 外圆车刀　　　　　　　　　　(b) 内孔车刀

图 7.5　车刀切削部分的组成

7.3.3 车刀的角度及其作用

1.车刀角度

车刀要从工件上切下金属,必须具有一定的切削角度,也正是由于切削角度才决定了车刀切削部分各表面的空间位置。要确定和测量刀具角度,必须建立一定的参考系,这个参考系主要由三个互相垂直的基本平面组成,如图7.6(a)所示。

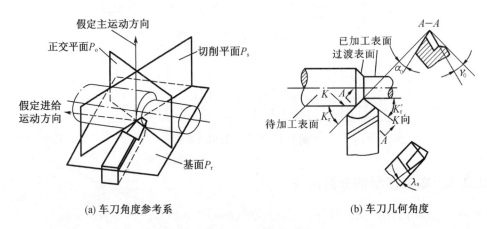

(a) 车刀角度参考系   (b) 车刀几何角度

图 7.6　车刀角度参考系和几何角度

参考平面的含义如下:

①基面:是通过切削刃上选定点,与主运动方向垂直的平面。

②切削平面:是通过切削刃上选定点,与切削刃相切,并垂直于基面的平面。

③正交平面:是通过切削刃上的选定点,同时垂直于基面和切削平面的平面。

建立参考平面后,就可以在此参考系内确定车刀的角度了,车刀的主要角度有前角、后角、主偏角、副偏角和刃倾角,如图7.6(b)所示。车刀的主要角度及其含义如下:

①前角:基面与前刀面的夹角。

②后角:主后刀面与切削平面的夹角。

③主偏角:主切削刃在基面上的投影与假定进给方向的夹角。

④副偏角:副切削刃在基面上的投影与假定进给反方向的夹角。

⑤刃倾角:主切削刃与基面的夹角。

2.车刀几何角度的主要作用

车刀几何角度的取值及作用如表7.4所示。

表 7.4　车刀几何角度的取值及作用

几何角度	符号	取值	作用
前角	γ_0	$0.5° \sim 25°$	前角越大,刀口越锋利,从而降低切削力和切削热;但前角越大,刀口强度越低,易崩刃,使刃口损坏
后角	α_0	$5° \sim 12°$	增大后角以保证车刀锋利,从而减少主后刀面与工件摩擦;但后角过大,刀刃强度下降,散热条件差,磨损反而增大

表7.4(续)

几何角度	符号	取值	作用
主偏角	K_r	45°~90°	主偏角越大,切削刃工作长度减小,单位切削刃上的载荷增大,切削厚度减小,切削宽度越大
副偏角	K_r'	0°~15°	可减小副切削刃与工件已加工表面的摩擦,提高刀具耐用度;副偏角越小,粗糙度值越小,表面精度提高
刃倾角	λ_s	−5°~45°	刃倾角控制排屑方向、切削平稳性和刀尖强度;为正值时,切屑流向已加工表面;为零时,切屑沿垂直于切削刃的方向流出

7.3.4 车刀的安装

车刀使用时必须正确安装,如图7.7所示。

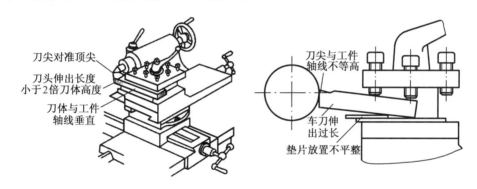

刀尖对准顶尖
刀头伸出长度小于2倍刀体高度
刀体与工件轴线垂直

刀尖与工件轴线不等高
车刀伸出过长
垫片放置不平整

图7.7 车刀的安装

车刀安装的基本要求如下:
①车刀安装在方刀架上,刀尖应与工件轴线等高,一般用车床尾座上的顶尖来校对。
②车刀刀杆应与车床轴线垂直。
③车刀在方刀架上伸出的长度要合适,一般不超过刀体高度的2倍。车刀与方刀架都要锁紧。
④车刀刀杆下面的垫片应平整,且片数不宜太多(少于3片)。
⑤车刀位置装正后,应拧紧刀架螺钉压紧,一般用2个螺钉,并交替拧紧。

7.4 工件的安装

车床上安装工件最常用的是三爪自定心卡盘,除此之外,还有四爪单动卡盘、顶尖、中心架、跟刀架、心轴、花盘、花盘－弯板以及专用车床夹具等。本节只介绍用三爪自定心卡盘、四爪单动卡盘以及顶尖的工件安装。

7.4.1　三爪卡盘安装工件

三爪自定心卡盘如图7.8(a)所示。其结构主要由三个卡爪、三个小锥齿轮、一个大锥齿轮和卡盘体四部分组成,如图7.8(b)所示。当三爪扳手转动任一个小锥齿轮时,均能带动大锥齿轮转动,大锥齿轮背面的平面螺纹带动三个卡爪沿着卡盘体的径向槽同时做向心或离心移动,以夹紧或松开不同直径的工件。由于三个卡爪是同时移动的,可自行对中,主要用来装夹截面为圆形、正三边形、正六边形的中小型工件。其对中精度不是很高,一般为0.05～0.15 mm。若在三爪自定心卡盘上换上三个反爪,即可用来安装直径较大的工件,如图7.8 (c)所示。

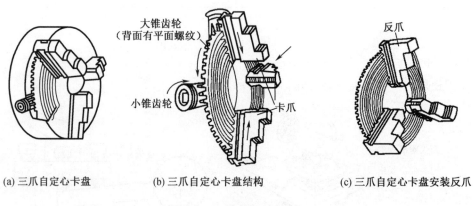

(a) 三爪自定心卡盘　　　(b) 三爪自定心卡盘结构　　　(c) 三爪自定心卡盘安装反爪

图7.8　三爪自定心卡盘

图7.9(a)是用三爪自定心卡盘的正爪安装工件。图7.9(b)是用三爪自定心卡盘的反爪安装工件。

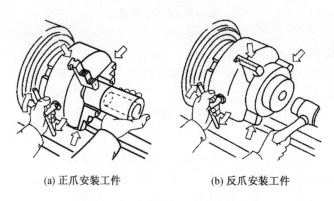

(a) 正爪安装工件　　　　　(b) 反爪安装工件

图7.9　用三爪自定心卡盘安装工件

安装工件时,可按下列步骤进行:

①工件在卡盘间放正,轻轻拧紧。

②开动车床,使主轴低速旋转,观察工件有无偏摆,若有偏摆应停车,用小锤轻敲校正,紧固工件;固紧后,必须即时取下扳手,以免开车时飞出,砸伤人和机床。

③移动车刀至车削行程的左端,用手旋转卡盘,检查刀架等是否与卡盘或工件磕碰。

7.4.2 四爪卡盘安装工件

四爪单动卡盘的结构如图 7.10(a)所示,有四个互不相关的卡爪 1,2,3,4,每个卡爪的后面有一个半瓣的内螺纹与螺杆 5 相啮合,螺杆 5 的一端有方孔。当四爪扳手转动一根螺杆时,这根螺杆带动与之相啮合的卡爪单独向卡盘中心靠拢或离开。由于四爪单动卡盘的四个卡爪是独立移动的,适合装夹异形工件,如方形、长方形、椭圆形或不规则形状的零件。

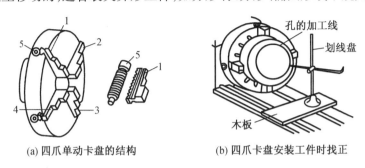

(a) 四爪单动卡盘的结构　　　　(b) 四爪卡盘安装工件时找正

1,2,3,4—卡爪;5—螺杆。

图 7.10　用四爪卡盘安装工件

用四爪卡盘安装工件时,必须进行仔细找正。找正时,按预先在工件上划的线来进行,如图 7.10(b)所示。

按划线找正工件的方法如下:

①使划针靠近工件上划出的加工界线;

②慢慢转动卡盘,先校正端面,在离针尖最近的工件端面上用小锤轻轻敲击,至各处距离相等;

③转动卡盘,校正中心,将离开针尖最远处的一个卡爪松开,拧紧其对面的一个卡爪,反复调整几次,直至校正为止。

7.4.3 顶尖安装工件

在车床上加工轴类工件时,一般采用双顶尖、拔盘和卡箍安装工件,如图 7.11 所示。把轴安装在前后顶尖之间,主轴旋转,通过拔盘和卡箍带动工件旋转。有时在三爪自定心卡盘上夹持一段棒料,车出 60° 锥面代替前顶尖,用三爪自定心卡盘代替拔盘,如图 7.12 所示。

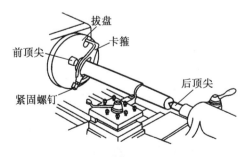

图 7.11　用双顶尖安装工件

图 7.12　用三爪自定心卡盘代替拔盘

前后顶尖的作用是支承工件,确定工件旋转中心并承受刀具作用在工件上的切削力。常用的顶尖有死顶尖和活顶尖两种,其形状如图7.13所示。

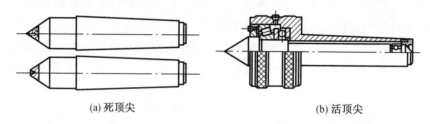

(a) 死顶尖   (b) 活顶尖

图7.13 顶尖

前顶尖插在主轴锥孔内,如图7.14所示,并随主轴和工件一起旋转,与工件无相对运动,不发生摩擦,故用死顶尖。后顶尖装在尾座套筒内,高速车削时为了防止后顶尖与工件中心孔之间由于摩擦发热烧损或破坏顶尖和中心孔,常使用活顶尖。这种顶尖把顶尖与工件中心孔的滑动摩擦改成顶尖内部轴承的滚动摩擦,因此能承受很高的转速。用双顶尖安装轴类工件的步骤如下。

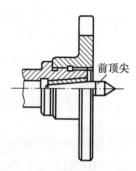

图7.14 前顶尖的安装

1. 在轴的两端钻中心孔

常用中心孔的形状有 A、B 两种类型,如图7.15所示。中心孔的60°锥面和顶尖的锥面相配合,前面的小圆柱孔是为了保证顶尖与锥面紧密接触,同时贮存润滑油。B 型中心孔的120°锥面称为保护锥面,用于防止60°锥面被碰坏。中心孔多用中心钻在车床上钻出,加工前要先把轴的端面车平。图7.16 为在车床上钻中心孔的情形。

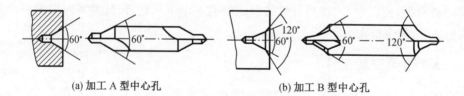

(a) 加工 A 型中心孔   (b) 加工 B 型中心孔

图7.15 中心孔和中心钻

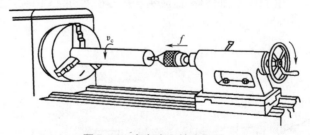

图7.16 在车床上钻中心孔

2. 安装并校正顶尖

顶尖是依靠其尾部锥柄与主轴或尾座套筒的锥孔配合而定位的。安装时要先擦净锥孔和顶尖锥柄,然后对正撞紧,否则影响定位的准确度。

校正时将尾座移向主轴箱,检查前后两顶尖的轴线是否重合,如图 7.17 所示。若前后顶尖在水平面内不重合,车出的外圆将产生锥度误差。

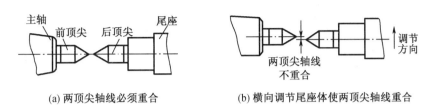

(a) 两顶尖轴线必须重合　　　　(b) 横向调节尾座体使两顶尖轴线重合

图 7.17　校正顶尖

3. 安装工件

首先在轴的一端安装卡箍,将卡箍的尾部插入拔盘的槽中,安装方法如图 7.18 所示。若夹在已精加工过的表面上,则应垫上开缝的小套或薄铜皮以免夹伤工件。在轴的另一端中心孔里涂上黄油,若用活顶尖则不必涂黄油。在双顶尖上安装轴类工件的方法如图 7.18 所示。

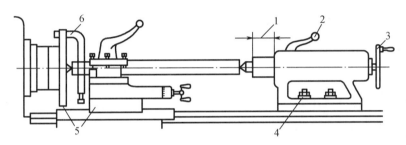

1—调整套筒伸出长度;2—锁紧套筒;3—调节工件与顶尖松紧程度;4—将尾座固定;

5—刀架移至车削行程左端,用手转动拔盘,检查是否会碰撞;6—拧紧卡箍。

图 7.18　在双顶尖上安装轴类工件

用顶尖安装轴类工件,由于两端都是锥面定位,故定位的准确度比较高。即使多次装卸与调头,工件的轴线始终是两端锥孔中心的连线,即保持了工件的轴线位置不变,因此,能保证轴类工件在多次安装中所加工出的各个圆柱面有较高的同轴度,各个轴肩端面对轴线有较高的垂直度。

7.4.4　其他附件安装工件

1. 花盘

花盘与卡盘一样可安装在车床主轴上。把工件直接压在花盘上加工,如图 7.19 所示。花盘的端面是装夹工件的工作面,花盘上有许多沟槽和孔,供安装工件时穿放螺栓用。工件在装夹之前,一般要先加工出基准平面,对要车削的部分进行钳工划线。装夹时,用划线盘按划线对工件进行找正。如果工件的重心偏向花盘一边,还需要在花盘另一边加一质量适当的平衡重。

2. 花盘 – 弯板

有些复杂的零件,可用花盘—弯板安装工件,如图 7.20 所示。在花盘上安装一个 90° 弯板。在使用之前要用百分表仔细找正。如果不平行可在弯板与花盘之间垫铜皮或纸片来调整。弯板两个平面上有许多槽和孔,供穿放螺栓与花盘连接和安装工件用。

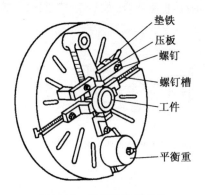

图7.19 用花盘安装工件

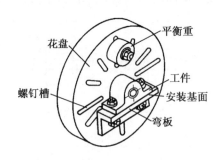

图7.20 用花盘–弯板安装工件

工件在装夹之前,一般要先加工出定位平面,对要车削的部分进行钳工划线,安装工件时先将工件用压板螺栓初步压紧在弯板工作平面上,用划线盘对工件进行找正。找正时要一边调整弯板在花盘上的上下位置,一边调整工件在弯板上的前后位置。找正后分别将弯板和工件压紧。由于弯板和工件的重心偏向花盘一边,应在花盘另一边配上质量适当的平衡重。

3.芯轴

用芯轴装夹工件时,首先在工件上精加工出定位孔,再把工件安装在芯轴上,最后芯轴用双顶尖安装于车床上。芯轴法能够保证盘套类工件的外表面和端面对孔的同轴度及垂直度要求。芯轴主要有圆柱芯轴和圆锥芯轴,也有弹性芯轴和离心力夹紧芯轴。图7.21所示为在圆柱芯轴和圆锥芯轴上安装工件。

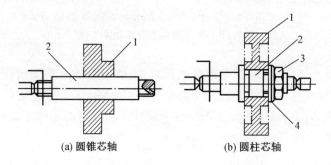

(a) 圆锥芯轴　　　　　　(b) 圆柱芯轴

1—工件;2—心轴;3—螺母;4—垫片。

图7.21 在圆柱芯轴和圆锥芯轴上安装工件

圆柱芯轴安装时,由于工件与孔之间有一定的间隙,故对中性差,而圆锥芯轴靠锥面定位、传递运动,对中心性好,定心精度高;但仅靠锥面的摩擦力来承受切削力,故进给量不宜太大,主要用于精加工。芯轴锥度越小,精度越高;但长度越长,芯轴刚性越差。芯轴锥度一般为1/5 000~1/1 000。

简单的弹性芯轴如图7.22所示,其

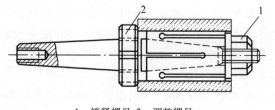

1—锁紧螺母;2—调整螺母。

图7.22 弹性芯轴

靠旋转螺母使弹性套筒沿锥面移动,引起直径增大而胀紧工件。

4. 中心架和跟刀架

细长轴($L/D > 25$)车削时,工件刚性差,为防止切削力和切削热引起的变形,可使用中心架和跟刀架作辅助支撑。

中心架如图 7.23 所示,它固定于车床导轨上,三个爪支承在预加工的外圆表面上,主要用于加工阶梯轴、长轴、车端面、中心孔和内孔。

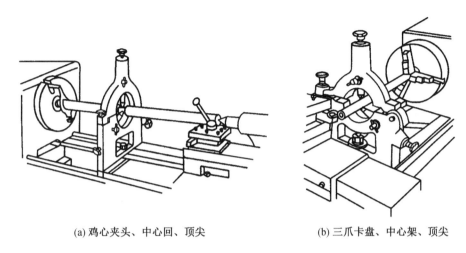

(a) 鸡心夹头、中心回、顶尖　　　　(b) 三爪卡盘、中心架、顶尖

图 7.23　中心架及其应用

在工件装上中心架之前,应在工件上的安装部位车削出一段安装槽。车削时应加润滑油,转速也不宜过大。车削长轴的端面、钻中心孔、车内表面时,可用卡盘夹紧一端,另一端用中心架支承的方法,这种方法使用很广泛。

跟刀架如图 7.24 所示,它固定于床鞍上,并随之一起做纵向移动。使用跟刀架可以抵消径向切削力,从而提高精度和表面质量。跟刀架多用于细长轴和长丝杠等工件的车削。

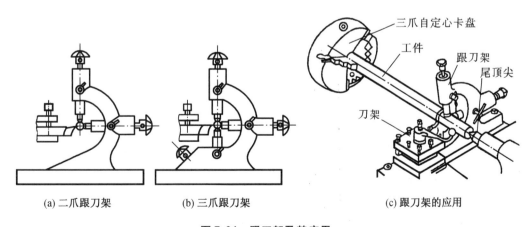

(a) 二爪跟刀架　　　　　(b) 三爪跟刀架　　　　　(c) 跟刀架的应用

图 7.24　跟刀架及其应用

车削细长轴时,最好采用三爪跟刀架,使用时跟刀架卡爪与工件接触压力不宜过大,否则使工件尺寸精度下降;如果卡爪与工件的接触压力过小,甚至没有接触,就起不到跟刀架

的作用。当卡爪磨损后,要及时调整卡爪位置。

7.5 车削加工工艺方法

7.5.1 车削加工基本内容

1. 车削加工切削用量选择

车削加工通常经过粗车、半精车和精车三个加工阶段。

粗车的目的是尽快地从工件上切去大部分加工余量,使工件接近零件的形状和尺寸。粗车要给半精车和精车留有合适的加工余量,而加工精度和表面粗糙度则要求较低,粗车后尺寸公差等级一般为 IT12~IT11,表面粗糙度 Ra 值一般为 25~12.5 μm。

粗车时应优先选用较大的背吃刀量,再适当地加大进给量,最后选择中等或中等偏低的切削速度。

选择切削用量时,要看加工时工件的刚度和工件装夹的牢固程度等具体情况。若工件夹持的长度较短或表面凹凸不平,则应选用较小的切削用量。

半精车的目的是进一步提高加工精度和降低表面粗糙度值,并留下合适的加工余量(或完成零件表面的加工),为零件表面的精车或磨削做好准备。

精车的目的是保证零件的尺寸精度和表面粗糙度等要求,尺寸公差等级可达 IT8~IT7,表面粗糙度 Ra 值可达 1.6 μm。

半精车和精车时,选择较小的切削深度和进给量,选择较大的切削速度。

2. 车削加工基本操作

车削时要准确、迅速地控制背吃刀量(切削深度),完全靠刻度盘是不够的,因为刻度盘和丝杠的螺距均有一定误差,因此,必须采用试切的方法。现以图 7.25 所示的车外圆为例,说明试切的方法与步骤。

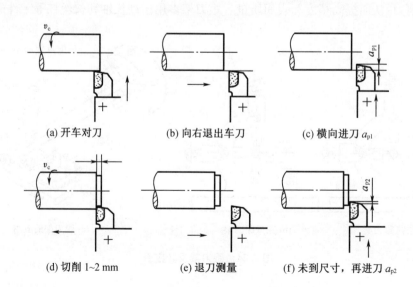

(a) 开车对刀　　　　　(b) 向右退出车刀　　　　　(c) 横向进刀 a_{p1}

(d) 切削 1~2 mm　　　　　(e) 退刀测量　　　　　(f) 未到尺寸,再进刀 a_{p2}

图 7.25 试切的方法与步骤

图 7.25 中(a)至(e)是试切的一个循环。如果尺寸合格,就以该背吃刀量车削整个表面;如果未到尺寸,就要自第(f)步起重新进刀、切削、测量。如果试车尺寸小了,必须按图(c)所示的方法加以纠正继续试切,直到试切尺寸合格以后才能车削整个表面。

在调节切削深度时,必须熟练地使用中滑板和小滑板的刻度盘。

中滑板刻度盘装在横向丝杠轴的端部,中滑板和横向丝杠的螺母紧固在一起。当中滑板手柄带着刻度盘转动一周时,丝杠也转一周,这时螺母带着中滑板移动一个螺距。所以中滑板移动的距离可根据刻度盘上的格数来计算:

$$刻度盘每转 1 格中滑板移动的距离 = \frac{丝杠螺距}{刻度盘格数}（mm）$$

例如 C6132 卧式车床中滑板丝杠螺距为 4 mm,中滑板的刻度盘等分 200 格,故每转 1 格中滑板移动的距离为 4/200 ＝ 0.02（mm）。车刀是在旋转的工件上切削的,当中滑板刻度盘每进 1 格时,工件直径的切削量是背吃刀量(切深)的 2 倍,即 0.04 mm。回转表面的加工余量都是对直径而言的,测量工件的尺寸也是看其直径的变化,所以用中滑板刻度盘进刀切削时,通常要将每格读作 0.04 mm。

加工外表面时,车刀向工件中心移动为进刀,远离中心为退刀;加工内表面时,则相反。

由于丝杠与螺母之间有何隙,进刻度时必须慢慢地将刻度盘转到所需要的格数,如图 7.26(a)所示,如果发现刻度盘手柄摇过了头而需将车刀退回时,绝不能直接退回,如图 7.26(b)所示;而必须向相反方向摇动半周左右,消除丝杠螺母间隙,再摇到所需要的格数,如图 7.26(c)所示。

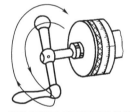

(a) 将刻度盘转到所需的格数　　　(b) 刻度盘手柄摇过了头,不可直接退回　　　(c) 消除间隙再摇到所需的格数

图 7.26　正确进刻度的方法

小滑板刻度盘的原理及其使用方法与中滑板刻度盘相同。小滑板刻度盘主要用于控制工件长度方向的尺寸。与加工圆柱面不同的是小滑板的移动量就是工件长度的切削量。

3. 车削加工操作步骤

在车床上安装好工件和车刀以后即可开始车削加工。在加工中必须按照如下步骤进行:

①开车对零点。即确定刀具与工件的接触点,作为进背吃刀量(切深)的起点。对零点时必须开车,因为这样不仅可以找到刀具与工件最高处的接触点,而且也不易损坏车刀。

②沿进给反方向移出车刀。

③进背吃刀量(切深)。

④走刀切削。

如需再切削,可将车刀沿进给反方向移出,再进背吃刀量进行切削。如不再切削,则应先将车刀沿进背吃刀量的反方向退出,脱离工件的已加工表面,再沿进给反方向退出车刀。

7.5.2　车削加工典型工艺

1. 车端面

车削端面时,常用偏刀或弯头车刀,如图 7.27 所示。车刀安装时,刀尖应对准工件回转中心,以免在端面留出凸台或造成崩刃。由于工件中心点的切削速度较低,因此,车端面的切削速度比车外圆时要高一些,而且最好由中心向外切削。

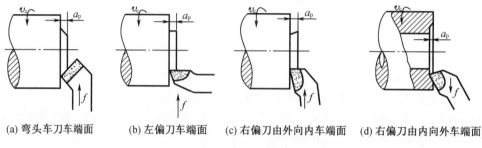

(a) 弯头车刀车端面　　(b) 左偏刀车端面　　(c) 右偏刀由外向内车端面　　(d) 右偏刀由内向外车端面

图 7.27　车端面

2. 车外圆和台阶

常见的外圆车削如图 7.28 所示。车外圆是将工件车削成圆柱外表面的过程,它是最基本的切削加工。尖头车刀用于外圆、光轴、台阶不大的轴;弯头车刀用于车外圆、端面、倒角;90°右偏刀用于车细长轴、直角台阶的外圆。

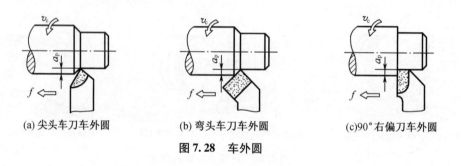

(a) 尖头车刀车外圆　　(b) 弯头车刀车外圆　　(c)90°右偏刀车外圆

图 7.28　车外圆

台阶面的车削可在车外圆时同时车出。车削高度在 5 mm 以下的低台阶,可在车外圆时同时车出,如图 7.29 所示。由于台阶面应与工件轴线垂直,所以必须用 90°右偏刀车削。装刀时要使主刀刃与工件轴线垂直。车削高度 5 mm 以上的直角台阶,装刀时应使主偏角大于 90°,然后分层纵向进给车削,如图 7.30(a) 所示。在末次纵向进给后,车刀横向退出,车出 90°台阶,如图 7.30(b) 所示。

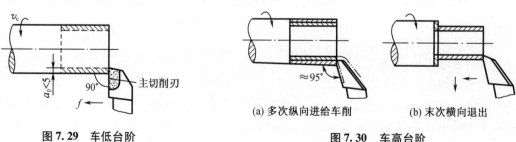

图 7.29　车低台阶　　　　　　(a) 多次纵向进给车削　　(b) 末次横向退出

图 7.30　车高台阶

台阶的长度可用钢直尺确定,如图 7.31 所示。车削时先用刀尖车出切痕,以此作为加工界限。但这种方法不准确,切痕所定的长度一般应比要求的长度略短,以留有余地。台阶的准确长度可用游标卡尺上的深度尺测量。

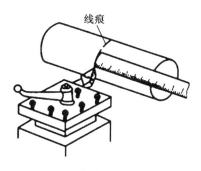

图 7.31 用钢直尺确定台阶长度

3. 车槽与车断

在车床上既可车外槽,也可车内槽,如图 7.32 所示。车宽度为 5 mm 以下的窄槽,可以将主切削刃磨得和槽等宽,一次车出。槽的深度一般用横向刻度盘控制。

车宽度 5 mm 以上槽时,应多层进给进行车削,如图 7.33 所示。

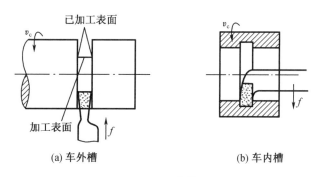

(a) 车外槽   (b) 车内槽

图 7.32 车槽

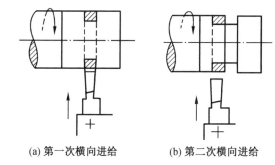

(a) 第一次横向进给   (b) 第二次横向进给   (c) 末次横向进给,再以纵向进给精车槽底

图 7.33 车宽槽

车断要用车断刀。车断刀的形状与车槽刀相似,如图 7.34 所示。车断工作一般在卡盘上进行,避免用顶尖安装工件。车断处应尽可能靠近卡盘。安装车断刀时,刀尖必须与工件的中心等高,否则车断处将留有凸台,且易损坏刀头,如图 7.35 所示。在保证刀尖能车到工件中心的前提下,车断刀伸出刀架之外的长度应尽可能短些。手动走刀时,进给要均匀,在即将车断时一定要放慢进给速度,以防刀头折断。

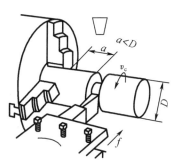

图 7.34 在卡盘上车断

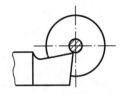
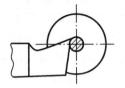

(a) 车断刀安装过低,刀头易被压断　　　　　(b) 车断刀安装过高,刀具后面顶住工件,不易切削

图 7.35　车断刀刀尖应与工件中心等高

4.车锥面

圆锥面配合在机械中应用广泛,如顶尖、钻头的锥柄,它具有配合紧密、拆卸方便的特点,而且多次拆卸后仍能准确定心。

圆锥体的加工一般在车床上进行,其主要加工方法有宽刀法、小拖板转位法、尾座偏移法和靠模法。

(1)宽刀法

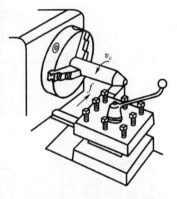

宽刀法(又称样板刀法)车锥面,如图 7.36 所示。刀刃必须平直,与工件轴线的夹角应等于锥面的圆锥斜角 $\alpha/2$,工件和车刀的刚度要好,否则容易引起振动。表面粗糙度取决于车刀刀刃的刃磨质量和加工时的振动情况,宽刀法只适宜车削较短的锥面,生产率高,在成批生产特别是大批量生产中用得较多。宽刀法多用于车削外锥面,如果孔径较大,车孔刀又有足够的刚度,也可车削锥孔。

(2)小拖板转位法

小拖板转位法车锥面如图 7.37 所示。根据零件的圆锥角 α,把小拖板下面的转盘顺时针或逆时针扳转 $\alpha/2$ 角度后

图 7.36　宽刀法车锥面

再锁紧。当用手缓慢而均匀地转动小滑板手柄时,刀尖则沿着锥面的母线移动,从而加工出所需要的锥面。

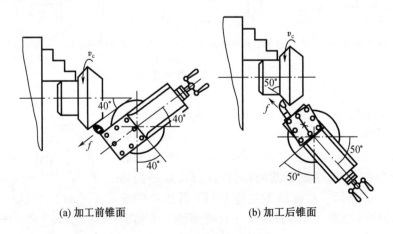

(a) 加工前锥面　　　　　　　　　　　(b) 加工后锥面

图 7.37　小拖板转位法车锥面

小拖板转位法车锥面操作简便,可加工任意锥角的内外锥面。但加工长度受小滑板行

程的限制,不能自动走刀,需手动进给,劳动强度较大,主要用于单件小批生产中车削精度较低和长度较短的内外锥面。

（3）尾座偏移法

尾座主要由尾座体和底座两部分组成,如图 7.38(a)所示。底座用压板和固定螺钉紧固在床身上,尾座体可在底座上做横向位置调节。当松开固定螺钉而拧动两个调节螺钉时,即可使尾座体在横向移动一定的距离,如图 7.38(b)所示。

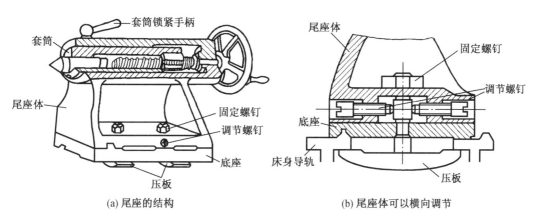

(a) 尾座的结构　　　　　　　　　　　　(b) 尾座体可以横向调节

图 7.38　尾座

尾座偏移法车锥面如图 7.39(a)所示,工件安装在前后顶尖之间。将尾座体相对底座在横向向前或向后偏移一定距离 S,使工件回转轴线与车床主轴轴线的夹角等于工件圆锥斜角 $\alpha/2$,也就是使圆锥面的母线与车床主轴轴线平行,当刀架自动或手动纵向进给时即可车出所需的锥面。

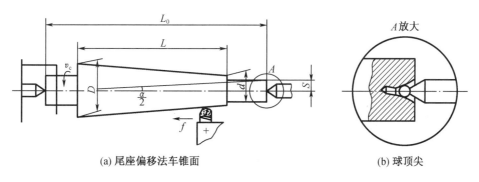

(a) 尾座偏移法车锥面　　　　　　　　　　(b) 球顶尖

图 7.39　尾座偏移法车锥面

尾座偏移法最好使用球顶尖,以保持顶尖与中心孔有良好的接触状态,球顶尖如图7.39(b)所示。尾座偏移法只适用于在双顶尖上加工较长轴类工件的外锥面,且圆锥斜角 $\alpha/2 < 8°$,多用于单件和成批生产。

（4）靠模法

靠模法车锥面如图 7.40 所示。靠模装置固定在床身后面。车锥面时,靠模板绕回转中心销钉相对底座扳转圆锥斜角 $\alpha/2$,滑块在靠模板导轨上可自由滑动,并通过连接板与中滑板相连。将中滑板的螺母与横向丝杠脱开,当床鞍自动或手动纵向进给时,中滑板与滑块一起沿靠模板导轨方向移动,即可车出圆锥斜角为 $\alpha/2$ 的锥面。加工时,小滑板需扳转 90°,以便调整车刀的横向位置和进背吃刀量。靠模法能自动走刀进给,可加工长度较长而圆锥斜角 $\alpha/2 < 12°$ 的内外锥面,适用于成批和大量生产。

5.孔加工

在车床上钻孔,如图 7.41 所示,钻头装在尾座套筒内。钻削时,工件旋转(主运动),手摇尾座手轮带动钻头纵向移动(进给运动)。

钻孔前应先把工件端面车平,将尾座固定在纵向导轨的合适位置上,锥柄钻头

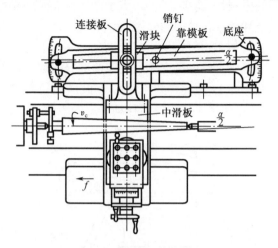

图 7.40 靠模法车锥面

装入尾座套筒内(锥柄尺寸小的需加变锥套),直柄钻头用钻夹头夹持,再将钻夹头的锥柄插入车床尾座套筒内。为了防止钻头钻孔时偏斜,可先用中心钻钻出中心孔,以便钻头定心。钻较深的孔时,必须经常退出钻头以便排屑。在钢件上钻孔通常要施加切削液,以降低切削温度,提高钻头的使用寿命。

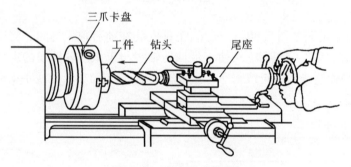

图 7.41 在车床上钻孔

在车床上也可进行扩孔和铰孔,其切削运动与车床钻孔相同。

车孔是对钻出或铸、锻出的孔的进一步加工,也称为镗孔。车床上的镗孔加工如图 7.42 所示。车通孔使用主偏角小于 90°的车孔刀;车不通孔或台阶孔时,车孔刀的主偏角应大于 90°。当车孔刀纵向进给至孔深时,需做横向进给加工内端面,以保证内端面与孔轴线垂直。不通孔及台阶孔的孔深尺寸粗加工时可在刀杆上做记号进行控制,精加工时需用游标卡尺上的深度尺测量。

由于车孔刀刚度较差,容易产生变形与振动,因此车孔刀的刀杆应尽可能粗些,安装在刀架上伸出的长度尽可能短些。车孔刀刀尖可装得略高于工件中心,避免扎刀和刀具下部碰坏孔壁。

由于车孔可较好地纠正原孔轴线的偏斜,且车孔刀制造简单,大直径和非标准直径的孔均可加工,通用性较强,但生产率较低,因此车孔多应用于单件小批生产中。

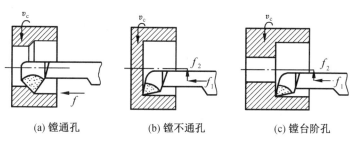

(a) 镗通孔　　　　　　(b) 镗不通孔　　　　　　(c) 镗台阶孔

图 7.42　车床上的镗孔加工

6. 车螺纹

在机械产品中,带螺纹的零件应用广泛。螺纹的种类很多,按牙型分有三角螺纹、方牙螺纹和梯形螺纹等,如图 7.43 所示。其中米制三角螺纹(又称普通螺纹)应用最广。

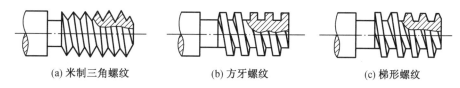

(a) 米制三角螺纹　　　　　(b) 方牙螺纹　　　　　(c) 梯形螺纹

图 7.43　螺纹的种类

车削螺纹有其自身的工艺特点,螺纹刀具、车削用量及切削操作均与车削基本工艺有所不同。下面简单介绍普通螺纹的车削工艺。

(1)螺纹车刀

在普通车床上车削内外螺纹的常用刀具是螺纹车刀,如图 7.44 所示。螺纹车刀是廓形比较简单的成形车刀。螺纹车刀安装后要用角度样板校正夹角位置,如图 7.45 所示。

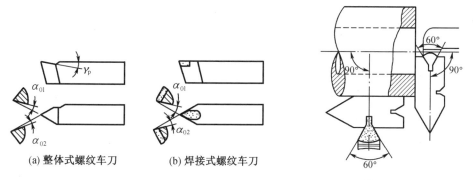

(a) 整体式螺纹车刀　　　　(b) 焊接式螺纹车刀

图 7.44　螺纹车刀　　　　　　　　　图 7.45　螺纹车刀的对刀方法

(2)车床的调整

车削螺纹时,用丝杠传动来保证精度,保证工件转一周时,车刀进给一个螺距或导程。标准螺纹的螺距在车床进给箱上都已标明,用手柄进行调整;非标准螺纹的螺距需要更换交换齿轮来得到。与车削外圆相比,车螺纹进给量大,为保证退刀时间,防止刀架或溜板箱与主轴箱相撞,应选择较低的切削速度。

（3）车螺纹过程

车螺纹时，牙形需经多次走刀才能完成。每次走刀都必须落在第一次走刀车出的螺纹槽内，否则就会"乱扣"而成为废品。如果车床丝杠螺距不是工件螺距的整数倍，则一旦闭合对开螺母后就不能随意打开，每车一刀后只能开反车纵向退回，然后进背吃刀量（切深），开正车进行下一次走刀，直到螺纹车到尺寸为止。图 7.46 示出了车螺纹时的多次进给过程。

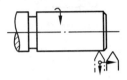

(a) 开车，使车刀与工件轻微接触，
记下刻度盘读数，向右退出车刀

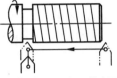

(b) 合上开合螺母，在工件表面上车出
一条螺旋线，横向退出车刀，停车

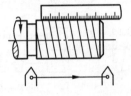

(c) 开反车使车刀退到工件右槽，
停车，用钢直尺检查螺距是否正确

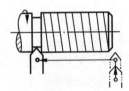

(d) 利用刻度盘调整
背吃力量，开车切削

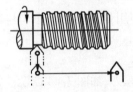

(e) 车刀将至行程终了时，做好退刀准备，先
快速退出车刀，然后停车，开反车退回刀架

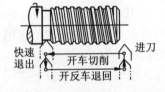

(f) 再次调整背吃刀量，其
切削过程的路线如图所示

图 7.46　车螺纹时的多次进给过程

7. 滚花

滚花是用滚花刀来挤压工件，使其表面产生塑性变形而形成花纹，如图 7.47 所示。花纹有直纹和网纹两种。滚花刀如图 7.48 所示。滚花前，工件直径要比要求值略小；滚花时，工件转速要低，并进行冷却或润滑，滚压 1~2 次。

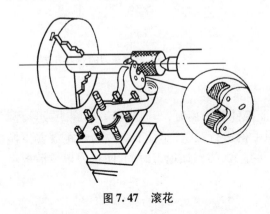

图 7.47　滚花

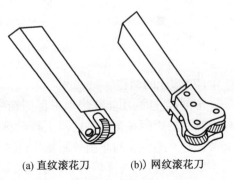

(a) 直纹滚花刀　　　(b) 网纹滚花刀

图 7.48　滚花刀

8. 车回转成形面

回转成形面是由一条曲线（母线）绕一固定轴线回转而成的表面,如手柄、手轮、圆球等。车削回转成形面的方法有双手控制法、宽刀法和靠模法等。其中宽刀法和靠模法与车削圆锥面的宽刀法和靠模法基本相同。在单件生产中常采用双手控制法。双手控制法车回转成形面如图 7.49 所示。车成形面一般使用圆头车刀。车削时,用双手同时摇动中滑板和小滑板的手柄或纵向手轮,使刀刃所走的轨迹与回转成形面的母线相符。加工中需要经过多次度量和车削。成形面的形状一般用样板检验,如图 7.50 所示。

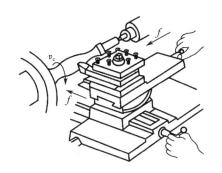

图 7.49　双手控制法车成形表面图

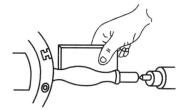

图 7.50　用样板度量成形表面

第8章　铣削加工工艺

【学习要求】

（1）了解铣削加工基本知识；

（2）熟悉常用铣床的主要组成、运动及作用；

（3）了解常用铣刀及应用；

（4）了解常用铣床附件及应用；

（5）熟悉铣削加工工艺；

（6）四方体平面铣削加工实践操作；

（7）建立产品质量、加工成本、生产效益、安全生产和环境保护等方面的工程意识，养成遵守职业规范、职业道德等方面的习惯，增强岗位责任感和敬业精神。

8.1　铣削加工基本知识

铣刀旋转做主运动，工件做进给运动的切削加工方法称为铣削加工。它是常用的平面切削加工方法之一。

1. 铣削加工特点

①铣削为多刃切削，且无空行程，所以切削效率较高。

②铣削也为断续切削，每一刀齿的切削厚度处于变化之中，因此易产生冲击和振动。

③铣削可选用顺铣和逆铣、对称铣和不对称铣等不同的铣削方式，以提高刀具耐用度和加工生产率。

2. 铣削加工的应用范围

铣削加工范围广泛，可加工平面（水平面、垂直面、斜面等）、沟槽（键槽、V形槽、燕尾槽、T形槽等）、分齿零件上齿槽（齿轮、链轮、棘轮、花键轴等）、螺旋形表面（螺纹、螺旋槽）和各种曲面，如图8.1所示。此外还可进行孔加工（钻孔、扩孔、铰孔、铣孔）和分度工作。

3. 铣削运动和铣削用量

铣削运动包括主运动 v_c 和进给运动 v_f，如图8.1所示。主运动为铣刀的旋转运动，进给运动通常为工件的横向、纵向和垂直方向的直线运动。进给运动也可以是旋转运动，如加工螺旋形表面时为直线运动和旋转运动的合成运动。

铣削用量由铣削速度 v_c、进给量 f、背吃刀量（铣削深度）a_p 和侧吃刀量（铣削宽度）a_e 四个要素组成，如图8.2所示。

铣削速度为铣刀最大直径处的线速度，可用下式计算：

$$v_c = \pi d_0 n / 1\,000 \tag{8.1}$$

式中　v_c——切削速度，m/min；

　　　d_0——铣刀直径，mm；

　　　n——铣刀转速，r/min。

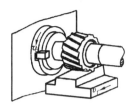
(a) 圆柱形铣刀铣平面

(b) 套式面铣刀铣台阶面

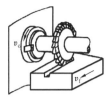
(c) 三面刃铣刀铣直角槽

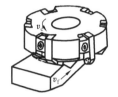
(d) 端铣刀铣平面

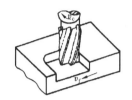
(e) 立铣刀铣凹平面

(f) 锯片铣刀切断

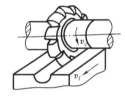
(g) 凸半圆铣刀铣凹圆弧面

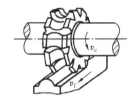
(h) 凹半圆铣刀铣凸圆弧面

(i) 齿轮铣刀铣齿轮

(j) 角度铣刀铣 V 形槽

(k) 燕尾槽铣刀铣燕尾槽

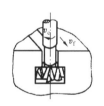
(l)T 形槽铣刀铣 T 形槽

(m) 键槽铣刀铣键槽

(n) 半圆键槽铣刀铣半圆键槽

(o) 角度铣刀铣螺旋槽

图 8.1 铣削加工范围

进给量是指刀具在进给运动方向上相对工件的位移量。它可用每分钟进给量 $v_f(\text{mm/min})$、每转进给量 $f(\text{mm/r})$、每齿进给量 $f_z(\text{mm/z})$ 表示,这三者的关系为

$$v_f = fn = f_z zn \tag{8.2}$$

式中 z——铣刀齿数。

背吃刀量又称铣削深度,它是沿铣刀轴线方向上测量的切削层尺寸,单位为 mm。

侧吃刀量又称铣削宽度,它是垂直于铣刀轴线方向上测量的切削层尺寸,单位为 mm。

背吃刀量和侧吃刀量在周铣和端铣时相对于工件的方位不同。

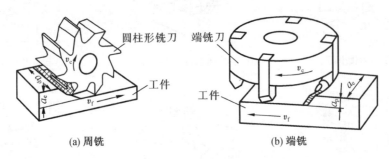

(a) 周铣   (b) 端铣

图 8.2 铣削用量

4.铣削加工精度

铣削加工可分为粗铣、半精铣、精铣。表 8.1 是铣削的加工精度和表面粗糙度。

表 8.1 铣削的加工精度和表面粗糙度

加工阶段	粗铣	半精铣	精铣
加工精度(两平行平面间)	IT12 ~ IT11	IT10 ~ IT9	IT8 ~ IT7
表面粗糙度 $Ra/\mu m$	25 ~ 12.5	6.3 ~ 3.2	3.2 ~ 1.6

8.2 铣 床

铣床种类很多,常用的有卧式铣床、立式铣床和龙门铣床。卧式铣床和立式铣床用于加工中小型零件;龙门铣床用于加工大型零件,如工作台的台面、床身导轨等。在切削加工中,铣床的工作量仅次于车床。

1.卧式万能铣床

卧式铣床简称卧铣,其主要特点是主轴轴线与工作台面平行。

图 8.3 所示为 X6132 卧式万能铣床。X6132 的含义:X 表示铣床类的机床;6 表示卧式升降台铣床;1 表示万能升降台铣床;32 表示工作台面宽度的 1/10,即 320 mm。其主要由床身、横梁、主轴、纵向工作台、转台、横向工作台、升降台、底座等部分组成。

①床身。床身 1 用来固定和支承铣床上所有部件。内部装有电动机 2,主轴变速箱 3 和主轴 4 等。

②横梁。横梁 5 用于安装吊架 7,以便支承刀杆 6 外伸的一端,增强刀杆的刚性。

③主轴。主轴 4 是空心轴,前端有 7:24 的精密锥孔。其作用是安装铣刀刀杆并带动铣刀旋转。主轴孔可穿过拉杆把刀杆拉紧。

④纵向工作台。纵向工作台 8 可在转台的导轨上做纵向移动,以带动台面上的工件做纵向进给。

⑤转台。转台 9 位于纵、横工作台之间,它的作用是将纵向工作台在水平面内扳转一个角度(正、反均为 0°～45°),以便铣削螺旋槽等。具有转台的卧式铣床称为卧式万能铣床。

⑥横向工作台。横向工作台 10 位于升降台上面的水平导轨上,可带动纵向工作台一起做横向进给。

⑦升降台。升降台 11 可使整个工作台沿床身的垂直导轨上下移动,以调整工作台面到铣刀的距离,并做垂直进给。

⑧底座。底座 12 用来支承床身和升降台,内装切削液。

2. 立式铣床

立式铣床简称立铣,它与卧式铣床的主要区别是其主轴轴线与工作台面垂直。图 8.4 所示为 X5032 立式铣床的外形。X5032 的含义:X 表示铣床类的机床;5 表示立式铣床;0 表示立式升降台铣床;32 表示工作台面宽度的 1/10,即 320 mm。

X5032 立式铣床与 X6132 卧式万能铣床的主要组成部分基本相同,除主轴所处位置不同外,立式铣床没有横梁、吊架和转台。

有些立式铣床的主轴位置可在垂直平面内做左右旋转调整,使主轴倾斜成一定角度,从而扩大了铣床的工作范围。

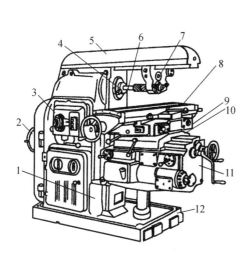

1—床身;2—电动机;3—变速箱;4—主轴;
5—横梁;6—刀杆;7—吊杆;8—纵向工作台;
9—转台;10—横向工作台;11—升降台;12—底座。

图 8.3　X6132 卧式万能铣床

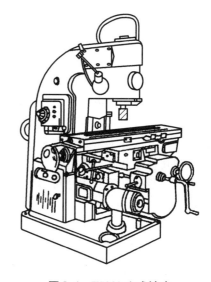

图 8.4　X5032 立式铣床

3. 龙门铣床

X2010A 型龙门铣床如图 8.5 所示。它有四个铣头:两个铣头垂直,两个铣头水平,都由独立的电动机带动。

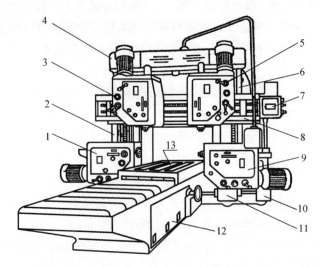

1—左水平铣头;2—左立柱;3—左垂直铣头;4—连接梁;5—右垂直铣头;
6—右立柱;7—垂直铣头进给箱;8—横梁;9—右水平铣头;
10—进给箱;11—右水平铣头进给箱;12—床身;13—工作台。

图 8.5　X2010A 型龙门铣床

8.3　铣刀及应用

　　铣刀是一种多刀齿刀具,种类很多。常用铣刀和用途如图 8.1 所示。铣刀形状复杂,几何参数主要指铣刀切削部分的角度和铣刀的直径,用钝后应在专用机床上进行刃磨。根据铣刀的安装方法分为带孔铣刀和带柄铣刀两大类。

　　1. 带孔铣刀及其安装

　　常用的带孔铣刀有圆柱铣刀、三面刃铣刀、锯片铣刀、盘状模数铣刀、角度铣刀(单角铣刀、双角铣刀)、成形铣刀(凸半圆弧铣刀、凹半圆弧铣刀)等,如图 8.6 所示。

　　带孔铣刀多用于卧式铣床上,采用刀杆安装,如图 8.7 所示。刀杆一端为锥体,装入机床主轴锥孔中,由拉杆拉紧。主轴旋转运动通过主轴前端的端面键带动,刀具则套在刀杆上由刀杆上的键来带动旋转。刀具的轴向位置由套筒来定位。为了提高刀杆的刚度,刀杆另一端由机床横梁上的吊架支承。

　　2. 带柄铣刀及其安装

　　常用的带柄铣刀有镶齿端铣刀、立铣刀、键槽铣刀、T 形槽铣刀、燕尾槽铣刀等,如图 8.8 所示。

　　带柄铣刀多用于立式铣床上,按刀柄的形状不同分为直柄和锥柄两种。

　　直柄铣刀一般为整体式,直径尺寸一般较小,可以用通用夹头和弹簧夹头安装在铣床上。弹簧夹头夹紧力大,铣刀装卸方便,夹紧精度较高,使用起来很方便,如图 8.9 所示。

　　锥柄有整体式和组装式两类,后者主要安装铣刀头或刀片,铣刀套在锥柄短刀杆上,拧紧螺钉固定,如图 8.10 所示。当铣刀的锥柄尺寸和锥度与铣床主轴孔相符时,可以直接装入铣床主轴孔内,用拉紧螺杆从主轴孔的后面拉紧铣刀即可。当铣刀的锥柄尺寸和锥度与铣床主轴孔不符时,用一个内孔与铣刀锥柄相符而外锥与主轴孔相符的过渡套将铣刀装入主轴孔内。

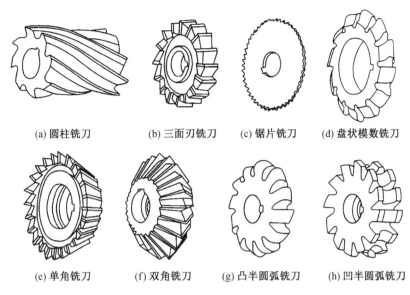

(a) 圆柱铣刀　　(b) 三面刃铣刀　　(c) 锯片铣刀　　(d) 盘状模数铣刀

(e) 单角铣刀　　(f) 双角铣刀　　(g) 凸半圆弧铣刀　　(h) 凹半圆弧铣刀

图 8.6　带孔铣刀

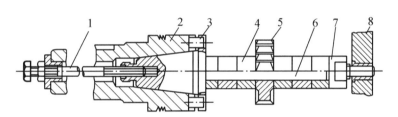

1—拉杆;2—主轴;3—端面键;4—套筒;5—铣刀;6—刀杆;7—压紧螺母;8—吊架。

图 8.7　带孔铣刀长刀杆安装

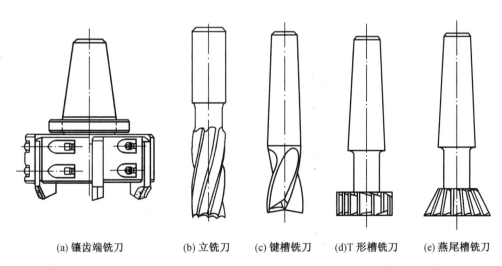

(a) 镶齿端铣刀　　(b) 立铣刀　　(c) 键槽铣刀　　(d)T 形槽铣刀　　(e) 燕尾槽铣刀

图 8.8　带柄铣刀

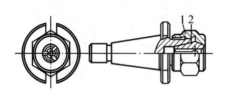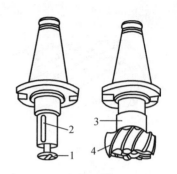

1—螺母;2—弹簧夹头。

图 8.9　直柄铣刀弹簧夹头安装图

1—螺钉;2—键;3—垫套;4—铣刀。

图 8.10　带孔套式端铣刀的安装

8.4　铣床附件及应用

铣床的主要附件有平口虎钳、回转工作台、分度头和万能铣头等。其中前三种附件用于安装工件,万能铣头用于安装刀具。

1. 平口虎钳

平口虎钳是铣床常用附件之一,它有固定钳口和活动钳口,通过丝杠、螺母传动调整钳口间距离,以安装不同宽度的工件。铣削方式应使铣削力方向趋向固定钳口方向,如图 8.11 所示。

2. 回转工作台

回转工作台又称转盘或圆工作台,其内部有蜗轮蜗杆机构,如图 8.12 所示。转动手轮 4,通过蜗杆轴 3 直接带动与转台 2 相连接的蜗轮转动。转台周围有刻度,可用来确定转台位置。拧紧螺钉 5,转台即被固定。转台中央有一主轴孔,用它可方便地确定工件的回转中心。当底座 1 上的槽和铣床工作台上的 T 形槽对齐后,即可用螺栓把回转工作台固定在铣床工作台上。

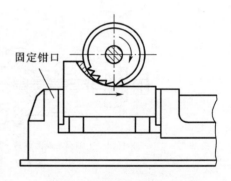

图 8.11　平口虎钳安装工件

在回转工作台上铣圆弧槽如图 8.13 所示。首先校正工件圆弧中心与转台中心重合,然后将工件安装在回转工作台上。铣刀旋转,用手均匀缓慢地转动手轮,即可铣出圆弧槽。

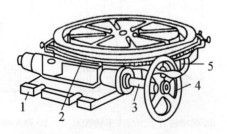

1—底座;2—转台;3—蜗杆轴;4—手轮;5—螺钉。

图 8.12　回转工作台

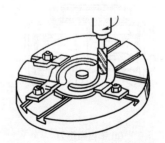

图 8.13　回转工作台上铣圆弧槽

4. 分度头

在铣削加工中,常遇到铣多边形、齿轮、花键和刻线等工作。这时,工件每铣完一个面或一个槽之后,需要转过一定的角度,再铣削下一个面或下一个槽,这种使工件转过一定角度的方法称为分度。分度头就是一种用来进行分度的装置,是铣床的重要附件。分度头的种类很多,生产中最常用的是万能分度头。分度头的作用有以下三个方面:

①把工件安装成需要的角度,如铣斜面等;

②进行分度工作;

③铣螺旋槽时,配合工作台的纵向移动,使工件连续转动。

(1)万能分度头的结构

万能分度头由底座、转动体、主轴、分度盘等组成,如图 8.14 所示。工作时,底座用螺钉紧固在工作台上,并利用导向键与工作台中间一条 T 形槽相配合,使分度头主轴方向平行于工作台纵向。主轴装在转动体内,分度头转动体可使主轴转至一定角度进行工作,如图8.15 所示。分度头主轴前端锥孔内可安放顶尖,用来支撑工件,主轴外部有一短定位锥体可与卡盘的法兰盘锥孔相连接,以便用卡盘来装夹工件。分度头的侧面有分度盘和手柄。分度时可转动分度手柄,通过蜗杆蜗轮带动分度头主轴旋转进行分度。

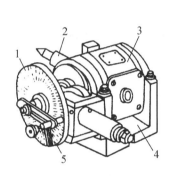

1—分度盘;2—主轴;3—转动体;
4—底座;5—扇形叉。
图 8.14　万能分度头

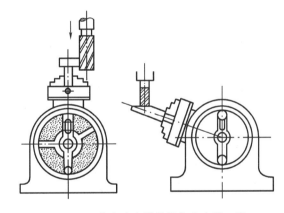

图 8.15　分度头主轴旋转角度安装工件

(2)分度方法

分度头分度的方法有直接分度法、简单分度法、角度分度法和差动分度法等。这里仅介绍最常用的简单分度法。

图 8.16 所示为分度头的传动示意图,分度头中蜗杆和蜗轮的传动比 i = 蜗杆的头数/蜗轮的齿数 = 1/40,即当手柄通过一对传动比为 1:1 的直齿轮带动蜗杆转动一周时,蜗轮只能带动主轴转过 1/40 周。若工件在整个圆周上的分度数目 z 为已知时,则每分一个等分就要求分度头主轴转过 $1/z$ 圈。这时,分度手柄所需转过圈数 n 即可由下列比例关系推得:

$$1:40 = \frac{1}{z}:n$$

即

$$n = 40/z$$

例如,铣齿数 $z = 35$ 的齿轮,每次分齿时手柄转过圈数为

$$n = \frac{40}{z} = \frac{40}{35} = 1\frac{1}{7}$$

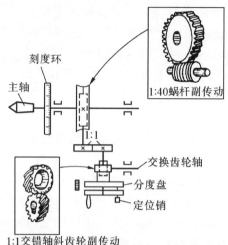

图 8.16　万能分度头的传动示意图

分度手柄的准确转过圈数是借助分度盘来确定的。分度头一般备有两块分度盘。分度盘的两面各钻有许多圈孔,各圈的孔数均不相同。然而同一圈上各孔的孔距是相等的。

第一块分度盘正面各圈的孔数依次为 24,25,28,30,34,37;反面各圈的孔数依次为 38,39,41,42,43。

第二块分度盘正面各圈的孔数依次为 46,47,49,51,53,54;反面各圈的孔数依次为 57,58,59,62,66。

当 $n = 1\frac{1}{7}$ 圈时,用简单分度法需先将分度盘固定。再将分度手柄上的定位销调整到孔数为 7 的倍数(如 28,42,49)的孔圈上,如在孔数为 28 的孔圈上。此时手柄转过一圈后,再沿孔数为 28 的孔圈转过 4 个孔距。

为了确保手柄转过的孔距数可靠,可调整分度盘上的扇形叉 1 和 2 间的夹角(图 8.17),使之正好等于分子的孔距数,这样依次进行分度时就可准确无误。

如果分度手柄不慎转多了孔距数,应将手柄退回 1/3 圈以上,以消除传动件之间的间隙,再重新转到正确的孔位上。

分度头安装工件一般用在等分工件中。它既可用分度头卡盘(或顶尖)与尾座顶尖一起安装轴类工件,如图 8.18 所示;也可只用分度头卡盘安装工件,如图 8.15 所示。

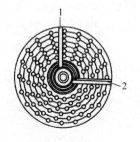

1,2—扇形叉。

图 8.17　分度盘

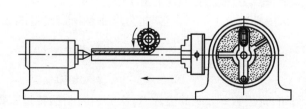

图 8.18　分度头与尾座顶尖安装工件

8.5　铣削加工工艺方法

8.5.1　铣削方式

铣削方式对刀具的耐用度、工件表面粗糙度、铣削平稳性和生产效率都有很大的关系。

1. 周铣和端铣

周铣是指用铣刀的圆周刀齿进行铣削的方式。端铣是指用铣刀的端面刀齿进行铣削的方式,如图 8.2 所示。铣削平面时,用端铣刀端铣平面一般比圆柱铣刀周铣好,其主要原因是用端铣刀铣削时,同时接触工件的齿数多,切削力均匀,同时端铣刀的副切削刃亦可对加工表面起修光作用。

2. 顺铣和逆铣

周铣又分为顺铣和逆铣两种,如图 8.19 所示。铣刀旋转方向与工件进给方向相同的铣削形式称为顺铣,铣刀旋转方向与工件进给方向相反的铣削形式称为逆铣。

逆铣时切削力与进给方向相反,这就使进给运动受到了额外的阻力,加大了动力消耗,但这种铣削很平稳,所以被经常使用。逆铣的切削特点是每齿切削厚度由零到大,引起刀具的径向振动,使加工表面产生波纹,刀具的使用寿命缩短。

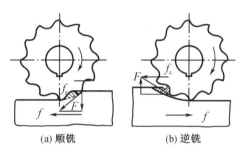

(a) 顺铣　　　　(b) 逆铣

图 8.19　顺铣和逆铣

顺铣时切削分力与进给方向相同,切削时进给丝杠与螺母之间的间隙使工作台产生窜动,因此必须在纵向进给螺母副有消除间隙的装置时方可采用。顺铣的特点是每齿切削厚度由最大到零,对表面没有硬皮的工件易于切入,而且铣刀对工件的切削分力垂直向下,有利于工件的夹紧。实践证明,顺铣时铣刀的使用寿命比逆铣时提高 2～3 倍,表面粗糙度值亦可减小。

3. 对称铣削和不对称铣削

端铣时根据铣刀与工件之间的相互位置,分为对称铣削、不对称顺铣和不对称逆铣,如图 8.20 所示。对称铣削是指铣削时端铣刀轴线始终位于工件的对称中心位置,其切入边逆铣部分等于切出边顺铣部分,一般端铣多用此种铣削方式。铣削时端铣刀的轴线偏于工件一侧时的铣削称为不对称铣削。不对称顺铣是切出边顺铣部分大于切入边逆铣部分,反之为不对称逆铣。

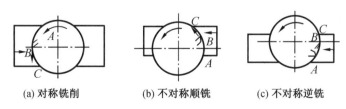

(a) 对称铣削　　　　(b) 不对称顺铣　　　　(c) 不对称逆铣

图 8.20　对称铣削和不对称铣削

8.5.2 铣削加工典型工艺

铣削加工范围很广,下面分别是平面、沟槽、螺旋槽、齿形的铣削加工工艺。

1. 铣平面

铣平面在卧式铣床或立式铣床上均可进行。铣平面时,工件可夹紧在机用虎钳上,也可用压板直接压紧在工作台上。

在卧式万能铣床上用圆柱形铣刀铣平面如图 8.21 所示,其步骤如下:

①开车使铣刀旋转,升高工作台使工件和铣刀稍微接触;停车,将垂直丝杆刻度盘零线对准。如图8.21(a)所示。

②纵向退出工件。如图8.21(b)所示。

③利用刻度盘将工作台升高到规定的铣削深度位置;紧固升降台和横滑板。如图8.21(c)所示。

④先手动使工作台纵向进给,当工件被稍微切入后,改为自动进给。工件的进给方向通常与切削速度方向相反(逆铣)。如图8.21(d)所示。

⑤铣完一遍后,停车,下降工作台。如图8.21(e)所示。

⑥退回工作台,测量工件尺寸,并观察表面粗糙度。重复铣削至规定要求。如图8.21(f)所示。

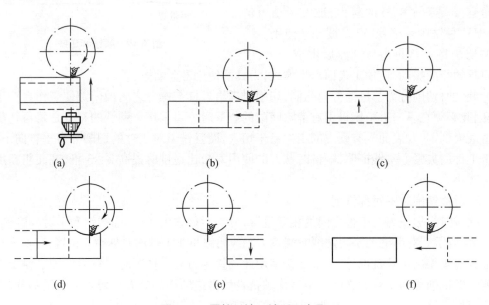

图 8.21 圆柱形铣刀铣平面步骤

用端铣刀铣平面时,可在立式铣床上进行,如图 8.22(a)所示;也可在卧式铣床上铣垂直面,如图 8.22(b)所示。端铣刀铣平面的优点是刀杆短、刚性好,加工中振动小,切削平稳。

零件上的内腔平面,通常用立式铣刀加工,如图 8.22(c)所示。

2. 铣沟槽

在铣床上可铣削各种沟槽。铣 T 形槽及燕尾槽通常先铣出直槽,而后在立式铣床上采用专用的 T 形槽及燕尾槽铣刀加工成形。

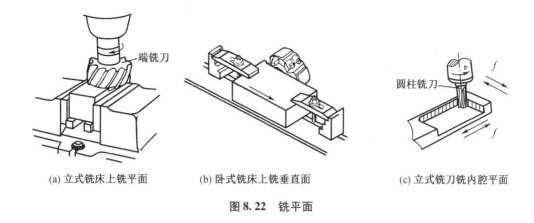

(a) 立式铣床上铣平面　　　(b) 卧式铣床上铣垂直面　　　(c) 立式铣刀铣内腔平面

图 8.22　铣平面

轴上的键槽通常在铣床上铣削,开口键槽可在卧式铣床上用三面刃盘铣刀来铣削,三面刃盘铣刀的宽度应根据键槽的宽度选择,如图 8.23(a)所示。封闭键槽大多在立式铣床上用键槽铣刀来铣削,如图 8.23(b)所示。

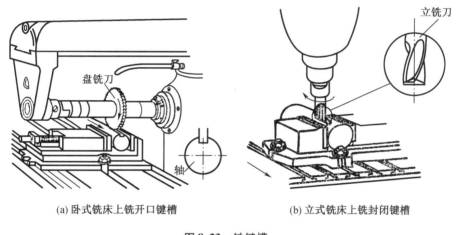

(a) 卧式铣床上铣开口键槽　　　　　(b) 立式铣床上铣封闭键槽

图 8.23　铣键槽

3. 铣螺旋槽

在铣削中经常会遇到铣螺旋槽的工作,如斜齿轮的齿槽、麻花钻的螺旋槽、立铣刀和螺旋圆柱铣刀的沟槽等,在万能卧式铣床上利用分度头就能完成此项工作。图 8.24 所示为利用分度头铣螺旋槽。

铣削时工件一面随工作台做纵向直线移动,同时又被分度头带动做旋转运动。运动关系为工件纵向移动一个欲加工螺旋槽的导程 L 时,被加工工件刚好转一转,其运动是通过工作台的纵向丝杆与分度头之间的交换齿轮搭配来完成的。

4. 铣齿形

在卧式铣床上应用分度头可铣齿形,这是一种成形法加工。如图 8.25 所示,加工时,齿轮坯套在心轴上,安装于分度头主轴与尾架之间,每铣削一齿,就利用分度头进行一次分度,直至铣完全部轮齿。

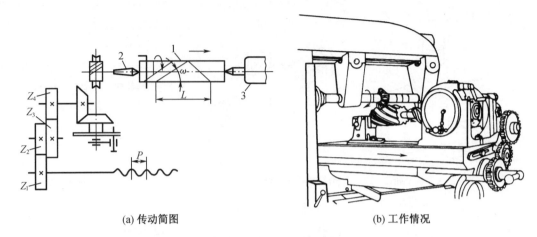

(a) 传动简图　　　　　　　　(b) 工作情况

1—工件；2—分度头主轴；3—尾座。

图 8.24　分度头铣螺旋槽

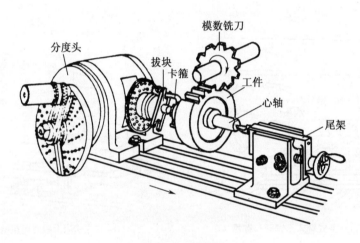

图 8.25　铣齿形

铣齿形要用专门的模数铣刀,铣刀应根据齿轮的模数和齿数来选择。同一模数的齿轮铣刀通常由 8 号组成一套,每一号铣刀仅适合于加工一定齿数范围的齿轮,如表 8.2 所示。

表 8.2　铣刀刀号与加工齿轮齿数的关系

铣刀刀号	1	2	3	4	5	6	7	8
加工齿轮齿数	12 ~ 13	14 ~ 16	17 ~ 20	21 ~ 25	26 ~ 34	35 ~ 54	55 ~ 134	135 以上

铣齿的特点是设备简单,刀具费用少,生产效率低;加工出的齿轮精度低,只能达到 11 ~ 9 级。铣齿适用于修配或单件生产中制造某些转速低、精度要求不高的齿轮。

8.5.3　铣削加工工艺实例

现以图 8.26 所示滑块为例,介绍其单件小批生产时的铣削工艺过程,如表 8.3 所列。

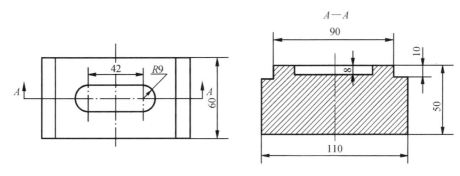

图 8.26　滑块

表 8.3　滑块的铣削工艺过程

序号	加工内容	加工简图	机床、刀具
1	以 3 面为基准,铣平面 1	平行垫铁	立式铣床,ϕ100 mm 硬质合金端铣刀
2	以 1 面为基准靠紧固定钳口,铣平面 2	圆棒	立式铣床,ϕ100 mm 硬质合金端铣刀
3	以 1 面基准,靠紧固定钳口,铣平面 4		立式铣床,ϕ100 mm 硬质合金端铣刀
4	以 1 面为基准,紧靠虎钳导轨面上的平行垫铁,铣平面 3		立式铣床,ϕ100 mm 硬质合金端铣刀

表 8.3(续)

序号	加工内容	加工简图	机床、刀具
5	铣 110 mm 两端面		卧式铣床,ϕ100 mm 硬质合金端铣刀
6	铣两端 10 mm 深台阶		卧式铣床,ϕ110 mm 硬质合金端铣刀
7	铣 18 mm 宽槽		立式铣床,ϕ18 mm 键槽铣刀

8.6 铣削加工安全技术

铣削加工是主要的机械加工方法之一,在机械制造业中发挥着重要作用。铣削加工工艺直接影响着产品质量、生产效率和生产成本,因此,在生产中要正确选择和应用合理的铣削加工工艺方法,建立产品质量、加工成本、生产效益、安全生产和环境保护等方面的工程意识,养成遵守职业规范、职业道德等方面的习惯,增强岗位责任感和敬业精神。

在铣削加工生产中要严格遵守铣床安全操作规程,才能确保操作者和机床的安全。

①工作前必须穿好工作服,扣好衣、袖,留长发者必须将长发盘入工作帽内,不得系围巾、戴手套操作机床。

②机床工作前,首先检查手柄是否在正确位置。检查润滑油和切削液是否充足,不足时要及时加注,擦净导轨面灰尘,并按润滑图表的要求做好润滑工作。

③在切削开始前,应先低速空转数分钟,认定运转正常后再进行切削工作。

④装夹零件和刀具时,应先关闭机床的电器开关,然后进行。锥面及锥孔必须清洁,保证定位精度。

⑤刀具与工件必须装夹稳固。铣刀必须用拉杆拉紧,如中途需要紧固压板螺丝或刀具时,必须在停机后进行。

⑥测量工件及检查刀具时,必须在机床停稳后进行。工作台面严禁放置工具、刀具、量

具,以免损伤床面及发生事故。

⑦安装分度头、平口虎钳、回转工作台等附件时,要把底面擦拭干净,再放到工作台上。

⑧开始铣削加工前,刀具必须离开工件,否则将引起"扎刀"或打刀现象。铣削中刀具未退出工件时,不得停机。

⑨自动走刀时,工作台各挡块要先调至适当位置,再检查行程限位器是否牢固,并将手轮拉出。变换切削速度时,必须在停机后进行,以免损坏机床。

⑩工作结束后,将手柄置于空挡位置,关闭电源,并将机床擦拭干净。

第9章 刨削加工工艺

【学习要求】

①了解刨削加工基本知识;
②了解牛头刨床的主要组成;
③了解常用刨刀及应用;
④了解刨削加工工艺;
⑤了解刨床安全操作规程。

9.1 刨削加工基本知识

用刨刀对工件做水平相对直线往复运动的切削加工方法称为刨削加工。刨削是平面加工方法之一。

1. 刨削加工特点

①刨床结构简单,调整操作方便,刨刀易于刃磨,刨削加工成本低。
②刨削加工效率较低,冲击、振动较大。
③刨削在单件小批生产中应用广泛,尤其是对狭长工件更适宜。

2. 刨削加工的应用范围

刨削主要用于加工平面(水平面、垂直面、斜面)、直槽(直角槽、V形槽、燕尾槽、T形槽)和直线型成形面等,如图9.1所示。

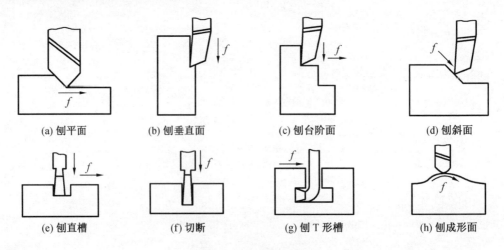

| (a) 刨平面 | (b) 刨垂直面 | (c) 刨台阶面 | (d) 刨斜面 |

| (e) 刨直槽 | (f) 切断 | (g) 刨T形槽 | (h) 刨成形面 |

图9.1 刨削加工范围

3. 刨削运动和刨削用量

刨削加工可在牛头刨床、龙门刨床和插床上进行。刨削运动的主运动是直线往复运动,进给运动是间歇性运动。

牛头刨床工作时,刨刀直线往复运动是主运动,刨刀向前运动时(工作行程)进行切削,退回时(返回行程)不进行切削。工件在刨刀每次退回后随工作台做横向直线进给运动。

刨削用量包括切削速度 v_c、进给量 f、背吃刀量 a_p。牛头刨床工作时,刨削的切削速度是刨刀工作行程的平均速度,单位 m/s;进给量是刨刀在一次往复后工件所移动的距离,单位 mm/str,背吃刀量是刨刀切入工件的深度,单位 mm。牛头刨床刨削运动如图 9.2 所示。

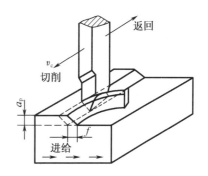

图 9.2 牛头刨床刨削运动

4. 刨削加工精度

刨削与铣削加工精度等级一般相同,刨削加工也分为粗刨、半精刨、精刨。表 9.1 是各种刨削所能达到的加工精度和表面粗糙度。

表 9.1 各种刨削的加工精度和表面粗糙度

加工阶段	粗刨	半精刨	精刨
加工精度(两平行平面间)	IT12 ~ IT11	IT10 ~ IT9	IT8 ~ IT7
表面粗糙度 Ra/μm	25 ~ 12.5	6.3 ~ 3.2	3.2 ~ 1.6

9.2 刨 床

刨削加工在刨插类机床上进行,按其结构不同,可分为牛头刨床、龙门刨床和插床。牛头刨床适用于单件小批生产,用来加工中小型工件。龙门刨床适用于中小批生产,用来加工大型工件或同时加工多个中小型工件,如床身、机座、支架、箱体等。插床实质上是立式刨床,适用于单件小批生产,主要用来加工内表面,如方孔、多边形孔、键槽等。

1. 牛头刨床

图 9.3 所示为 B6065 型牛头刨床的外形。B6065 的含义:B 表示刨插类机床;60 表示牛头刨床;65 表示最大刨削长度的 1/10,即 650 mm。牛头刨床主要由床身、滑枕、刀架、工作台等部分组成。

①床身。用来支承和连接刨床的各部

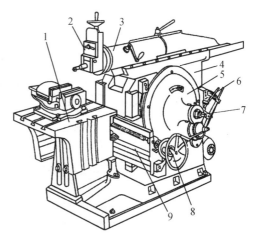

1—工作台;2—刀架;3—滑枕;4—床身;
5—摇臂机构;6—变速机构;7—行程调整方头;
8—进刀机构;9—横梁。

图 9.3 B6065 型牛头刨床

件。其顶面水平燕尾形导轨供滑枕做往复直线运动,侧面垂直导轨供横梁带动工作台升降。

②滑枕。用来带动刨刀做直线往复运动,其前端有刀架。

③刀架。用以夹持刨刀,其结构如图 9.4 所示。它主要由转盘、滑板、刀座、抬刀板和刀夹等组成。转动刀架手柄时,滑板带着刨刀沿转盘上的导轨上、下移动,以调整背吃刀量,或加工垂直面时做进给运动。松开转盘上的螺母,将转盘扳转一定角度,可使刀架斜向进给,以加工斜面。滑板上还装有可偏转的刀座。抬刀板可绕刀座上的轴向上抬起,以使刨刀在返回行程时离开工件已加工表面,减少摩擦。

④工作台。用来安装工件,可随横梁做上下调整,也可沿横梁导轨做水平移动或间歇进给运动。

2. 龙门刨床

图 9.5 所示为 B2010A 型龙门刨床。龙门刨床的主运动是工件随工作台的直线往复运动。两个垂直刀架可沿横梁做横向进给运动,以刨削平面。两个侧刀架可沿立柱做垂直进给运动,以刨削垂直面。各刀架均可扳转一定角度以刨削斜面。横梁可沿立柱导轨升降,以适应不同高度的工作。龙门刨床的刚性好,功率大,加工精度较高,在生产中得到较广应用。

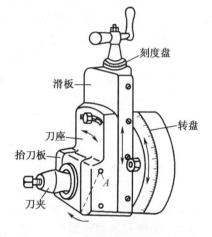

图 9.4　刀架

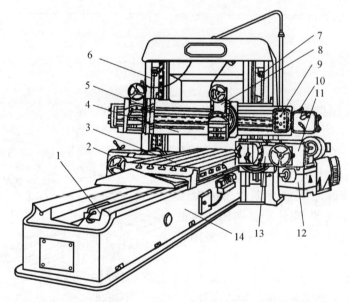

1—液压安全器;2—左侧刀架进给箱;3—工作台;4—横梁;5—左垂直刀架;
6—左立柱;7—右立柱;8—右垂直刀架;9—悬挂按钮站;10—垂直刀架进给箱;
11—右侧刀架进给箱;12—工作台减速箱;13—右侧刀架;14—床身。

图 9.5　**B2010A 型龙门刨床**

3. 插床

图 9.6 所示为 B5032 型插床。插床工作时,插刀上、下直线往复运动是主运动,工件随圆工作台纵向、横向、回转方向之一做间歇进给运动,并可进行分度。

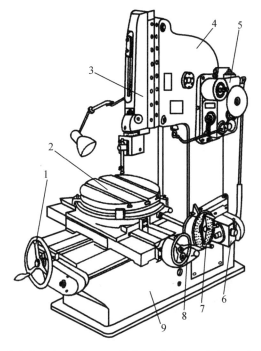

1—工作台纵向移动手轮;2—工作台;3—滑枕;4—床身;5—变速箱;
6—进给箱;7—分度盘;8—工作台横向移动手轮;9—底座。

图 9.6　B5032 型插床

9.3　刨刀及应用

1. 常用刨刀

刨刀的几何形状与车刀相似,刨刀由于要承受较大的冲击力,所以一般刀杆的截面都比车刀大。图 9.7 所示为常用刨刀和应用。

刨刀可做成直头刨刀或弯头刨刀。弯头刨刀用于刨削较硬的表面(如铸件表面),当刨刀受力后弯曲时,刀尖能转动,使刀刃离开刨削面,防止损坏已加工表面或刀头折断(扎刀)。

2. 刨刀的安装

刨刀安装时,将转盘对准零线,刀架下端与转盘底部基本对齐。刨刀在刀夹上伸出不宜过长,以免产生振动。直头刨刀的伸出长度一般为刀杆厚度的 1.5～2 倍;弯头刨刀一般以弯曲部分不碰抬刀板为宜。

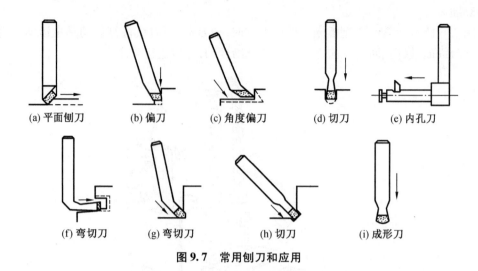

(a) 平面刨刀　　(b) 偏刀　　(c) 角度偏刀　　(d) 切刀　　(e) 内孔刀

(f) 弯切刀　　(g) 弯切刀　　(h) 切刀　　(i) 成形刀

图9.7　常用刨刀和应用

9.4　刨削加工工艺方法

刨削加工时,小型工件直接装夹在平口钳上,较大的工件可直接固定在工作台上。对于批量生产,也可采用专用夹具装夹。

1. 刨削水平面

刨削水平面的步骤如下:

①装夹工件。

②装夹刨刀。

③升高工作台使工件接近刀具的位置。

④调整滑枕行程长度和位置。

⑤调整主运动速度和进给量。

⑥开动机床,先手动进给试切,停车测量尺寸后,利用刀架上的刻度盘调整背吃刀量。若工件加工余量较大时,可分几次走刀。

当工件加工精度较高和表面粗糙度值较小时,要分加工阶段进行。先粗刨,然后半精刨,最后精刨。

2. 刨削垂直面

刨削垂直面与刨削水平面步骤基本相同,但要注意如下要点:

①刨垂直面时须采用偏刀。安装偏刀时,刨刀伸出的长度应大于整个刨削面的高度。

②工件安装时,要同时保证待加工的垂直表面与工作台面垂直,并与切削方向平行。

③刨削时,刀架转盘位置应对准零线,使滑板能准确地沿垂直方向移动,如图9.8所示。

④刀座必须偏转一定的角度,在返回行程时,刨刀可自由地离开工件表面,以减少刀具的磨损和避免擦伤已加工表面。

3. 刨削斜面

刨削斜面的方法与刨垂直面基本相同,其特点是刀架转盘必须扳转一定角度。刨削斜面如图9.9所示。

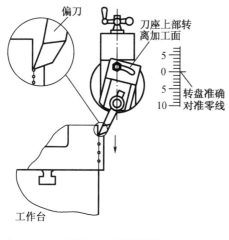

图 9.8 刨垂直面

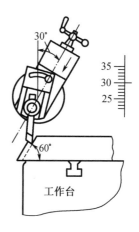

图 9.9 刨削斜面

4.刨削加工工艺实例

现以矩形工件为例,介绍其刨削工艺过程。矩形工件要求相对两个平面互相平行,相邻两面互相垂直。

当工件用平口钳装夹时,刨削工艺过程如图9.10所示。步骤1为刨基准平面1;步骤2以平面1为基准,刨平面2;步骤3以平面1为基准,平面2紧贴钳底面或平行垫铁,刨平面4;步骤4以平面1为基准,紧贴平行垫铁,刨平面3。

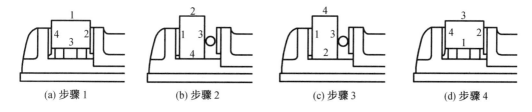

(a) 步骤 1   (b) 步骤 2   (c) 步骤 3   (d) 步骤 4

图 9.10 刨削矩形工件工艺过程

9.5 刨削加工安全技术

在刨削加工生产中要严格遵守刨床安全操作规程,才能确保操作者和机床的安全。养成遵守职业规范、职业道德等方面的习惯,增强岗位责任感和敬业精神。

①工作前必须穿好工作服,扣好衣、袖,留长发者必须将长发盘入工作帽内,不得系围巾、戴手套操作机床。

②机床工作前,首先检查手柄是否置于正确位置,向各润滑部位和油孔加注润滑油。

③装夹工件和刀具时必须装夹牢固,防止进刀时产生走动或滑出,发生设备或人身伤害事故。

④工作时,要在工作台侧面进行操作,不要站到滑枕前后位置,以防发生设备或人身伤害事故。

⑤机床在工作过程中,不能调整刀具和工件。查看进刀情况时,不能将头伸到刀架和工件之间。

⑥工作时,不要将手伸到刀具和工件之间的地方,以防碰伤。机床未停稳前,不准测量工件或清除切屑。

⑦根据工件长短,调整好机床的工作行程,调整合适后一定要紧固可靠。在运转中严禁调整机床的工作行程。

⑧龙门刨床工作时,操作者不能坐或站在工作台面上。不能在行程内存放物品或堆放工件。进入工作台面上工作时,必须停车进行。

⑨工作结束后,将手柄置于空挡位置,关闭电源,并将机床擦拭干净。

第10章　磨削加工工艺

【学习要求】

(1)了解磨削加工基本知识;

(2)熟悉平面磨床的主要组成及其加工工艺;

(3)了解万能外圆磨床的主要组成及其加工工艺;

(4)了解内圆磨床及其加工工艺;

(5)了解砂轮及其应用;

(6)熟悉磨床安全操作规程。

10.1　磨削加工基本知识

在磨床上用砂轮以较高的线速度对工件表面进行切削加工的方法称为磨削加工。它是零件精加工的主要方法之一,尤其是淬硬钢件和高硬度特殊材料的精加工,几乎只能用磨削来进行加工。

1. 磨削的加工特点

①加工精度高,表面粗糙度值小。一方面磨削属微刃切削,切削厚度极薄;另一方面磨床比一般切削加工机床精度高、刚性好,且能实现微量进给。

②加工范围广。不仅能加工一般的金属材料,还可加工一般金属刀具难以加工的高硬度材料;应用范围几乎可加工各种类型表面及刃磨刀具。

③磨削温度高。磨削速度很高,挤压和摩擦较严重,砂轮导热性差,磨削温度可高达 $800 \sim 1\ 000\ ℃$,磨削过程中应使用切削液。

2. 磨削的加工范围

磨削的加工范围非常广泛,利用不同类型的磨床,采用不同的磨削方式可以加工外圆、内圆、平面、成形面(包括齿形、螺纹、花键等),以及刃磨各种刀具。图10.1所示为常见磨削加工范围。磨床的种类很多,约占全部金属切削机床的1/3。磨床的主要类型有外圆磨床、内圆磨床、平面磨床、工具磨床、刀具刃磨磨床和专门化磨床(如曲轴磨床、花键轴磨床等)。

3. 磨削运动和磨削用量

磨削时砂轮的高速旋转运动称为主运动,进给运动可以有三个,分别为圆周进给运动(工件的低速旋转运动)、纵向进给运动(工件相对砂轮轴向移动)、径向进给运动(工件相对砂轮径向移动)。磨削方式不同,进给运动也不同。图10.2所示为磨外圆时的磨削运动。

磨削用量即为上述四个磨削运动参数,具体为切削速度 v_c 、工件速度 v_w 、纵向进给量 f_a 、磨削深度 a_p 。

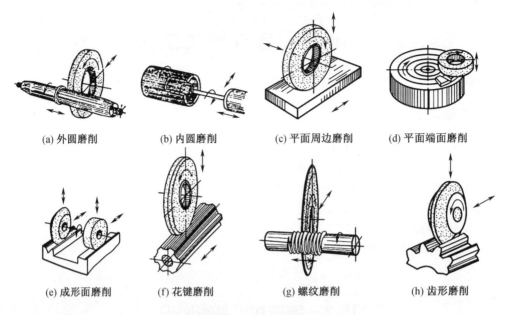

(a) 外圆磨削　　　　(b) 内圆磨削　　　　(c) 平面周边磨削　　　　(d) 平面端面磨削

(e) 成形面磨削　　　　(f) 花键磨削　　　　(g) 螺纹磨削　　　　(h) 齿形磨削

图 10.1　磨削加工范围

切削速度为砂轮最大直径上的线速度,也称砂轮速度,单位为 m/s(米/秒)。

工件速度为工件磨削表面直径上的线速度,表示工件圆周进给速度,单位为 m/min(米/分)。

纵向进给量为工件每转一转相对于砂轮在纵向进给运动方向所移动的距离,单位为 mm/r(毫米/转)。

磨削深度为工件相对于砂轮在工作台一次往复行程沿径向的移动量,也称径向进给量,单位为 mm(毫米/双行程)。

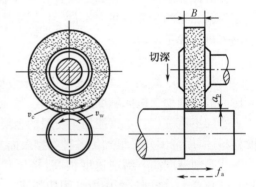

图 10.2　磨外圆时的磨削运动

4. 磨削加工精度

根据砂轮粒度号和切削用量的不同,普通磨削可分为粗磨和精磨,均属精加工。粗磨的尺寸公差等级为 IT8 ~ IT7,表面粗糙度 Ra 值为 0. 8 ~ 0. 4 μm;精磨可达 IT6 ~ IT5(磨内圆为 IT7 ~ IT6),表面粗糙度 Ra 值为 0. 4 ~ 0. 2 μm。

10. 2　平面磨床及加工工艺

1. 卧轴矩台平面磨床的组成

平面磨床用于磨削各种零件的平面。平面磨床的砂轮主轴有卧轴和立轴,安装工件的工作台有矩形工作台和圆形工作台,平面磨床主要有卧轴矩台平面磨床、立轴矩台平面磨床、立轴圆台平面磨床、卧轴圆台平面磨床四种类型。图 10. 3 所示为 M7120A 平面磨床。代号中 M 表示磨床类,71 表示卧轴矩台平面磨床,20 表示工作台宽度的 1/10,即 200 mm,A 表示经过一次重大改进。平面磨床主要由床身、工作台、立柱、拖板、磨头等组成。

①床身。用以支撑和连接磨床的各个部件,其上装有工作台,内部装有液压传动装置。

②工作台。用于安装工件或夹具等,采用电磁吸盘装夹,其纵向往复直线运动由液压传动装置来实现。

③立柱。与工作台面垂直,其上有两条导轨。

④拖板。立柱和磨头的连接部件,可沿立柱导轨做垂直方向运动,实现砂轮的径向进给运动。

⑤磨头。磨头上装有砂轮,可沿拖板的水平导轨运动,以实现砂轮的横向进给运动,砂轮的旋转主运动由单独的电动机来完成。

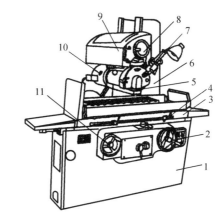

1—床身;2—垂直进给手轮;3—工作台;4—行程挡块;5—砂轮;6—立柱;7—砂轮修整器;8—横向进给手轮;9—拖板;10—磨头;11—驱动工作台手轮。

图 10.3 M7120A 平面磨床

2. 平面磨床工件的安装

平面磨床可以通过电磁吸盘安装工件。对于钢、铸铁等导磁工件以磁力作用直接安装在工作台上。对于由铜、铜合金、铝等非导磁材料制成的零件,可通过精密平口钳等装夹。磨削尺寸小或壁薄的零件时,因零件与吸盘接触面小、吸力弱,易被磨削力弹出造成事故。所以,装夹这类工件时,必须在工件的四周用挡铁围住,如图 10.4 所示。

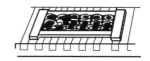

图 10.4 电磁吸盘安装工件

3. 平面磨削工艺

平面磨削常用的方法有周边磨削(简称周磨)和端面磨削(简称端磨)两种。卧轴平面磨床多为周边磨削,立轴平面磨床多为端面磨削。

周边磨削砂轮与工件的接触面积小,磨削效率较低;加工表面粗糙度较低,尺寸精度较高。端面磨削砂轮轴伸出较短,且主要受轴向力,刚性较好,因此能采用较大磨削用量;砂轮与工件接触面积大,磨削效率较高;但是发热量也大,冷却液却又不易注入磨削区,加工精度较周边磨削差,一般用于粗磨。

磨平面时,一般以一个平面为基准,磨削另一个平面。如果两个平面要求平行时,可以互为基准反复磨削。

磨削平面间加工精度要求高或表面粗糙值要求小的平面,可分粗磨和精磨两个阶段进行,先进行粗磨,然后进行精磨。

10.3 万能外圆磨床及加工工艺

1. 万能外圆磨床的组成

外圆磨床主要包括普通外圆磨床、万能外圆磨床、无心外圆磨床,其中万能外圆磨床应用最为广泛,它可以磨削外圆面、外锥面、台阶轴的轴肩,也可借助内圆磨具磨削内圆面和内锥面。图 10.5 所示为 M1432A 万能外圆磨床,代号中 M 表示磨床类,14 表示万能外圆磨床,32 表示最大磨削直径的 1/10,即 320 mm,A 表示经过一次重大改进。万能外圆磨床主要由床身、工作台、头架、尾座、砂轮、内圆磨具等组成。

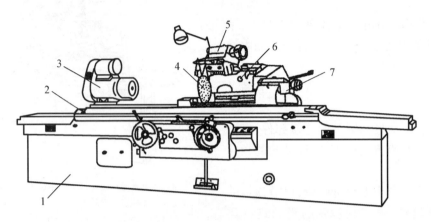

1—床身;2—工作台;3—头架;4—砂轮;5—内磨磨具;6—砂轮架;7—尾座。

图 10.5　M1432A 万能外圆磨床

①床身。床身是一个箱形铸件,用来支承和安装各部件。它的上部有工作台和砂轮架,内部有液压系统和机械传动装置。

②工作台。工作台有二层,称为上工作台和下工作台。上工作台可相对下工作台转一个角度,顺时针方向为 3°,逆时针方向为 6°,以便磨削圆锥面。下工作台的纵向移动分为纵向往复自动进给和手动纵向进给。纵向往复自动进给通过液压系统实现的,工作台的往复换向动作是通过挡块使换向阀的活塞自动转向实现的,挡块固定在工作台的侧面槽内,按照所要求的工作台行程长度来调整两挡块之间的距离。利用手轮可实现手动纵向进给,手轮每转一转,工作台的移动距离为 5.9 mm。

③头架。头架安装在上工作台上,头架上有主轴,可用顶尖或卡盘夹持工件,并带动工件旋转。头架内的双速电机和变速机构可使工件获得不同的转速。

④尾座。尾座的套筒内装有顶尖,是用于磨削细长工件时起支承作用的,它可以沿工作台面上的主导轨做纵向移动,当调整到所需位置时,将其紧固,以适应不同长度的工件。尾座套筒内的右端装有弹簧,可调节对工件的压力。扳动尾座上的手柄,套筒可以左右移动,完成工件装夹和卸下。

⑤砂轮。砂轮装在砂轮架的主轴上,由独立的电机经皮带传动来直接传递旋转运动。由手动或液压传动,可使砂轮架沿床身后部的横向导轨做前后移动。利用捏手可使砂轮架获得细进给或粗进给,手轮每转一转,砂轮架的横向粗进给量为 2 mm,砂轮架的横向细进给量为 0.5 mm。

⑥内圆磨具。它是磨削内表面的,它的主轴上可安装内圆磨削砂轮,由电机经皮带直接带动。

2. 外圆磨床工件的安装

在外圆磨床上常用的工件装夹方法有双顶尖装夹、三爪自定心卡盘装夹和心轴装夹等。

如图 10.6 所示为双顶尖装夹,它是外圆磨床上最常用的装夹方法,适用于两端有中心孔的轴类工件。其与车床双顶尖装夹不同点是磨床的两顶尖不随工件一起转动,后顶尖依靠弹簧推力顶紧工件,避免顶尖转动可能带来的径向跳动,以及因磨削热可能产生的弯曲变形。

卡盘装夹方法与车床基本相同,适用于短工件上的外圆磨削。

如图 10.7 所示为心轴装夹,适用于盘套类空心工件上的外圆磨削,心轴通过双顶尖安装在外圆磨床上,主轴通过拨盘带动心轴和工件一起转动,装夹方法与车床基本相同。

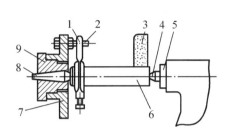

1—鸡心夹头;2—拨杆;3—砂轮;
4—后顶尖;5—尾座套筒;6—工件;
7—拨盘;8—前顶尖;9—头架主轴。

图 10.6　外圆磨床上双顶尖装夹工件

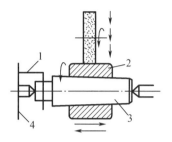

图 10.7　外圆磨床上心轴装夹工件

1—卡箍;2—工件;3—心轴;4—拨盘。

4.万能外圆磨床的加工工艺

万能外圆磨床主要用于磨削内外圆柱面、圆锥面,也能磨削阶梯轴的轴肩、端面、圆角等。

①外圆磨削。在外圆磨床上磨削外圆常用的方法有纵磨法和横磨法两种,其中纵磨法用得最广。

纵磨法如图 10.8(a)所示,磨削时,砂轮高速旋转起切削作用(主运动),工件转动(圆周进给)并与工作台一起做直线往复运动(纵向进给),当每一纵向行程或往复行程终了时,砂轮做周期性横向进给(磨削深度)。每次背吃刀量很小,磨削用量是在多次往复行程中磨去的。当工件加工到接近最终尺寸时(留下 0.005 ~ 0.01 mm),无横向进给地走几次,直至火花消失为止(无进给磨削)。纵向磨削的特点是具有较大适应性,一个砂轮可磨削长度不同的各种工件,且加工质量好,但磨削效率较低。目前生产中应用最广,特别是单件小批生产以及精磨时广泛采用这种方法。其尤其适用于细长轴的磨削。

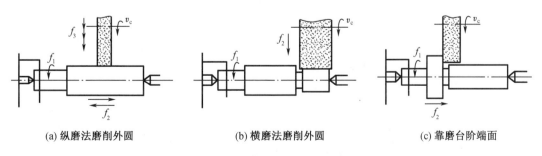

(a) 纵磨法磨削外圆　　(b) 横磨法磨削外圆　　(c) 靠磨台阶端面

图 10.8　磨削外圆和台阶端面

横磨法如图10.8(b)所示,磨削时,工件无纵向进给运动,而砂轮以很慢的速度连续地或断续地向工件做横向进给运动,直至余量被全部磨掉为止。切入磨削的特点是生产效率高,但精度及表面质量较低。该法适于磨削长度较短及两侧均有台阶的轴颈。

②台阶端面磨削。在磨削外圆时,有时需要靠磨台阶端面,其方法如图10.8(c)所示。当外圆磨到所需尺寸后,将砂轮稍微退出,一般为0.05~0.10 mm,手摇工作台纵向移动手轮,使工件的台肩端面贴靠砂轮,磨至要求程度。

③圆锥面磨削。通常有转动工作台法和转动头架法两种。转动工作台法大多用于锥度较小、锥面较长的工件;转动头架法常用于锥度较大的工件。

10.4 内圆磨床及加工工艺

1.内圆磨床的组成

内圆磨床主要用于磨削工件的圆柱孔,圆锥孔及端面等。如图10.9为M2120内圆磨床,代号中M表示磨床类,21表示内圆磨床,20表示最大磨削孔径的1/10,即200 mm。

内圆磨床主要由床身、工作台、工件头架、砂轮架、砂轮修整器等组成。砂轮高速旋转提供主运动,并可横向移动,使砂轮实现横向进给运动。砂轮架安装在床身上,工件头架安装在床身上,带动工件旋转作圆周进给运动。工件头架可在水平面内扳转一定角度,以便磨削内锥面。工作台由液压传动沿床身纵向导轨做往复直线移动,带动砂轮做纵向进给运动。

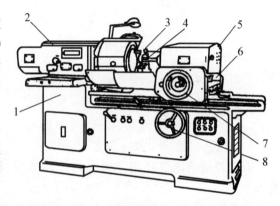

1—床身;2—头架;3—砂轮修整器;4—砂轮;5—磨具架;
6—工作台;7—操纵磨具架手轮;8—操纵工作台手轮。

图10.9 M2120内圆磨床

2.内圆磨床的加工工艺

目前广泛应用的内圆磨床是卡盘式的,磨削时工件夹持在卡盘中。内圆磨削时,工件和砂轮按相反方向旋转,砂轮在工件孔中的接触位置有两种。一种是与工件孔的后面接触,如图10.10(a)所示。这时冷却液和磨屑向下飞溅,不影响操作人员的视线和安全。另一种是与工件孔的前面接触,如图10.10(b)所示,情况正好与上述相反。通常,在内圆磨床上采用后面接触。而在万能外圆磨床上磨孔,则采用前面接触方式,这样可采用自动横向进给。若采用后接触方式,则只能手动横向进给。

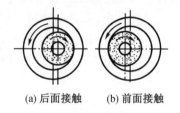

(a) 后面接触　　(b) 前面接触

图10.10 磨孔时砂轮与孔的接触位置

内圆磨削的方法也有纵磨法和横磨法,其操作方法和特点与外圆磨削相似,如图10.11所示。但因内圆磨削砂轮轴一般较细长,易变形和振动,故纵磨法应用最广。

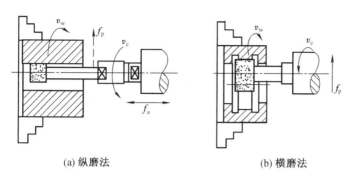

(a) 纵磨法　　　　　　　　　　(b) 横磨法

图 10.11　内圆磨削

10.5　砂轮及应用

砂轮是由磨料的磨粒用结合剂黏结在一起经焙烧而成的疏松多孔体,它是磨削的主要工具。砂轮是磨具的一种,磨具按基本形态分为固结磨具(如砂轮、油石等)、涂覆磨具(如砂布、砂带等)和游离磨粒(如研磨粉、研磨膏等)。

1. 砂轮的特性和选用

砂轮由磨粒、结合剂和空隙组成,又称砂轮的三要素,如图 10.12 所示。为方便选用,在砂轮的非工作表面上印有砂轮的特性代号,如图 10.13 所示。GB/T 2484—2018《固体模具一般要求》规定了砂轮标记顺序及意义,如"1 – 300 × 50 × 76.2 – A/F80 L 5 V – 50 m/s"中依次为:1 表示基本形状代号,为平形砂轮;300 × 50 × 76.2 表示尺寸(型面尺寸),为外径 ×厚度 × 孔径;A 表示磨料种类,为棕刚玉;F80 表示磨料粒度;L 表示硬度等级;5 表示组织号;V 表示结合剂种类,为陶瓷结合剂;50 m/s 表示最高工作速度。

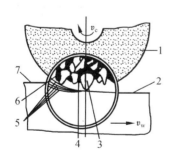

1—砂轮;2—已加工表面;
3—磨粒;4—结合剂;5—切削表面;
6—空隙;7—待加工表面。
图 10.12　砂轮的组成

图 10.13　砂轮的标志

砂轮的特性主要包括:磨料、粒度、硬度、结合剂、形状和尺寸等,它是选用砂轮的主要依据。

①磨料。磨料是制造砂轮的主要原料,直接担负切削工作,必须锋利和坚韧。普通磨料分为刚玉系和碳化硅系。刚玉系中常用的有棕刚玉和白刚玉,棕刚玉适宜磨削碳钢、合

金钢、可锻铸铁、硬青铜;白刚玉适宜磨削淬火钢、高速钢、高碳钢及薄壁零件。碳化硅系中常用的有黑碳化硅和绿碳化硅,黑碳化硅适宜磨削铸铁、黄铜、耐火材料及非金属材料;绿碳化硅适宜磨削硬质合金、宝石、陶瓷、玻璃等材料。

②粒度。磨料颗粒的大小用粒度表示。粒度号数愈大,颗粒尺寸愈小。粗颗粒(粒度号数小)用于粗加工及磨软料;细颗粒(粒度号数大)则用于精加工。

③硬度。硬度是指砂轮上磨料在外力作用下脱落的难易程度。磨粒易脱落,表明砂轮硬度低,反之则表明砂轮硬度高。

④结合剂。结合剂是砂轮中黏结分散的磨粒使之成形的材料。砂轮能否耐腐蚀、能否承受冲击和经受高速旋转而不致破裂,主要取决于结合剂。常用结合剂有陶瓷结合剂、树脂结合剂、橡胶结合剂三种。其中最常用的是陶瓷结合剂。

⑤形状和尺寸。根据机床结构与磨削加工的需要,砂轮被制成各种形状和尺寸,如图10.14所示。其中平形砂轮适用于磨削平面、外圆、内圆等。

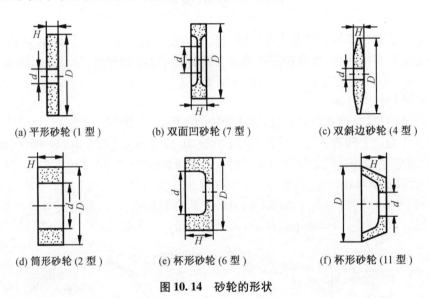

(a) 平形砂轮 (1 型)　　(b) 双面凹砂轮 (7 型)　　(c) 双斜边砂轮 (4 型)

(d) 筒形砂轮 (2 型)　　(e) 杯形砂轮 (6 型)　　(f) 杯形砂轮 (11 型)

图 10.14　砂轮的形状

2. 砂轮的安装和修整

砂轮工作时转速很高,安装前必须经过检查,砂轮不应有裂纹。一般直径大于 125 mm 的砂轮都要进行平衡试验。

安装砂轮时,要求将砂轮不松不紧地套在轴上。在砂轮和法兰盘之间应使用皮革或橡胶弹性垫板,以使压力均匀分布,螺母的拧紧力不能过大,否则会导致砂轮破裂。砂轮的安装如图10.15所示。大砂轮通过台阶法兰盘装夹(图10.15(a)),不太大的砂轮用法兰盘直接装在主轴上(图10.15(b)),小砂轮用螺钉紧固在主轴上(图10.15(c)),更小的砂轮可粘固在轴上(图10.15(d))。

砂轮工作一段时间以后,磨粒逐渐变钝,砂轮工作表面的空隙被堵塞,这时必须进行修整,切去砂轮表面上的一层变钝的磨粒,使砂轮重新露出完整锋利的磨粒,以恢复切削能力和外形精度。砂轮常用金刚石进行修整,如图10.16所示。修整时要大量使用冷却液,以免金刚石因温度急剧升高而碎裂。

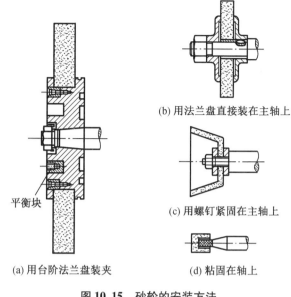

(b) 用法兰盘直接装在主轴上

(c) 用螺钉紧固在主轴上

(d) 粘固在轴上

平衡块

(a) 用台阶法兰盘装夹

图 10.15 砂轮的安装方法

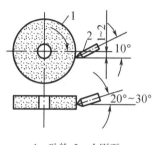

1—砂轮;2—金刚石。

图 10.16 砂轮的修整

10.6 磨削加工安全技术

在磨削加工生产中要严格遵守磨床安全操作规程,才能确保操作者和机床的安全。养成遵守职业规范、职业道德等方面的习惯,增强岗位责任感和敬业精神。

①工作前必须穿好工作服,扣好衣、袖,留长发者必须将长发盘入工作帽内,不得系围巾、戴手套操作机床。

②工作前要认真检查砂轮是否有裂纹、砂轮和砂轮罩是否安装牢固、液压传动油量是否足够、吸盘电器是否可靠、机床各部位运转是否正常。

③检查各部手柄是否置于正确位置,开机启动磨头后先空转 1~2 min,待砂轮转动平稳后,再开始进刀磨削工件。

④装夹工件要稳固,工作前按照磨削工件所需工作台移动行程,对工作台换向挡块进行调整并固定可靠。

⑤机床开动后,人要站在砂轮侧面,正确掌握进刀量,不能吃刀过大,以免挤坏砂轮,发生事故。

⑥磨削中的工件,不能用手触摸,以防发生危险。

⑦用磁铁吸盘时,要吸工件的大面,如果工作面太小,两侧要加挡铁,以保证吸牢。

⑧测量和装卸工件、清扫磨屑时,必须将砂轮移到安全位置或停车进行。

⑨用金刚石修整砂轮时,必须将金刚石固定在机床上进行,不得手拿金刚石去修整。在修整过程中,操作人员应戴好防护眼镜,以防灼伤眼睛。

⑩工作结束后,将砂轮移到安全位置,清扫机床和工作地,关闭电源。

第11章 钳 工 工 艺

【学习要求】

(1)了解钳工知识及其常用工具、量具的操作方法;

(2)熟悉钳工划线、锯削、锉削、钻孔、攻螺纹的操作方法和应用;

(3)熟悉钻床的组成、运动、用途、操作方法;

(4)典型件钳工加工实践操作;

(5)建立产品质量、加工成本、生产效益、安全生产和环境保护等方面的工程意识,养成遵守职业规范、职业道德等方面的习惯,增强岗位责任感和敬业精神。

11.1 钳工工作台和虎钳

钳工一般是通过工人手持工具来进行切削加工的。钳工常用的加工方法有划线、锯削、锉削、錾切、刮削、研磨、钻孔、铰孔、攻螺纹、套螺纹、机械装配和设备修理等。

钳工加工是切削加工中不可缺少的重要组成部分。虽然钳工的有些工作逐渐被机械加工所代替,但是在有些情况下,钳工加工不仅比机械加工经济、方便、灵活,而且更容易保证产品的质量。因此,钳工不可能完全被机械加工所代替。

1.钳工工作台

钳工工作台(图 11.1)一般是由台面、支腿和防护网组成。工作台要求坚实和平稳,在台面上装有虎钳,并摆放一些常用的装备。

2.虎钳

虎钳是夹持工件用的夹具。虎钳的大小用钳口的宽度表示,常用的规格有 100 mm、127 mm、150 mm 三种。图 11.2 所示为台虎钳。

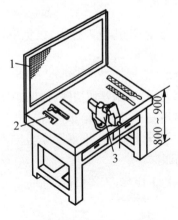

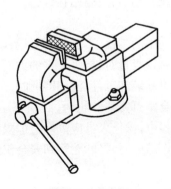

1—防护网;2—量具;3—台虎钳。

图 11.1 钳工工作台

图 11.2 台虎钳

使用虎钳时,应注意下列事项:

①工件应尽量夹在虎钳钳口中部,以使钳口受力均匀。

②当转动手柄夹紧工件时,只能用手扳紧手柄,决不能接长手柄或用手捶敲击手柄,以免虎钳丝杠或螺母上的螺纹损坏。

③锤击工件只可在砧面上进行,其他部位不准用手捶直接打击。

11.2 划 线

11.2.1 划线的作用和分类

划线是根据图纸的要求,在毛坯或半成品上划出加工图形或加工界线的操作。划线的作用如下:

①划出清晰的界线,作为工件安装或加工的依据。

②检查毛坯的形状与尺寸是否合乎要求,剔除不合格的毛坯。

③合理分配各表面加工余量(又称借料),降低废品率。

划线分为平面划线和立体划线。平面划线是在工件或毛坯的一个平面上划线(图11.3(a));立体划线是在工件或毛坯长、宽、高三个互相垂直的平面上都要划线(图11.3(b))。

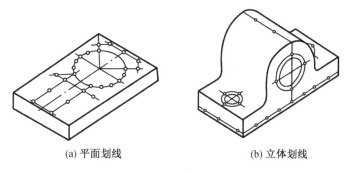

(a) 平面划线　　　　　　　　(b) 立体划线

图11.3 平面划线和立体划线

划线要求线段清晰、尺寸准确。由于划出的线条有一定宽度,故划线误差为 0.25 ~ 0.5 mm。通常不能按划线来确定最后加工尺寸,在加工过程中是靠测量来控制尺寸精度。

11.2.2 划线工具及其用法

1. 划线平板

平板是用铸铁制成的(图11.4),它的上平面平整光滑,平面度非常好(新的或刚刚修整后的平板在使用时可以不考虑误差)。

平板是划线的主要基准工具,使用平板时,要使平板安置牢固,上平面应保持水平,以便稳定地支承工件。平板要各处均匀使用,以免局部磨凹。平板不准碰撞和用锤敲击,要经常保持清洁。若长期不用时,应涂油防锈,并用木板护盖。

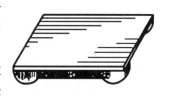

图11.4 平板

2. 方箱

方箱是用铸铁制成的空心立方体(图 11.5)。方箱上相邻各面互相垂直。上面设有 V 形槽和压紧装置,V 形槽主要用来安装轴、套筒、圆盘等圆形工件,以便找中心或划中心线。

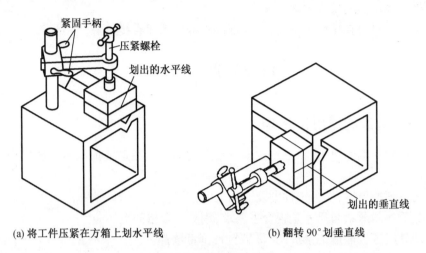

(a) 将工件压紧在方箱上划水平线　　　(b) 翻转 90°划垂直线

图 11.5　在方箱上划线

方箱用于夹持尺寸较小而加工面较多的工件。通过翻转方箱,可在工件表面上划出互相垂直的线来。

3. V 形铁

V 形铁是用碳钢制成(图 11.6),经淬火后磨削加工,相邻各边互相垂直,V 形槽呈 90°角。V 形铁用来支承具有圆柱面的工件,以使工件的轴线与 V 形铁底面平行。一般 V 形铁都是一副两块,其尺寸和形状完成相同。

4. 千斤顶

在较大的工件或不适合用方箱、V 形铁装卡的工件上划线时,通常用三个千斤顶(图11.7)来支承工件。其高度可调整,以便找正工件。

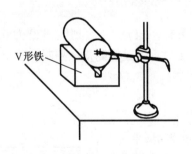

图 11.6　用 V 形铁支承工件

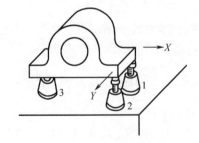

图 11.7　用千斤顶支承工件

5. 划针

划针用碳素钢制成(图 11.8),直径为 4～6 mm,其针尖部分淬火后磨尖。划针是在平面上划线的工具。

6. 划线盘

划线盘是带有划针的可调的划线工具(图 11.9),划针的一端为针尖状,另一端有弯钩,常常与高度尺配合使用。划线盘是常用的立体划线和校正工件位置的工具。

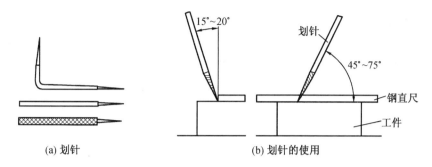

(a) 划针 (b) 划针的使用

图 11.8 划针及使用方法

7. 划规

划规类似于圆规(图 11.10)。划规用于划圆、等分线段和量取尺寸。划规有普通划规、弹簧划规和地规,地规是用来划大圆或圆弧的。

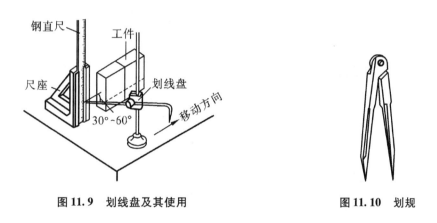

图 11.9 划线盘及其使用   图 11.10 划规

8. 划卡

划卡也称单脚规(图 11.11),用于确定轴和孔的中心位置,也可以用来划平行线。

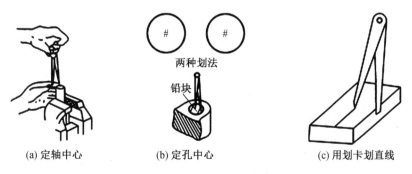

(a) 定轴中心 (b) 定孔中心 (c) 用划卡划直线

图 11.11 划卡及其使用

9. 高度游标尺

高度游标尺是使用游标读数的高度量尺(图 11.12),也称游标高度(卡)尺,主要用于半成品上的划线工作,不可以在毛坯上划线,因为它是精密量具。

10. 样冲

样冲(心冲)是用来在工件的线上打出样冲眼,以备所划的线模糊后,仍能找到原线的位置。图 11.13 为样冲及样冲的用法。开始时样冲向外倾斜(图上虚线位置),使样冲尖对正线中,然后将样冲摆正,用小手锤轻打样冲顶部。

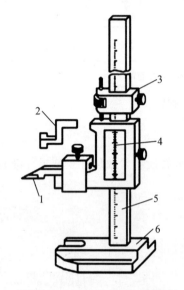

1—划线量爪;2—测高量爪;3—辅助游框;
4—游框;5—主尺尺身;6—基座。

图 11.12　游标高度尺

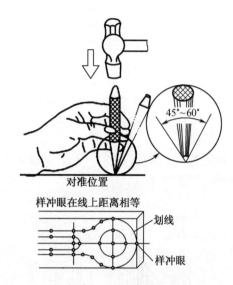

图 11.13　样冲及其使用方法

样冲眼之间的距离,视线段的长短而定,一般在直线上可用较大距离,在曲线上可使距离近些,在交点及连接点上都必须打眼。打眼的深浅,如在薄壁件上,要打轻些;在粗糙表面上,要打深些。精加工过的表面上禁止打样冲眼。圆中心处样冲眼在圆划好后,再打大些,以便将来钻孔时便于对准钻头。

11. 划线量具和涂料

钢板直尺、直角尺和宽座直角尺,如图 11.14 所示,都是常见的划线量具。

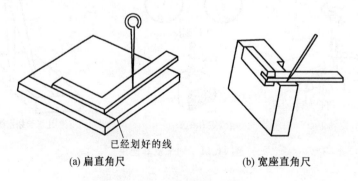

(a) 扁直角尺　　　　　　　　(b) 宽座直角尺

图 11.14　直角尺的应用

为使划出的线条清晰可见,在划线前应在工件待划线表面上涂上一层薄而均匀的涂料,毛坯件用石灰水,已加工表面或形状复杂的工件用紫色涂料(虫胶清漆)或绿色涂料(硫酸铜溶液)。

11.2.3　划线的操作要点

1. 划线基准的选择

在工件上选定某些点、线、面的位置作为划线依据,那么这些点、线、面被称为划线基准。划线时,必须首先选择和确定划线基准,然后根据它来划出其余点、线、面。

(1)划线基准选择的基本原则

划线基准选择最基本的原则是基准重合,即划线基准与设计基准重合,这样可简化计算,有利于保证加工精度。同时,划线基准选择还要考虑零件加工的先后顺序来确定划线基准。

(2)划线基准选择的要点

①若工件上有重要的孔需要加工,一般以该孔的轴线作为划线基准,如图 11.15(a)所示。

②若工件上个别平面已经加工,则以该平面作为划线基准,如图 11.15(b)所示。

③选择非加工表面作为划线基准时,应选择较大且平整的不加工表面作为基准。

④若工件上所有平面都要加工,则选择加工余量小或精度要求较高的平面为划线基准。

⑤对复杂零件要注意分析加工顺序,划线基准可能在加工过程中变动,要几次划线才能满足加工要求。

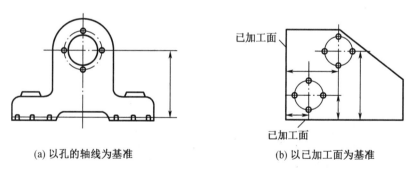

(a) 以孔的轴线为基准　　　　(b) 以已加工面为基准

图 11.15　划线基准

2. 划线的步骤

通常情况下,零件的毛坯生产出来后需要划线检验,下面以毛坯检验为例简述划线的步骤。

①根据图纸要求,确定划线基准。

②在划线部分涂上涂料(铸件和锻件用大白浆,已加工面用硫酸铜溶液)。用铅块或木块堵孔,以便定孔的中心位置。

③支承及找正工件,先划出划线基准,再划出其他水平线。

④翻转工件,找正,划出相互垂直的线。

⑤检查划出的线是否正确,打样冲眼。

3. 划线操作时应注意事项

①工件支承要平稳,以防滑倒或移动。

②在一次支承中,应把需要划出的平行线划全,以避免再次支承补划,造成误差。

③应正确使用划针、划线盘及直角尺等划线工具,以避免产生误差。

4. 划线过程实例

下面以如图 11.16 所示的轴承座为例简要说明划线的工艺过程。

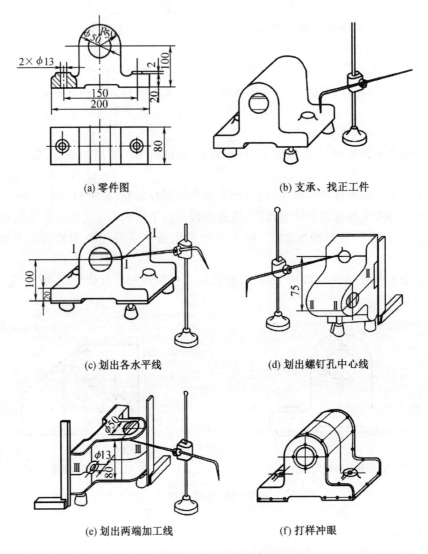

(a) 零件图　　　　　　　　　(b) 支承、找正工件

(c) 划出各水平线　　　　　(d) 划出螺钉孔中心线

(e) 划出两端加工线　　　　(f) 打样冲眼

图 11.16　立体划线示例

11.3　锯　　削

锯削是用手锯锯断工件材料或锯出沟槽的加工过程。手锯是锯削的基本工具,常常辅助以虎钳来夹持工件。

11.3.1 手锯的构造

手锯由锯弓和锯条组成。

1. 锯弓

锯弓是用来安装和拉紧锯条。锯弓有固定式和可调节式两种,如图 11.17 所示为可调节锯弓。可调节锯弓的弓架分为固定部分和可调节部分,便于安装不同长度规格的锯条。固定式锯弓只能安装一种长度的锯条。

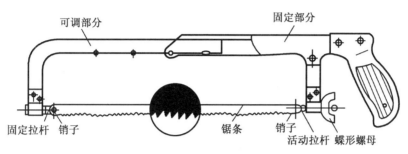

图 11.17 可调节锯弓

2. 锯条

锯条是实施锯削的刀具,一般由碳素工具钢制成。常用的锯条长度有 200 mm、250 mm、300 mm,宽度 12 mm,厚度 0.8 mm。

锯齿的形状如图 11.18 所示。锯切时,要切下较多的锯屑,所以锯齿间应有较大的容屑空间。根据齿距的不同,可将锯条分为粗齿、中齿和细齿三种,一般是以每 25 mm 长度内齿数的多少来划分。它可根据被锯削材料的硬度和厚度来选择。一般来说,锯削较软材料或较厚工件时,锯屑较多,要求容屑和排屑的空间较大,故选粗齿锯条,反之选较细齿锯条。

锯条上锯齿按一定形状左右错开,排列成波浪交叉形式,称为锯路,如图 11.19 所示。其作用是减少锯口两侧与锯条的摩擦。锯路使锯缝宽度略大于锯条厚度,使排屑顺利,锯削省力,并能防止锯条被卡住或折断,提高锯削效率。

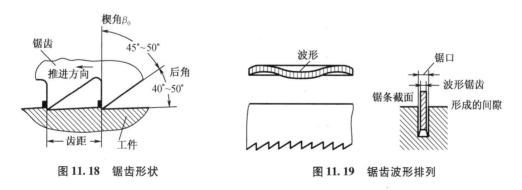

图 11.18 锯齿形状　　　　　　图 11.19 锯齿波形排列

11.3.2 锯削操作

1. 选择锯条

根据工件材料的硬度和厚度选择锯条锯齿的粗细。锯齿粗细的选择可参考表 11.1。

表 11.1　锯齿的粗细度选择

粗细度	每 25 mm 齿数	应用
粗	14 ~ 18	铝、纯铜、软钢
中	22 ~ 24	中等硬度钢、厚壁钢管、铜管
细	32	薄板、薄壁管

2. 锯条的安装

手锯是向前推动时进行切削的,所以锯齿方向应按图 11.20 所示方向装锯条,不能装反。锯条可向上、向下或成 90°安装,以适应锯缝深度。锯条安装后要调整松紧,即不能过紧,也不能过松,否则容易折断锯条或使锯缝歪斜,一般以两个手指的力度能旋紧为宜。

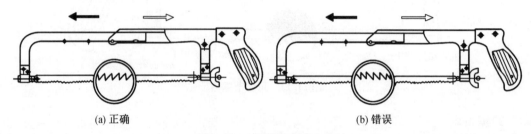

(a) 正确　　　　　　　　　　　　　(b) 错误

图 11.20　锯条的安装方向

3. 装夹工件

工件装夹要稳定可靠。锯削时不能颤动或抖动。用虎钳装夹工件时伸出部分应尽量短,锯切线离钳口要近,以增加工件刚性。

4. 起锯与锯削

起锯时用左手拇指靠稳锯条侧面作引导,起锯角度应小于 15°,过小时锯齿不易切入工件,容易打滑,发生偏离使表面损坏;起锯角度过大时,锯齿易被工件棱边夹住,如图 11.21 所示。锯弓往复行程应短,压力要轻,锯条要与工件表面垂直。锯成锯口后,逐渐将锯弓改成水平方向。

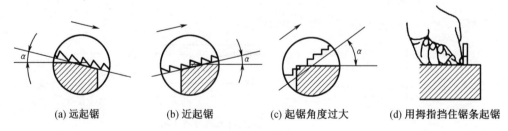

(a) 远起锯　　　　(b) 近起锯　　　　(c) 起锯角度过大　　　(d) 用拇指挡住锯条起锯

图 11.21　起锯方法

锯削时,据弓应直线往复,不得左右摆动;前推时均匀加压,返回时从工件上应轻轻滑过或稍微抬起锯弓。锯削速度不宜过快,通常每分钟往复 20 ~ 40 次。锯削用锯条全长工作,以免锯条中间部分迅速磨钝。锯钢料时应加机油润滑。快锯断时,用力应轻,以免碰伤手臂。

11. 3. 3 锯削加工工艺

锯削加工可分为连续锯削和转位锯削。连续锯削是指从锯削开始直至锯断,工件不转动任何角度。转位锯削是指从锯削开始到锯断,工件需要进行转动,每次转动一定的角度,分几次锯削,如图 11. 22 所示。

 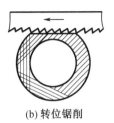

(a) 连续锯削　　　　　　　　(b) 转位锯削

图 11. 22　锯削方式

锯削断面的平整程度要求高,应采用连续锯削,锯削断面的平整程度要求较低,可采用转位锯削。

1. 圆棒料的锯削加工

锯削棒料时,可直接装夹在虎钳上进行锯削。锯削可选择连续锯削方式,也可选择转位锯削的方式。

2. 圆管料的锯削加工

锯削圆管料时,圆管应装在两块 V 形木衬垫之间,然后将其装夹在虎钳上进行锯削。这种方法可使圆管受力均匀,减少锯削后截面的变形。锯削应采用转位锯削方法,当圆管被锯透后,转动某一适当角度再锯,直至锯断,如图 11. 23 所示。

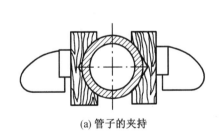 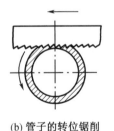 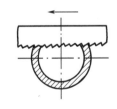

(a) 管子的夹持　　　　(b) 管子的转位锯削　　　　(c) 管子的连续锯削（不正确）

图 11. 23　管子的锯削

3. 薄板料的锯削加工

锯削薄板料时,薄板应夹在两木垫板或木垫块之间,然后将其装夹在虎钳上进行锯削。这种方法可以增强薄板的刚性,防止在锯削时产生振动和变形,同时,也能防止锯削薄板时锯条崩齿或折断的发生。锯削应采用连续锯削的方式,如图 11. 24 所示。

4. 矩形截面料的锯削加工

锯削矩形截面料时,可直接装夹在虎钳上进行锯削。锯削可选择连续锯削方式,也可选择转位锯削的方式。通常情况应从较宽的面起锯,这样锯缝较浅,不易卡住锯条,如图 11. 25 所示。

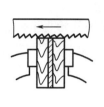
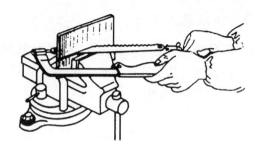

图 11.24　薄板锯削方法

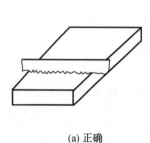
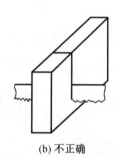

(a) 正确　　　　　　　　　　(b) 不正确

图 11.25　锯削扁钢

5.角钢和槽钢的锯削加工

角钢和槽钢的锯削加工与矩形截面料的锯削加工基本相同。在锯削角钢或槽钢时,应一个面一个面地锯削,直至将其锯断,如图 11.26。

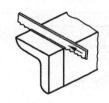

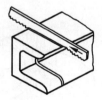

图 11.26　锯削角钢和槽钢

11.4　锉　　削

锉削是用锉刀对工件表面进行切削加工的方法。锉削出的表面粗糙度 Ra 值可达到 $1.6 \sim 0.8$ μm。锉削多用于锯削之后,以及在零件、机器装配时用来修整工件。

11.4.1　锉刀

1.锉刀的结构

锉刀用碳素工具钢制成,经淬火处理后硬度可达 HRC65 左右。锉刀结构如图 11.27 所示。其长度以工作部分的长度表示。

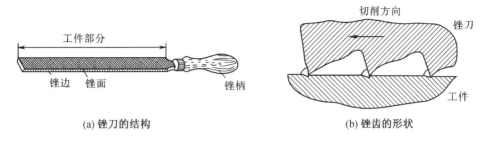

(a) 锉刀的结构　　　　　　　　　　　(b) 锉齿的形状

图 11.27　锉刀和锉齿结构

锉刀的锉面上布满锉纹。锉纹有单纹和双纹两种。单纹锉的刀齿对轴线倾斜成一个角度,适于加工软质的有色金属。锉刀的锉纹多制成双纹,与单纹比较起来,双纹的齿刃是间断的,即在全宽齿刃上有许多分屑槽,使锉屑碎断,锉刀不易被屑堵塞,锉削时比较省力。双纹锉刀可用于加工钢铁和有色金属。

2. 锉刀的分类

① 锉刀按用途可分为普通钳工锉、特种锉、整形锉三大类,见表 11.2。

表 11.2　锉刀的种类及应用

品种		外形及截面形状	用途
钳工锉	齐头扁锉 尖头扁锉		锉削平面、外曲面
	方锉		锉削凹槽、方孔
	三角锉		锉削三角槽和大于 60° 内角面
	半圆锉		锉削内曲面、大圆孔及圆弧相接平面
	圆锉		锉削圆孔、小半径内曲面
特种锉	直锉		锉削成形表面,如各种异形沟槽、内凹面等
	弯锉		
整形锉	普通整形锉		修整零件上的细小部位,工具、夹具、模具制造中锉削小而精细的零件
	人造金刚石整形锉		锉削硬度较高的金属,如硬质合金、淬硬钢,以及修配淬火处理后的各种模具

普通钳工锉用于一般的锉削加工,特种锉用于锉修特殊形状,整形锉用于锉削小而精细的零件。

②锉刀按剖面形状可分为扁锉(平锉)、半圆锉、方锉、三角锉、圆锉等,如图 11.28 所示。

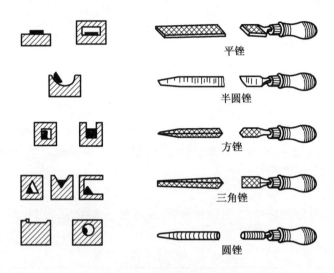

图11.28　锉刀截面形状及应用

平锉用来锉平面、外圆面和凸弧面;半圆锉用来锉凹弧面和平面;方锉用来锉方孔、长方孔和窄平面;三角锉用来锉内角、三角孔和平面;圆锉用来锉圆孔、半径较小的凹弧面和椭圆面。

③锉刀按每 10 mm 长度内主锉纹条数分为 Ⅰ～Ⅴ号,见表 11.3。

表 11.3　锉刀的规格和适用范围

类别	锉纹号	长度/mm									加工余量/mm	能达到的表面粗糙度值 Ra/μm
		100	125	150	200	250	300	350	400	450		
		每 100 mm 长度内主要锉纹条数										
粗齿锉	Ⅰ	14	12	11	10	9	8	7	6	5.5	0.5～1.0	12.5
中齿锉	Ⅱ	20	18	16	14	12	11	10	9	8	0.2～0.5	6.3～12.5
细齿锉	Ⅲ	28	25	22	20	18	16	14	14		0.1～0.2	3.2～6.3
粗油光锉	Ⅳ	40	36	32	28	25	22	20			0.05～0.1	1.6～3.2
细油光锉	Ⅴ	56	50	45	40	36	32				0.02～0.05	0.8～1.6

其中Ⅰ号为粗齿锉、Ⅱ号为中齿锉、Ⅲ号为细齿锉、Ⅳ号和Ⅴ号为油光锉,分别用于粗加工和精加工。

11.4.2　锉削操作

1. 工件安装

工件必须牢固地夹持在虎钳钳口的中部,并略高于钳口。夹持已加工表面时,应在钳口与工件之间加垫铜皮或铝皮,以免夹伤已加工表面。

2. 锉刀的使用

锉削时应正确掌握锉刀的握法及施力的变化。

(1)锉刀握法

根据锉刀的大小和使用的地方不同,其握法也不相同,图 11.29 是各种锉刀的握法。

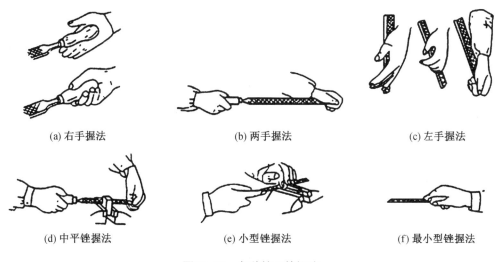

(a) 右手握法　　　　　(b) 两手握法　　　　　(c) 左手握法

(d) 中平锉握法　　　　(e) 小型锉握法　　　　(f) 最小型锉握法

图 11.29　各种锉刀的握法

(2)锉削力矩的平衡

锉刀向前推时,两手用在锉刀上的力,应保持锉刀平衡,即应使两手压在锉刀上的力随着锉刀的推进而不断变化。

开始推进锉刀,左手压力大而右手压力小;锉刀推到中间位置时,两手的压力相同;再继续推进锉刀,则左手压力逐渐减小,右手压力逐渐增大。锉刀回程时不加压力,如图 11.30 所示。

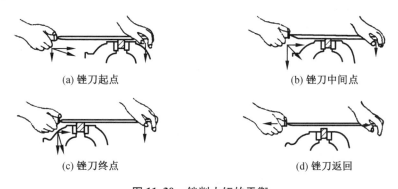

(a) 锉刀起点　　　　　　　　　　(b) 锉刀中间点

(c) 锉刀终点　　　　　　　　　　(d) 锉刀返回

图 11.30　锉削力矩的平衡

3. 锉削方法

常用的锉削方法有顺挫法、交叉挫法、推锉法和滚挫法。前三种用于锉削平面,后一种用于锉削弧面和倒角。

(1)顺锉法

顺锉法是最基本的锉法,适用于较小平面的锉削,如图11.31(a)所示。顺锉可得到正直的锉纹,使锉削的平面较为整齐美观。其中左图多用于粗锉,右图只用于修光。

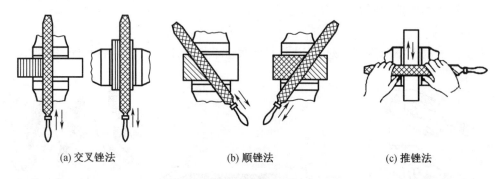

(a) 交叉锉法　　　　　(b) 顺锉法　　　　　(c) 推锉法

图 11.31　平面锉削方法

(2)交叉锉法

交叉锉法适用于粗锉较大的平面,如图11.31(b)所示。由于锉刀与工件接触面增大,锉刀易掌握平衡,因此交叉锉易锉出较平整的平面。交叉锉之后要转用图11.31(a)右图所示的顺锉法或图11.31(c)所示的推锉法进行修光。

(3)推锉法

推锉法仅用于修光,尤其适宜窄长平面或用顺锉法受阻的情况,如图11.31(c)所示。两手横握锉刀,沿工件表面平稳地推拉锉刀,可得到平整光洁的表面。

(4)滚锉法

滚锉法用于锉削内外圆弧面和内外倒角。锉削外圆弧面时,锉刀除向前运动外,还要沿工件被加工圆弧面摆动,见图11.32(a);锉削内圆弧面时,锉刀除向前运动外,锉刀本身还要做一定的旋转运动和向左移动,见图11.32(b)。

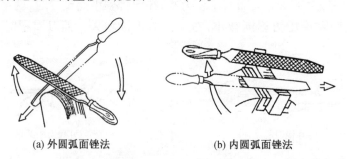

(a) 外圆弧面锉法　　　　　(b) 内圆弧面锉法

图 11.32　圆弧面锉法

4. 锉削操作注意事项

①锉削操作时,锉刀必须装柄使用,以免刺伤手心。

②由于虎钳钳口淬火处理过,不要锉到钳口上,以免磨钝锉刀和损坏钳口。

③锉削过程中不要用手抚摸工件表面,以免工件粘上汗渍和油脂,再锉时打滑。

④锉下来的屑末不要用嘴吹,要用毛刷清除,以免屑末进入眼内。

⑤锉面堵塞后,用钢丝刷顺着锉纹方向刷去屑末。

⑥锉刀放置时,不要伸出工件台面之外,以免碰落摔断锉刀或砸伤脚背。

11.5　钻削加工工艺

11.5.1　钻床

钳工的钻孔、扩孔、铰孔、锪孔等工作,多在钻床上进行。常用的钻床有台式钻床、立式钻床和摇臂钻床。

1. 台式钻床

台式钻床简称台钻。它是一种放在台桌上使用的小型钻床,钻孔直径一般在 12 mm 以内,如图 11.33 所示。台钻小巧灵活,使用方便,主要用于加工小型工件上的小孔。

2. 立式钻床

立式钻床简称立钻,如图 11.34 所示。立钻主要用于加工中小型工件上的中小孔。

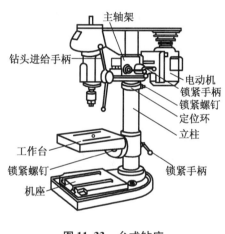

图 11.33　台式钻床

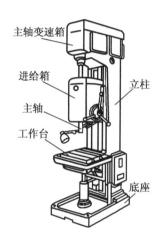

图 11.34　立式钻床

3. 摇臂钻床

摇臂钻床的结构如图 11.35 所示。摇臂钻床主要用于加工大型工件上的中小孔。

11.5.2　孔加工

1. 钻孔

钻孔是用钻头在实体材料上加工孔的方法。在钻床上钻孔,工件固定不动,钻头一边旋转(主运动),一边轴向向下移动(进给运动),如图 11.36 所示。钻孔属于粗加工,尺寸公差等级一般为 IT12 ~ IT11,表面粗糙度 Ra 值为

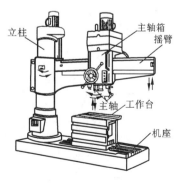

图 11.35　摇臂钻床

12.5～25 μm。

(1)麻花钻及其安装

麻花钻是钻孔最常用的刀具,其组成如图11.37所示。麻花钻的尾部与钻床连接,传递扭矩。柄部几何形状又可分为直柄和锥柄,直径小于12 mm 的做成直柄,大于12 mm 的做成锥柄。麻花钻的前端为切削部分,有两个对称的主切削刃,如图11.38所示。钻头的顶部有横刃,横刃的存在使钻削时轴向力增加。麻花钻有两条螺旋槽和两条刃带,螺旋槽的作用是形成切削刃、向孔外排屑和向孔内输送切削液;刃带的作用是引导钻头和减少与孔壁的摩擦。

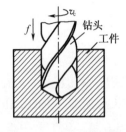

图11.36 钻孔及钻削运动

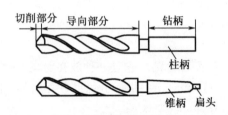

图 11.37 麻花钻

麻花钻头按尾部形状的不同,有不同的安装方法。直柄钻头通常要用图11.39所示的钻夹头进行安装。锥柄钻头可以直接装入机床主轴的锥孔内。当钻头的锥柄小于机床主轴锥孔时,则需用图11.40所示的变锥套。由于变锥套要用于各种规格麻花钻的安装,所以变锥套一般需要数只。

(2)工件安装

在台钻或立钻上钻孔,工件多采用平口虎钳装夹,如图11.41(a)所示。对于不便于平口虎钳装夹的工件,可采用压板螺栓装夹,如图11.41(b)所示。工件在钻孔之前,一般要先按事先划好的线找正孔的位置。

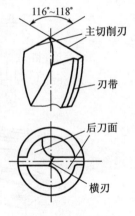

图11.38 麻花钻的切削部分

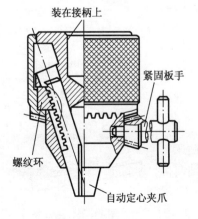

图11.39 钻夹头

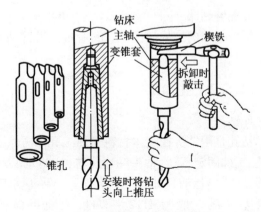

图11.40 用变锥套安装与拆卸钻头

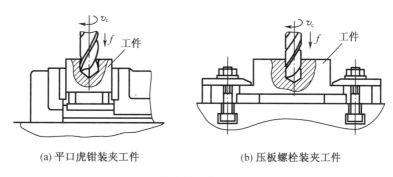

(a) 平口虎钳装夹工件　　　　　(b) 压板螺栓装夹工件

图 11.41　钻床钻孔常用的装夹方法

（3）钻孔方法

按划线找正钻孔时，一定要使麻花钻的钻尖对准孔中心的样冲眼，先钻一浅圆坑（D/4），检查小圆坑与所划圆是否同心，如有偏斜，则重新打眼校正后再钻削。

钻削开始时，要用较大的力向下进给，以免钻头在工件表面上来回晃动而不能切入；临近钻透时，压力要逐渐减小。若孔较深，要经常退出钻头以排除切屑和进行冷却，否则切屑堵塞在孔内易卡断钻头或因过热而加剧钻头的磨损。

钻较小的孔时，可直接选用相同尺寸的钻头进行钻削，钻较大的孔时，可预先钻出一个直径较小的孔，然后再用相同尺寸钻头将孔扩大到相应尺寸。

2. 扩孔

扩孔是用扩孔钻对已有孔的进一步加工，以扩大孔径，适当提高孔的加工精度和降低表面粗糙度。扩孔属于半精加工，尺寸公差等级可达 IT10 ~ IT9，表面粗糙度 Ra 值 6.3 ~ 3.2 μm。

扩孔钻的形状与麻花钻相似，如图 11.42 所示。不同的是扩孔钻有 3 ~ 4 个切削刃，钻芯较粗，无横刃。

在钻床上扩孔的切削运动与钻孔相同，如图 11.43 所示。扩孔的加工余量为 0.5 ~ 4.0 mm，小孔取较小值，大孔取较大值。

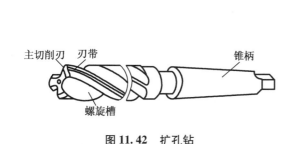

主切削刃　刃带　　　　　锥柄

螺旋槽

图 11.42　扩孔钻　　　　　**图 11.43　扩孔及其切削运动**

3. 铰孔

铰孔是用铰刀对孔进行精加工的方法，其尺寸公差等级可达 IT8 ~ IT6，表面粗糙度 Ra 值 1.6 ~ 0.8 μm。

铰刀的结构如图 11.44 所示,其中图(a)为机用铰刀,图(b)为手用铰刀。机用铰刀切削部分较短,多为锥柄,安装在钻床或车床上进行铰孔。手用铰刀切削部分较长,导向性较好。手动铰孔时,将铰刀沿原孔放正,然后用手转动铰杠(图 11.45),并轻压向下进给。

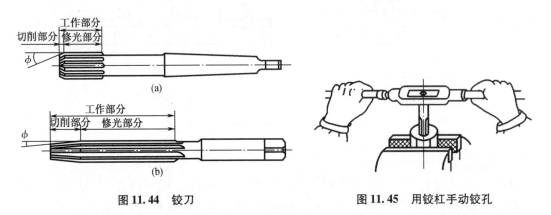

图 11.44　铰刀

图 11.45　用铰杠手动铰孔

在钻床上铰孔的切削运动如图 11.46 所示。铰削时,铰刀不能反转,以免崩刃和损坏已加工表面;要选用适当的切削液,以冷却和润滑铰刀,提高孔的加工质量。铰孔的加工余量一般为 0.05 ~ 0.25 mm。

4. 锪孔

锪孔是用锪钻锪出沉孔或锪平端面的加工方法。锪孔有三种形式:锪圆柱形沉头孔、锪锥形沉头孔和锪孔端平面,如图 11.47 所示。相对应的锪钻为锥形锪钻、圆柱形锪钻和端面锪钻。

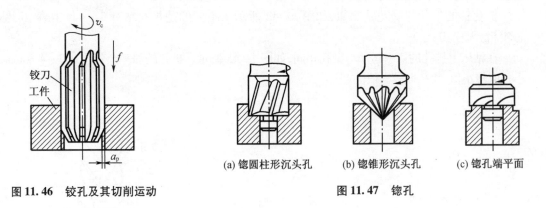

图 11.46　铰孔及其切削运动

(a) 锪圆柱形沉头孔　　(b) 锪锥形沉头孔　　(c) 锪孔端平面

图 11.47　锪孔

11.6　攻螺纹与套螺纹

攻螺纹和套螺纹是钳工的基本操作之一,攻螺纹是用丝锥加工内螺纹的操作,如图 11.48 所示。套螺纹是用板牙在圆杆上加工外螺纹的操作,如图 11.49 所示。

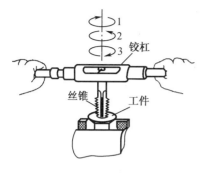

图 11.48　攻螺纹

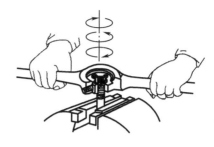

图 11.49　套螺纹

11.6.1　攻螺纹

1. 丝锥与铰杠

丝锥是专门攻丝的刀具，一般采用合金工具钢(9SiCr)和碳素工具钢(T12A)等制成，特殊材料攻丝时也采用硬质合金丝锥。

丝锥的结构如图 11.50 所示，一般由方头、柄部和工作部分组成。方头与铰杠连接，用来传递扭矩；柄部上标有丝锥尺寸；工作部分又可分为切削部分和校准部分。切削部分具有一定的斜度，呈圆锥形，具有不完整的切削刃；校准部分具有完整的牙齿，用于校准和修光已切削的螺纹。手用普通丝锥分粗牙和细牙两种，一般多为 2 支为一组(M6 ~ M24)或 3 支为一组(螺纹直径 < M6 或 > M24)，称为头锥、二锥和三锥，其区别主要是切削部分的不完整切削刃的数量逐渐减小。

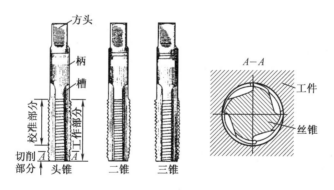

图 11.50　丝锥的结构

铰杠如图 11.51 所示，铰杠装夹丝锥后，扳动铰杠带动丝锥来加工螺孔。铰杠上中间的大小可以调整，以便装夹不同规格的丝锥。

2. 攻螺纹的操作方法

（1）钻螺纹底孔

首先攻螺纹前要在工件上钻孔，该孔称为螺纹底孔。螺纹底孔直径（即钻底孔所用钻头的直

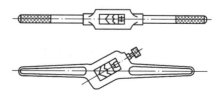

图 11.51　铰杠

径)和深度,可查有关手册或按下列经验公式计算:

脆性材料(如铸铁、青铜等):D_0(底孔直径) = D(螺纹大径) − 1.1P(螺距)。

塑性材料(如钢、紫铜等):D_0(底孔直径) = D(螺纹大径) − P(螺距)。

L(底孔深度) = l(螺纹有效长度) + 0.7D(螺纹大径)。

其次,钻底孔后要对孔口进行倒角,其倒角尺寸一般为(1 ~ 1.5)P × 45°。若是通孔,两端均要倒角。倒角有利于丝锥开始切削时切入,且可避免孔口螺纹牙齿崩裂。

(2)用头锥攻螺纹

开始时,将丝锥垂直插入孔内,然后用铰杠轻压旋入 1 ~ 2 圈,目测或用 90°角尺在两个方向上检查丝锥与孔端面的垂直情况。丝锥切入 3 ~ 4 圈后,只转动,不加压,每转 1 ~ 2 圈后再反转 1/4 ~ 1/2 圈,以便断屑。图 11.48 中第二圈虚线,表示要反转。攻钢件螺纹时应加机油润滑,攻铸铁件螺纹时可加煤油润滑。

(3)用二、三锥攻螺纹

先将丝锥用手旋入孔内,当旋不动时再用铰杠转动,此时不要加压。

11.6.2　套螺纹

1.板牙和板牙架

图 11.52(a)为常用的固定式圆板牙,圆板牙螺孔的两端各有一段 40°的锥度,是板牙的切削部分。图 11.52(b)为套螺纹用的板牙架。

2.套螺纹的操作方法

首先检查要套螺纹的圆杆直径,尺寸太大套螺纹困难,尺寸太小套出的螺纹牙齿不完整。圆杆直径可用下列经验公式计算:

$$d_0(圆杆直径) = D(螺纹大径) − 0.13P(螺距)。$$

其次,圆杆的端部必须倒角,如图 11.53 所示。然后进行套螺纹,套螺纹时板牙端面必须与圆杆严格保持垂直,开始转动板牙架时,要适当加压,套入几圈后,只需转动,不必加压,而且要经常反转,以便断屑。套螺纹时可加机油润滑。

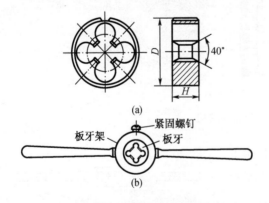

图 11.52　板牙和板牙架图

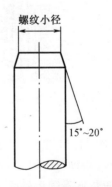

图 11.53　圆杆套螺纹前要倒角

第3篇 现代制造技术

第12章 数控加工技术

【学习要求】

(1)了解数控机床的组成、特点及应用;

(2)熟悉编程代码,能完成指定零件加工程序的编程;

(3)熟悉数控铣床和加工程序的编程;

(4)掌握数控车床的操作方法,并按要求完成零件加工;

(5)了解加工中心及应用范围;

(6)了解 VNUC 数控加工仿真软件,进行模拟训练;

(7)建立产品质量、加工成本、生产效益、安全生产和环境保护等方面的工程意识,养成遵守职业规范、职业道德等方面的习惯,增强岗位责任感和敬业精神。

12.1 数控加工基本知识

12.1.1 数控机床的产生和发展

19 世纪 40 年代初,美国密歇根州的一个小型飞机工业承包商帕森兹公司,在制造直升机螺旋桨叶片轮廓检查用样板机床时,提出了数控机床的初始设想。

1952 年,美国麻省理工学院受美国空军委托成功研制出第一台数控机床。这是一台具有直线插补连续控制的三坐标立式铣床。

1959 年,出现了晶体管元器件。美国克耐·杜列可公司发明了带有自动换刀功能装置的数控机床,称为"加工中心"。19 世纪 60 年代开始,德国、日本等一些工业国家开始开发和使用数控机床。

1965 年,出现小规模集成电路。1967 年,英国生产出了柔性制造系统(FMS),几台数控机床连接成具有柔性的加工系统。

1965—1970 年,由于计算机发展,小型计算机的价格大幅下降,大规模集成电路及小型计算机开始取代专用数控计算机,出现了计算机数控系统(CNC),数控的许多功能在软件中得以实现。CNC 成为第四代系统。1970 年的美国芝加哥国际机床展览会上首次展览出这种系统。

1970 年前后,美国英特尔公司开发和使用了微处理器。1974 年,美国、日本等国首先研制出以微处理器为核心的数控系统(MNC),称为第五代系统。此后,MNC 数控机床得到飞速发展,数控技术的发展也越来越突出,数控技术的作用已充分体现在现代制造业中。

随着时代的发展,社会的进步,人们对工业品的需求越来越大,数控机床的应用越来越普及,数控机床产值的比重迅速超过传统机床,成为制造业的主导产品。1989 年,日本、德国、美国、意大利、法国、英国六国成为数控机床的生产大国。

机械制造业中的技术密集行业,如航空、航天、汽车、机床等数控化率高达 60% ~90%,而且大量使用由数控机床组成的各种生产单元、柔性线、生产线。

20 世纪 80 年代以来,由于数控机床的广泛使用,西方工业在装备水平、加工范围、加工质量和生产效率方面获得长足的进步。

我国在数控研发和应用方面距离西方发达国家还有一定的距离。随着国家的重视程度不断提高,在数控加工领域的投入越来越大,数控加工领域发展越来越好,数控技术的使用越来越广泛,对数控人才的需求量越来越大。

12.1.2　数控机床的组成及分类

1. 数控加工基本概念

数控机床(Numerical Control Machine Tools)指采用数字控制技术对机床的加工过程进行自动控制的一类机床。

数字控制简称数控(numerical control,NC),是用数字化信息对机床的运动及加工过程进行控制的自动化方法。通常采用专门的计算机(或单片机)让机器设备按照编写的程序进行工作。

数控系统(Numerical Contro System)指采用数字控制技术的控制系统,类似计算机的操作系统一样,有多种数控系统,每种数控系统有不同的版本,适于应用到不同配置的数控机床。

2. 数控机床的结构组成

数控机床主要由输入装置、输出装置、数控装置、辅助装置、伺服系统、检测反馈装置和机床本体等组成。如图 12.1 所示。

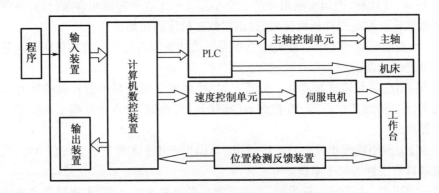

图 12.1　数控机床结构及组成框图

（1）输入输出装置

输入是将程序及加工信息传递给计算机。在数控机床产生初期,输入装置有穿孔纸带、软盘等介质,现在已经淘汰。目前广泛使用的输入装置有键盘、U盘,无线传输等。输出装置指输出系统内部工作参数。如显示器、打印机等。

（2）数控装置

数控装置是数控系统的核心,数控机床的各项任务均由数控装置完成。数控装置的作用是接受输入信息并对输入信息进行译码、数值运算、逻辑处理,并将处理结果传送到辅助控制装置和伺服驱动装置,从而控制机床各个运动部件的运动。

（3）辅助装置

辅助装置是保证充分发挥数控机床功能所必需的配套装置,常用的辅助装置包括:气动或液压装置、排屑装置、冷却装置、润滑装置、回转工作台、数控分度头、防护、照明灯等各种辅助装置。

（4）伺服系统

伺服系统包括伺服驱动电路和伺服电机,其作用是接受数控装置发出的位移、速度指令,经过调解、转换、放大后驱动伺服电机带动机床执行部件运动。

（5）检测反馈装置

检测反馈装置由测量部件(传感器)和测量电路组成。检测反馈装置的作用是检测机床移动部件的位移和速度,并反馈至数控装置和伺服驱动装置。数控装置将反馈回来的实际位移量与设定值进行比较,控制驱动装置按照指令设定值运动。

（6）机床本体

机床本体是机床的主体,指机床的机械部件,主要包括床身、底座、立柱、横梁、滑座、主轴箱、刀架、尾座、进给传动机构等。

3. 数控机床分类

（1）按工艺用途分类

按工艺用途分为金属切削类数控机床、金属成形类数控机床、特种加工数控机床。

金属切削类数控机床有数控车床、铣床、镗床、钻床、磨床、齿轮加工机床等,以及各类铣削加工中心、车削加工中心。

金属成形类数控机床有数控折弯机、数控弯管机、数控转头压力机。

特种加工数控机床有数控线切割、数控电火花、数控激光切割机、数控三坐标测量机、快速成型等。

（2）按机床主轴布置形式分类

按机床主轴布置形式分为立式数控机床和卧式数控机床。

（3）按控制系统的特点分类

按控制系统的特点分为点位控制、直线控制、轮廓控制。如图12.2所示。

点位控制是指数控系统只控制刀具或工作台从一点移至另一点的准确定位,然后进行定点加工,而点与点之间的路径不需控制。

直线控制是指控制在两点之间以指定的进给速度进行直线切削。

轮廓控制是指能够连续控制两个或两个以上坐标方向的联合运动。

（4）按伺服系统的类型分类

按伺服系统的类型分为开环控制、闭环控制、半闭环控制。

（5）按数控系统分类

按数控系统可同时控制的坐标轴数分为 2 轴联动、2.5 轴联动、3 轴联动、5 轴及多轴联动。这里的"联动"，指数控系统控制几个坐标轴按指令关系同时协调运动。

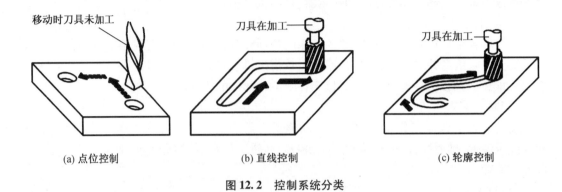

| (a) 点位控制 | (b) 直线控制 | (c) 轮廓控制 |

图 12.2　控制系统分类

12.1.3　数控机床的特点及应用

1. 数控机床的特点

数控机床对零件的加工过程，是严格按照加工程序所规定的参数及动作执行的。它是一种高效能自动或半自动机床，与普通机床相比，具有以下明显特点。

①适合于复杂异形零件的加工。数控机床可以完成普通机床难以完成或根本不能加工的复杂零件的加工，因此在宇航、造船、模具等加工业中得到广泛应用。

②加工精度高。

③加工稳定可靠。排除人为误差，零件的加工一致性好，质量稳定可靠。

④高生产率。数控机床本身的精度高、刚性大，可选择有利的加工用量，生产效率高，一般为普通机床的 3～5 倍，对某些复杂零件的加工，生产效率可以提高十几倍甚至几十倍。

⑤劳动条件好。操作人员劳动强度大大降低，工作环境较好。

⑥有利于管理现代化。采用数控机床有利于向计算机控制与管理生产方面发展，为实现生产自动化创造了条件。

其缺点是：投资大、使用成本高；生产准备工作复杂，如进行工艺编排、刀路规划、程序编制等；维修成本高。

2. 数控机床的适用范围

选择加工设备、编制零件加工工艺，要考虑质量优、效率高、成本低等几个因素。因此，要根据实际的加工设备特点选择合适的设备和设计合理的加工工艺。鉴于数控机床的上述特点，适于数控加工的零件有：

①通用机床无法加工的内容应作为优先选择内容，如几何形状复杂的零件。

②通用机床难加工，质量也难以保证的内容应作为重点选择内容，如加工精度很高、零件一致性要求高的批量零件。

③通用机床加工效率低、工人手工操作劳动强度大的内容，可在数控机床尚存在富余加工能力时选择。

一般来说，上述这些加工内容采用数控加工后，在产品质量、生产效率与综合效益等方

面都会得到明显提高。相比之下,下列一些内容不宜选择采用数控加工:

①占机调整时间长。如以毛坯的粗基准定位加工第一个精基准,需用专用工装协调的内容。

②加工部位分散,需要多次安装、设置原点。这时,采用数控加工很麻烦,效果不明显,可安排通用机床补加工。

③按某些特定的制造依据(如样板等)加工的型面轮廓。主要原因是获取数据困难,易于与检验依据发生矛盾,增加程序编制的难度。

④加工余量大又不均匀的粗加工。

此外,在选择和决定加工内容时,也要考虑生产批量、生产周期、工序间周转情况,等等。总之,要尽量做到合理,达到多、快、好、省的目的。要防止把数控机床降格为通用机床使用。按上述原则选择数控加工内容,才能最大限度地发挥出数控加工的优势。

12.2　数控加工编程基础

12.2.1　数控编程的内容和方法

数控加工是指在数控机床上进行零件加工的一种工艺方法。在数控机床上加工零件时,首先根据零件图样按规定的代码及程序格式将零件加工全部工艺过程、工艺参数、位移数据和方向,以及操作步骤等以数字信息的形式记录在控制介质上(如 U 盘等),然后传输给数控装置,从而指挥数控机床按照预定的设计进行加工。

1. 数控编程的内容和步骤

(1)确定加工工艺过程

在确定加工工艺过程时,编程人员要根据零件图样进行工艺分析,然后选择加工方案,确定加工顺序、加工路线、装夹方式、刀具及切削用量等工艺参数。

(2)数值计算

按已确定的加工路线和允许的零件加工误差,计算出所需的输入数控装置的数据。数值计算的主要内容是在规定的坐标系内计算零件轮廓和刀具运动的轨迹的坐标值。

(3)编写零件加工程序单

编程人员根据数控系统规定的功能指令代码及程序格式,编写零件加工程序单。还要填写有关的工艺文件,比如,数控加工工艺卡片、数控刀具卡片、数控刀具明细表等。

(4)控制介质

把编制好的程序记录到控制介质上作为数控装置的输入信息。常用的有 U 盘、TF 卡等。小程序也可以直接用键盘输入。有些设备也采取网线或者无线传输。

(5)程序校验和零件试切

编好的加工程序必须经过校验以及零件进行试切。一般采用机床进给锁定运行程序,通过图形功能检查程序。正式加工前还要利用试验件进行切削加工,通过测量试验件和图纸形状、尺寸对比,从而验证程序以及工艺参数。一定要达到完全符合要求才能正式进行加工。

2. 数控程序的编制方法

数控程序的编制方法主要有两种:手工编程和自动编程。

①手工编程。用人工的方法完成程序的全部编制工作。对于几何形状较为简单的零件,数值比较简单,程序段不多,采用手工编程比较容易完成,而且经济及时。

②自动编程。也称计算机辅助编程,程序员利用计算机专用软件编制数控加工程序,根据绘制好的零件图,利用自动编程软件,由计算机自动进行数值计算及后置处理,由计算机自动编制出零件加工程序。加工程序通过传输介质送入数控机床,指挥机床工作。

12.2.2　数控机床的坐标系

1. 机床坐标系

①ISO 标准规定:一律假定工件不动,刀具相对于工件做进给运动,以刀具运动轨迹来编程。

②遵循右手笛卡儿定则:X、Y、Z 表示基本坐标轴,中指为 Z 轴,拇指为 X 轴,食指为 Y 轴。围绕 X、Y、Z 轴旋转的圆周进给坐标轴用 A、B、C 表示,根据右手螺旋定则,以大拇指指向 $+X$、$+Y$、$+Z$ 方向,则四指弯曲的方向是圆周进给运动 $+A$、$+B$、$+C$ 方向,如图 12.3 所示。

图 12.3　右手笛卡儿直角坐标系

Z 轴——机床主轴;

X 轴——装夹平面内的水平方向;

Y 轴——由右手笛卡儿直角坐标系确定。

③方向:刀具远离工件方向为正方向。

2. 机床原点与机床坐标系

机床原点也称为机床零点(refrence point),其位置由机床制造厂确定,是机床上的固定点。数控车床的机床原点位置大多数规定在其主轴旋转中心与卡盘后端面的交点上;数控铣床的机床原点的位置大多数规定在其工作台上表面的中心点上,或在机床 X、Y、Z 三根轴正方向的运动极限位置。如图 12.4 所示。

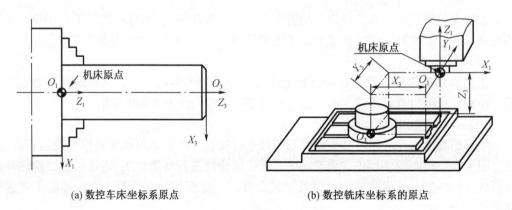

(a) 数控车床坐标系原点　　　　　　(b) 数控铣床坐标系的原点

图 12.4　数控机床坐标系

以机床原点作为坐标系原点建立的坐标系就是机床坐标系,它是制造和调整机床的基础,一般不允许随意变动。

3. 参考点与参考坐标系

数控装置上电时并不知道机床原点,为了正确地在机床工作时建立机床坐标系,通常在每个坐标轴的移动范围内设置一个机床参考点(测量起点),机床启动时,通常要进行机动或手动回参考点(也叫回零),以建立机床坐标系。通过机床系统设定的参数指定机床参考点到机床原点间的距离。

4. 工件坐标系(编程坐标系)与程序原点

工件坐标系是编程人员在编程时使用的,编程人员选择工件上的某一已知点为原点(也称程序原点),建立一个新的坐标系,称为工件坐标系。工件坐标系一旦建立便一直有效,直到被新的工件坐标系所取代。

工件坐标系的原点选择要尽量满足编程简单,尺寸换算少,引起的加工误差小等条件。一般情况下,程序原点应选在尺寸标注的基准或定位基准上。

5. 绝对坐标编程与相对(增量)坐标编程

①绝对坐标编程是指编程时的坐标值是相对于编程坐标系原点而言。

②相对(增量)坐标编程是指坐标值是相对于前一位置给出,计算时当前点的坐标是用后一点与前一点的坐标差值作为当前点的坐标。

一般以 X、Y、Z 表示坐标值为绝对坐标,U、V、W 表示相对坐标,同一程序段中可以混用 X、U 或 Y、V 或 Z、W。数控铣编程以 G90 X_Y_Z_表示绝对坐标,G91 X_Y_Z_表示相对坐标。如图 12.5 所示,(a)图绝对编程代码为:G90 G00 X30 Y37;(b)图相对编程代码为:G91 G00 X20 Y25。

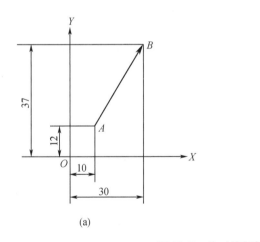
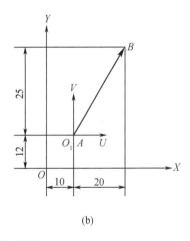

(a)   (b)

图 12.5 绝对编程与相对编程

12.2.3 数控程序格式

零件加工程序由程序名和若干程序段组成,每个程序段又由程序段序号和若干个指令组成,每个指令由字母、符号、数字组成每段程序,程序由分号(;)作为结束符,程序段是数控程序的基本组成单元。例如:

O8008 ; ----------------------------- 程序名

N0010	G54G98 ;
	M03S1000 ;
N0030	T0100 ;
N0080	G00X40Z10 ;
N0050	G01X0Z10 ;

程序段号　　指令

说明：

①不同的数控系统程序名规则不同,以随机手册为准;

②程序段以序号"N××××"开头,以分号(;)结束,一个程序段表示一个完整的加工动作;

③序号可有可无,两个序号之间间隔多少都可以,没有排序要求,顺序可以是混乱的。

12.2.4　功能代码简介

零件加工程序是由一个个程序段组成的,程序段又是由程序字构成的,程序字分为尺寸字和功能字,功能字又称为功能指令或功能代码,是程序段的主要组成部分。常用的功能代码有准备功能 G 代码和辅助功能 M 代码,此外,还有进给功能 F 代码,主轴转速功能 S 代码,以及刀具功能 T 代码等。

1. 准备功能 G 代码

简称功能 G 指令或 G 代码,它是使机床和数控系统建立起某种加工方式的指令。在进行加工之前需要事先设定,为加工方式做好准备的指令,如是直线插补还是圆弧插补,刀具沿着哪个平面运动等。

G 代码由大写英文字母 G 后面跟着两位数组成,从 G00 到 G99 共 100 种。部分 G 代码参见表 12.1。

表 12.1　准备功能 G 代码

G 代码	组别	解释
G00		定位(快速移动)
G01	01	直线切削
G02		顺时针切圆弧(CW,顺时针)
G03		逆时针切圆弧(CCW,逆时针)
G04	00	暂停(Dwell)
G09		停于精确的位置
G20	06	英制输入
G21		公制输入
G22	04	内部行程限位 有效
G23		内部行程限位 无效

表 12.1(续)

G 代码	组别	解释
G27		检查参考点返回
G28	00	参考点返回
G29		从参考点返回
G30		回到第二参考点
G32	01	切螺纹
G40		取消刀尖半径偏置
G41	07	刀尖半径偏置(左侧)
G42		刀尖半径偏置(右侧)
G50		修改工件坐标;设置主轴最大的 RPM
G52	00	设置局部坐标系
G53		选择机床坐标系
G70		精加工循环
G71		内外径粗切循环
G72		台阶粗切循环
G73	00	成形重复循环
G74		Z 向步进钻削
G75		X 向切槽
G76		切螺纹循环
G80		取消固定循环
G83		钻孔循环
G84		攻丝循环
G85	10	正面镗孔循环
G87		侧面钻孔循环
G88		侧面攻丝循环
G89		侧面镗孔循环
G90		(内外直径)切削循环
G92	01	切螺纹循环
G94		(台阶)切削循环
G96	12	恒线速度控制
G97		恒线速度控制取消
G98	05	每分钟进给率
G99		每转进给率

G 代码分为模态和非模态两类。

①模态指令(续效指令):指该指令在某一程序段中被使用,将一直有效,直到遇到同组的其他指令。同组指令在同一程序段只能出现一次,否则只有最后的代码有效。模态指令只需在使用时指定一次即可,而不必在后续的程序段中重复指定。

②非模态指令(非续效指令):指该指令只在使用它的某程序段有效,若需继续使用该功能则必须在后续的程序段重新指定。

2. 辅助功能 M 代码

辅助功能 M 代码也称为 M 功能、M 指令或 M 代码,根据机床的需要予以规定的工艺指令,用于控制机床的辅助动作,主要用于机床加工操作时的工艺性指令,如主轴的转动、冷却液的开停、工件的夹紧松开等。

辅助功能是用大写英文字母 M 后面跟着两位数组成的,从 M00 到 M99 共 100 种。表12.2 表述了部分 M 代码。

表 12.2　部分 M 代码

M 代码	功能	M 代码	功能
M00	程序停止	M08	冷却开
M01	条件程序停止	M09	冷却关
M02	程序结束	M30	程序结束并返回程序头
M03	主轴正转	M98	调用子程序
M04	主轴反转	M99	子程序结束返回/重复执行
M05	主轴停止		

3. F、T、S 指令

①进给速度指令 F。由大写英文字母 F 后面跟着若干数字组成,其中数字表示实际的加工速度。单位为 mm/min(毫米/分钟)或 mm/r(毫米/转)。如 F100 表示进给速度为100 mm/min。

②刀具功能指令 T。由大写英文字母 T 后面跟着四位数组成,其中前两位为刀具号,后两位为刀具补偿号。如果后两位是 00,则表示取消刀具补偿值。比如,T0101 表示调用 01号刀具且采用 01 号刀具补偿值;T0100 表示调用 01 号刀具取消刀具补偿值。

③主轴转速指令 S。由大写英文字母 S 后面跟着若干数字,其中数字表示主轴旋转速度,单位是 r/min(转/分钟)。如 S800 表示主轴的转速为 800 r/min。

12.3　数控车削加工

利用数控车床进行加工的方法称为数控车削加工。数控车床是目前使用比较广泛的数控机床,由于它的特点是主轴旋转,刀具做平面轨迹运动,所以主要用于轴类和盘类等回转体的加工,能自动完成内外圆面、锥面、圆弧、螺纹等工序的切削加工,还能进行切槽、钻孔、扩孔、铰孔等加工。

12.3.1　数控车床的坐标系

数控车床坐标系是二维的、平面的,只有 X 和 Z 两个坐标。

Z 轴:平行于主轴方向。

X 轴:垂直于主轴并且和地面平行,又称作径向。

零件坐标原点:通常把固定在车床卡盘上的圆柱形棒料最右端的端面的圆心作为零件的坐标原点,又称作编程原点。

12.3.2　数控车床加工工艺原则

1. 先粗后精

为了提高生产效率并保证零件精加工质量,应先安排粗加工工序,在较短时间内把精加工前大量的粗加工余量加工掉,同时尽量满足精加工余量均匀性的要求。

当粗加工工序完成后,如果所留余量的均匀性不能满足精加工要求时,则可安排半精加工作为过渡性工序,以便使精加工余量小且均匀,达到满足精加工的余量要求。

2. 先近后远

这里所说的远近是指加工部位相对于起刀点而言。在一般情况下,特别是在粗加工时,通常安排离起刀点近的部位先加工,离起刀点远的部位后加工,以便缩短刀具移动距离,减少空程时间,也有利于毛坯或者半成品的刚性,改善其切削条件。

3. 先内后外

对于既要加工内表面(内型、内腔),又要加工外表面的零件,通常应安排先加工内表面,后加工外表面。这是因为控制内表面尺寸和形状比较困难,刀具刚性较差,零件内腔热量不易扩散,刀具的切削刃的耐用度容易受到切削热影响而降低,还有在加工中清除切屑比较困难等。

4. 走刀路线最短

在保证加工质量的前提下,尽可能选择最短的走刀路线,不仅可以节省整个加工过程的执行时间,还能减少一些不必要的刀具消耗及机床进给机构滑动部件的磨损等。

12.3.3　数控车床的加工程序编制

1. 数控车床的编程特点

①在一个程序段中,根据图纸上标注的尺寸,可以采取绝对值方式编程,也可以采取增量值方式编程或者二者混合方式编程。

②由于图纸尺寸和测量值都是直径值,所以在直径方向上,如果采取绝对值方式编程时,X 以直径值表示;如果用增量值方式编程时,U 以径向实际位移量的二倍值表示。

③编程时,常认为车刀的刀尖是一个点,实际上为了提高刀具的使用寿命和工件表面质量。车刀刀尖常磨成半径不大的圆弧,为了提高工件的加工精度,编制圆头刀具加工程序时,需要对刀具半径进行补偿。大多数数控车床都具有刀具补偿功能(G41、G42、G40),这类数控车床可以直接按工件轮廓尺寸编程;对于不具备刀具自动补偿功能的数控车床,编程时需要事先计算刀具补偿量,将补偿量按照算法合并到图纸尺寸数值。

④许多数控车床直接用 X、Z 表示绝对坐标值;用 U、V 表示增量坐标值,而不用 G90、G91 指令。

2. 典型数控车床加工程序指令

数控车床加工程序指令很多，下面我们学习几个典型的指令，更多的指令还要参照随机指令手册学习。

（1）G00

快速移动，以机床设定最大速度移动，不能进行切削。点位，没有轨迹要求，一般用于切削前进刀或切削后退刀，节省时间。

格式：G00 X_ Z_ ；如图 12.6 G00 编程例图，加工指令为 G00 X25 Z5。

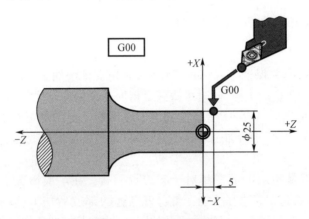

图 12.6　G00 编程例图

（2）G01

直线插补，走直线，加工轨迹是一条直线，模态指令。格式：G01 X_ Z_ F_；其中 F 是机床进给速度。单位：mm/r 或 mm/min，X、Z 为终点坐标。

如图 12.7 G01 编程例图，加工指令为 G01 X25 Z－30 F5。

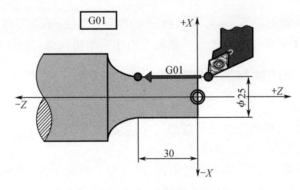

图 12.7　G01 编程例图

（3）G02

顺圆。方向：从垂直于该圆所在平面的坐标轴的反向看。格式：G02 X_ Z_ I_ K_；X、Z 为圆弧终点坐标；I、K 为圆心相对起点坐标，即圆心坐标减起点坐标。

如图 12.8 G02 编程例图，加工指令为 G02 X55 Z－45 I15 K0。

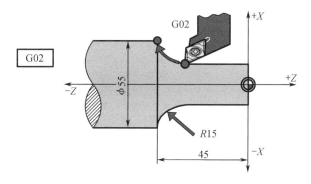

图 12.8　G02 编程例图

（4）G03

逆圆。方向：从垂直于该圆所在平面的坐标轴的反向看。格式：G03 X_ Z_ I_ K_；其中，X、Z 为圆弧终点坐标；I、K 为圆心相对起点坐标，即圆心坐标减起点坐标。

如图 12.9 G03 编程例图，加工指令为 G03 X55 Z－45 I0 K－15。

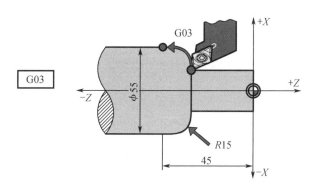

图 12.9　G03 编程例图

加工圆弧还有个简便的方法，通常称为圆弧的 R 编程。

格式：G02 X_ Z_ R_ F_ ；G03 X_ Z_ R_ F_ 。

其中 X、Z、F 与前面提到的一样，R 为圆弧半径值，当圆弧小于或等于 180 度时，R 值为正；当圆弧大于 180 度时，R 值为负。

图 12.8 如果用 R 编程，则可以写成 G02 X55 Z－45 R15；图 12.9 如果用 R 编程，则可以写成 G03 X55 Z－45 R15。

（5）G73

封闭切削循环（粗加工）。格式：G73 U_ W_ R_ ；G73 P_ Q_ U＋_ W＋_ 。

G73 两条指令连在一起使用，不能分开。参数的含义如下：

U［mm］：X 向加工最大总量（半径值），不包括精加工余量 U＋。W［mm］：Z 向加工最大总量，不包括精加工余量 W＋。R：切削次数。P：循环程序段起始号，Q：循环程序段终止号。U＋［mm］：X 向加工余量（直径）。W＋［mm］：Z 向加工余量。如图 12.10 G73 编程例图。

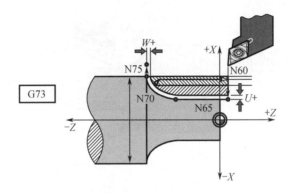

图 12.10　G73 编程例图

G73 循环段加工程序如图 12.11。其中 P60、Q75 表示程序中的 N60 行到 N75 行之间程序段是循环加工,反复调用,直到循环次数参数 R 值用尽,指针就会跳出循环段接着执行下面的程序段。

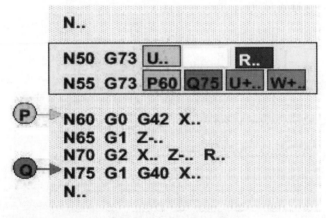

图 12.11　G73 循环段加工程序

（6）G70

外轮廓精加工循环。格式:G70 P _ Q_ F_ 。其中 P:循环程序段起始号,Q:循环程序段终止号。一般在粗加工循环 G73 后要跟精加工循环 G70。G70 的任务就是加工掉在 G73 加工过程中留下来的加工余量 U + 、W + 。如图 12.12 G70 编程例图。图 12.13 是 G70 程序段。

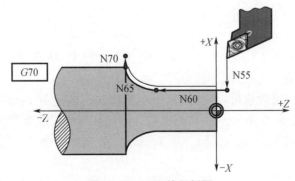

图 12.12　G70 编程例图

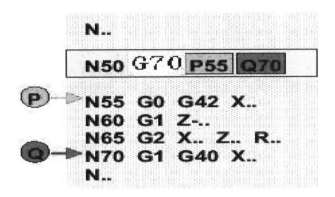

图 12.13 G70 程序段

（7）G54

建立零件坐标系,通常把零件坐标原点设在圆柱形棒料最右端端面的圆心处。

（8）G96

恒线速度。

（9）G97

恒转速度(系统默认值)。

（10）G98

车刀的进给速度,单位是每分钟进给,mm/min。

（11）G99

车刀进给速度,单位是每转进给,mm/r（系统默认值）。

（12）M03

主轴顺时针旋转。

（13）M04

主轴逆时针旋转。

（14）M05

主轴停止。

（15）M08

冷却液开。

（16）M09

冷却液停。

（17）M30

程序结束,并返回到程序头。

（18）F

刀具的进给速度,有两个单位,一个是 mm/min;另一个是 mm/r,根据具体情况来选择。

（19）S

主轴转速, 单位是 r/min。

（20）T

选择刀具,大写英文字符 T 后面跟着 4 位数,头两位数表示所选用的刀具号,后两位数表示该刀具的刀具补偿值,简称为刀补。如 T0101 表示 01 号刀,01 号刀补。

12.3.4 数控车床加工程序实例

编写图 12.14 所示零件的加工程序。假定毛坯直径为 100 mm 的棒料,粗加工留余量为:$U + = 0.5, W + = 0$,循环次数 $R = 25$,则 X 向加工去除最多的量 $U = (100 - 0 - 0.5)/2 = 49.75$,Z 向加工去除最多的量 $W = 0$。

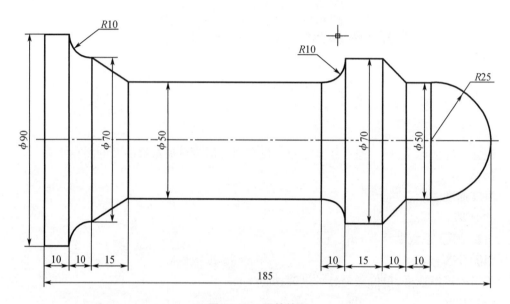

图 12.14　零件简图

O8008；　//程序名。

N10 G54 G98；　//建立坐标系,进给速度单位是毫米/分钟。

N20 M03 S1000；　//打开主轴顺时针旋转,速度为 1 000 r/min。

N30 T0100；　//换 01 号刀。

N40 G00 X110 Z10；　//快速移动到起刀点。

N50 G73 U49.75 W0 R25 F100；　//粗车循环。

N60 G73 U0.5 W0 P70 Q170；　//粗车循环。

N70 G00 X0 Z10；　//快速移动。

N80 G01 Z0；　//加工直线。

N90 G03 X50 Z - 25 R25；　//加工圆弧。

N100 G01 Z - 35；　//加工直线。

N110 X70 Z - 45；　//加工直线。

N115 Z - 60；　//加工直线。

N120 G02 X50 Z - 70 R10；　//加工圆弧。

N130 G01 Z - 150；　//加工直线。

N140 X70 Z - 165；　//加工直线。

N150 G02 X90 Z - 175 R10；　//加工圆弧。

N160 G01 Z - 185；　//加工直线。

N170 G00 X110；　//快速退刀。

N180 G70 P70 Q170 F50；　//精车循环。

N190 G00 X110 Z10；　//快速回到起刀点。

N200 M05；　//主轴停。

N210 M30；　//程序全部停止并返回到程序头。

12.4　数控铣削加工

利用数控铣床进行加工的方法称为数控铣削加工。数控铣削加工的特点是刀具高速旋转做主运动,工作台上工件移动做进给运动。因此,数控铣削的加工范围是:平面的铣削加工、二维轮廓的铣削加工、平面型腔的铣削加工、钻孔加工、镗孔加工、螺纹加工、箱体类零件的加工以及三维复杂型面的铣削加工。

12.4.1　数控铣床的坐标系

数控铣床的坐标系是三维的、立体的,分别用 X、Y、Z 表示 3 个坐标轴,方向的确定符合前面所讲的右手笛卡儿坐标系原则。现在数控铣床绝大部分都是 3 轴联动的,也有少部分是 2 轴联动的,2 轴联动的数控铣床主要用于加工平面零件轮廓,3 轴及以上的数控铣床用于加工难度较大的复杂零件的立体轮廓。

12.4.2　数控铣床加工程序的编制

1. 数控铣床加工程序指令

前面介绍的数控车床加工程序指令都可以使用,再介绍几个数控铣床专用的指令。

(1)坐标平面选择指令 G17、G18、G19

G17 表示 XY 平面。

G18 表示 XZ 平面。

G19 表示 YZ 平面。

因为数控铣削加工的轨迹是立体的,所以,在做平面加工运动时,要指明所要加工的平面。由于 XY 平面最常用,所以 G17 可以省略,系统默认是 XY 平面。

(2)刀具半径补偿指令 G41、G42、G40

刀具半径补偿:由于刀具半径尺寸影响,刀具的中心轨迹与零件轮廓不一致。为补偿刀具半径对工件轮廓尺寸的影响,数控系统提供了刀具半径补偿功能。分别是左补偿代码 G41、右补偿代码 G42 和刀具半径补偿取消 G40 指令。

G41 刀在左,顺着刀具前进方向看,刀具在工件的左边。G42 刀在右,顺着刀具前进方向看,刀具在工件的右边。G40 取消刀具补偿,如图 12.15 所示。

程序格式:

$$\begin{Bmatrix} G17 \\ G18 \\ G19 \end{Bmatrix} \begin{Bmatrix} G41 \\ G42 \end{Bmatrix} \begin{Bmatrix} G00 \\ G01 \end{Bmatrix} \begin{Bmatrix} X\_\ Y\_ \\ X\_\ Z\_ \\ Y\_\ Z\_ \end{Bmatrix} D\_$$

其中 D 功能字指定刀具半径补偿值寄存器的地址号,刀具半径补偿值在加工之前已经输入到相应的寄存器,加工时由 D 指令调用。

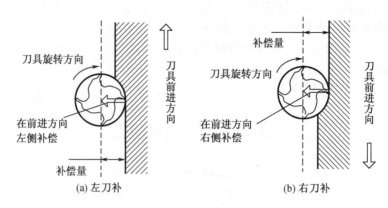

图 12.15　刀具半径补偿判定

（3）刀具长度补偿指令 G43、G44、G49

刀具长度补偿指令一般用于刀具轴向（Z 方向）的补偿，它使刀具在 Z 方向的实际位移大于或小于程序给定值。

实际位移量＝程序给定值±补偿值

如果为正补偿值就用 G43 表示，如果为负补偿值就用 G44 表示。G49 取消刀具长度补偿。如图 12.16 刀具长度补偿。

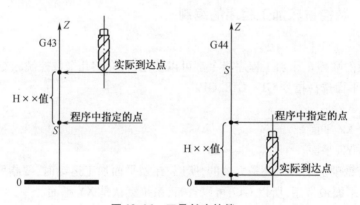

图 12.16　刀具长度补偿

程序格式：

$$\begin{Bmatrix} G43 \\ G44 \end{Bmatrix} \begin{Bmatrix} G00 \\ G01 \end{Bmatrix} Z\_H\_$$

其中 H 是刀具长度补偿值寄存器的地址号，在加工前已经输入到相应的寄存器里，加工时由 H 指令调用。

图 12.17 所示为刀具长度补偿示例，刀具长度补偿程序如下：

设（H02）＝200 mm 时

N1 G54G00 X0 Y0 Z0;　//设定当前点 O 为程序零点。

N2 G90 G00 G44 Z10.0 H02;　//指定点 A，实到点 B。

N3 G01 Z－20.0;　//实到点 C。

N4 Z10.0；　//实际返回点 B。

N5 G00 G49 Z0；　//实际返回点 O。

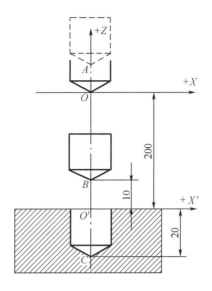

图 12.17　刀具长度补偿示例

12.4.3　数控铣床加工程序实例

如图 12.18 所示为零件简图及所建立坐标系,数控铣床程序如下。

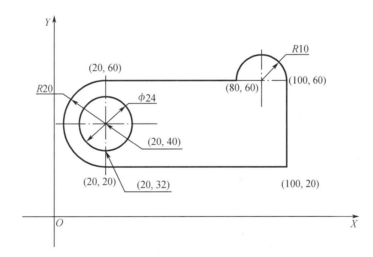

图 12.18　零件简图

O9009；

N10 G54 G90 G98；　//建立坐标系,绝对坐标编程,刀具进给速度单位为 mm/min。

N20 M03 S1000；　//主轴正转,转速为 1 000 r/min。

N30 M08；　//冷却液打开。

N40 G00 X0 Y0 Z50；　//快速移动到起刀点。

N50 G00 Z – 10；　//快速下降到 Z = – 10 的位置。

N60 G42 G01 X20 Y 20 F100；　//刀在右,加工直线。

N70 G01 X100 Y20；　//加工直线。

N80 G01 X100 Y60；　//加工直线。

N90 G17 G03 X8 0Y60 I – 10 J0；　//加工逆圆。

N100 G01 X20 Y60；　//加工直线。

N110 G03 X20 Y20 I0 J – 20；　//加工逆圆。

N120 G00 X0 Y0；　//快速回到起刀点。

N130 G40 G00 Z50；　//取消刀补,抬刀。

N140 M05；　//主轴停止。

N150 M09；　//冷却液停止。

N160 M30；　//程序结束并返回到程序头。

12.5　加工中心简介

加工中心(machining center,MC)最初是由数控铣床发展而来的。与数控铣床组成基本相同,但又不同于数控铣床,其最大区别在于加工中心具有自动交换刀具的功能,通过在刀库安装不同用途的刀具,可在一次装夹中通过自动换刀装置改变主轴上的加工刀具,实现铣、钻、镗、铰、攻螺纹及切槽等多种加工功能。

1. 加工中心特点

与普通数控机床相比,它具有以下几个突出特点。

(1)全封闭防护

所有的加工中心都有防护门,加工时,将防护门关上,能有效防止人身伤害事故。

(2)工序集中,加工连续进行

加工中心通常具有多个进给轴(三轴以上),甚至多个主轴,联动的轴数也较多,如三轴联动、五轴联动、七轴联动等,因此能够自动完成多个平面和多个角度位置的加工,实现复杂零件的高精度加工。在加工中心上一次装夹可以完成铣、镗、钻、扩、铰、攻丝等加工,工序高度集中。

(3)使用多把刀具,刀具自动交换

加工中心带有刀库和自动换刀装置,在加工前将需要的刀具先装入刀库,在加工时能够通过程序控制自动更换刀具。

(4)使用多个工作台,工作台自动交换

加工中心上如果带有自动交换工作台,可实现一个工作台在加工的同时,另一个工作台完成工件的装夹,从而大大缩短辅助时间,提高加工效率。

(5)功能强大,趋向复合加工

加工中心可复合车削功能、磨削功能等,如圆工作台可驱动工件高速旋转,刀具只做主运动不进给,完成类似车削加工,这使加工中心有更广泛的加工范围。

（6）高自动化、高精度、高效率

加工中心的主轴转速、进给速度和快速定位精度高，可以通过切削参数的合理选择，充分发挥刀具的切削性能，减少切削时间。且整个加工过程连续，各种辅助动作快，自动化程度高，减少了辅助动作时间和停机时间，因此，加工中心的生产效率很高。

（7）高投入

由于加工中心智能化程度高、结构复杂、功能强大，因此加工中心的一次投资及日常维护保养费用较普通机床高出很多。

（8）合理使用才能发挥最佳效益

在使用过程中要发挥加工中心之所长，才能充分体现效益，这一点对加工中心的合理使用至关重要。

2. 加工中心的加工范围

加工中心适用于复杂、工序多、精度要求高，需用多种类型普通机床和繁多刀具、工装，经过多次装夹和调整才能完成加工的具有适当批量的零件。加工中心主要加工对象有以下四类。

（1）箱体类零件

箱体类零件是指具有一个以上的孔系，并有较多型腔的零件，这类零件在机械、汽车、飞机等行业较多，如汽车的发动机缸体、变速箱体，机床的床头箱、主轴箱，柴油机缸体，齿轮泵壳体等。

箱体类零件在加工中心上加工，一次装夹可以完成普通机床 60% ~ 95% 的工序内容，零件各项精度一致性好，质量稳定，同时可缩短生产周期，降低成本。对于加工工位较多，工作台需多次旋转角度才能完成的零件，一般选用卧式加工中心；当加工的工位较少，且跨距不大时，可选立式加工中心，从一端进行加工。

（2）复杂曲面

在航空航天、汽车、船舶、国防等领域的产品中，复杂曲面类占有较大的比例，如叶轮、螺旋桨、各种曲面成型模具等。

就加工的可能性而言，在不出现加工干涉区或加工盲区时，复杂曲面一般可以采用球头铣刀进行三坐标联动加工，加工精度较高，但效率较低。如果工件存在加工干涉区或加工盲区，就必须考虑采用四坐标或五坐标联动的机床。

（3）异形件

异形件是外形不规则的零件，大多需要点、线、面多工位混合加工，如支架、基座、样板、靠模等。异形件的刚性一般较差，夹压及切削变形难以控制，加工精度也难以保证，这时可充分发挥加工中心工序集中的特点，采用合理的工艺措施，一次或两次装夹，完成多道工序或全部的加工内容。

（4）盘、套、板类零件

带有键槽、径向孔或端面有分布孔系以及有曲面的盘套或轴类零件，还有具有较多孔加工的板类零件，适宜采用加工中心加工。端面有分布孔系、曲面的零件宜选用立式加工中心，有径向孔的可选卧式加工中心。

12.6　VNUC 数控加工仿真软件简介

VNUC 数控加工仿真软件,是利用计算机三维虚拟技术来模拟实际的数控机床操作加工过程(毛坯准备、刀具准备、数控操作面板使用等),最终验证了数控加工程序的准确性和校验工艺设计的合理性。

1. 数控机床面板功能说明

数控铣床的操作面板由机床控制面板和数控系统操作面板两部分组成,其左侧部分为显示器+数控系统操作面板,右侧部分为机床控制面板,见图 12.19。数控机床的按键图标基本相同:图标形式或文字形式,下面以沈阳数控机床厂的数控车床 fanuc 0imate 数控系统为例,其各按键的功能含义如表 12.3 所示。

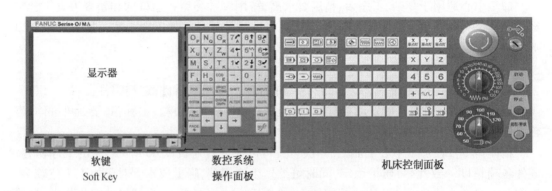

图 12.19　数控机床面板组成

表 12.3　按键说明

数控车图标	数控铣图标	功能说明	操作说明
回零		回参考点或回零模式	先按该键,再按 X、Y、Z 各轴(+)方向键,即回零
自动		自动运行模式(MEM)	按下后,系统进入自动加工模式。一般在对刀且程序复位后使用。或机床锁定时的图形模拟功能使用
MDI		手动数据输入模式(MDI)	按下后,进行 MDI 模式,可以手动输入并执行指令。此方式下输入的程序有条数限制,且不能保存
手动		手动运行模式(JOG)	按键后,机床进入手动模式,进行一些手动操作或连续移动。如手动换刀、主轴正转、刀具或工件的快移等
编辑		编辑模式(EDIT)	按下后,系统进入程序编辑状态

表 12.3(续 1)

数控车 图标	数控铣 图标	功能说明	操作说明
X手摇 Z手摇		手轮模式 (HANDLE)	机床处于手轮控制模式,即用手轮实现工作台或刀架的移动。也是一种手动方式
快移		增量进给模式 INC	一种手动移动方式。机床处于手动、点动移动
		远程执行 (DNC)模式	按下后,系统进入远程执行模式,可进行程序传输、在线加工
单段		单段运行 SBK	按下后,运行程序时,每次执行一条数控指令
跳步		跳步 BDT	按下后,数控程序中的注释符号"/"有效,即跳过该段程序不执行
机床锁住		机械锁定 MLK	按下后,锁住机床相对运动。调试程序、图形仿真或机床空运行时使用
空运行		空运行 DRY	程序以机床参数设定的最大速度空走,不加工。调试程序、图形仿真时使用
进给保持		进给保持 FEED HOLD	使正在运行或加工的程序暂停。再次按下"循环启动"刚恢复程序运行
循环启动		循环启动 CYCLE START	程序于自动加工或"MDI"模式时,按下有效。按下时要保证在自动加工状态(需先对刀)或机床锁定状态下(不对刀,但锁住机床)运行
主轴正转		主轴正转	
主轴停止		主轴停转	手动(JOG)模式下,按相应键实现相应功能
主轴反转		主轴反转	
POS	POS	坐标显示	Position。该状态下显示当前刀具或工作台的坐标,结合软键可显示绝对坐标、相对坐标及综合坐标系

表 12.3(续 2)

数控车图标	数控铣图标	功能说明	操作说明
CSTM/GR	CUSTOM GRAPH	图形显示	GRAPHIC。在自动运动模式下显示程序的图形;或在机床锁定状态下显示调试程序的图形
PROG	PROG	程序键	PROGRAM。显示程序画面或程序目录画面
INSERT	PROG	输入键	INSERT。输入程序。"EOB"为程序结尾,一般为";"
CAN	CAN	取消键	CANCEL。删除或取消功能。依次删除输入缓冲区的最后一个字符
DELETE	DELETE	删除键	DELETE。删除程序功能,或已输入程序中的代码
ALTER	ALTER	替换键	ALTER。替换程序中的代码或字
RESET	RESET	复位键	RESET。将程序复位,光标置于程序开头。或消除机床警报
OFS/SET	OFFSET SETTING	坐标偏置设置	OFFSET SETTING。该功能设置工件坐标系及刀具半径补偿、刀具长度补偿

2. 基本操作流程

①系统通电,开机;

②主菜单"选项"下的子菜单"选择机床和系统",弹出设置窗口,在该窗口中进行机床和系统的选择;

③回零。若系统无强制机床回零,则回零操作可在对刀前进行;

④输入加工程序,并用"RESET"键置光标于程序开头;

⑤装刀具及装夹工件;

⑥对刀操作(若此前没有回零,则在对刀前要回零);

⑦将刀具置于安全位置,于"自动"模式下,按"循环启动"按钮进行加工。

注意:数控机床操作或软件模拟时,相应的操作必须在相应的操作模式下进行。如要输入程序,必须在"编辑"(EDIT)模式下,进入"程序"(PROG)内输入、编辑与修改程序。即先按机床控制面板上的"编辑"键,再按数控系统面板上的"程序"(PROG)。

程序加工与模拟必须在"自动"(AUTO)模式下进行。

机床回参考点(回零),必须在"回零"(REF)模式下。

对刀必须在"手动"(JOG)模式下,手动操作如主轴转动、换刀、手动快移也在手动模式下。

第13章　特种加工技术

【学习要求】

（1）了解特种加工产生的背景、技术特点和发展趋势；

（2）熟悉常见特种加工方法的工作原理，加工特点和应用范围；

（3）熟悉常见特种加工设备的组成与技术指标；

（4）掌握特种加工的机器指令及编程方法；

（5）建立产品质量、加工成本、生产效益、安全生产和环境保护等方面的工程意识，养成遵守职业规范、职业道德等方面的习惯，增强岗位责任感和敬业精神。

13.1　特种加工基本知识

传统的机械加工是利用刀具比工件硬的特点，依靠机械能去除金属来实现加工的，其实质是"以硬碰硬"。随着社会生产的需要和科学技术的进步，20世纪40年代，苏联科学家拉扎连柯夫妇研究开关触点遭受火花放电腐蚀损坏的现象和原因，发现电火花的瞬时高温可使局部的金属熔化、汽化而被腐蚀掉，他们开创和发明了电火花加工。至此，人们初次脱离了传统加工的旧轨道，利用电能、热能，在不产生切削力的情况下，以低于工件金属硬度的工具去除工件上多余的部位，成功地获得了"以柔克刚"的技术效果。后来，由于各种先进技术的不断应用，产生了多种有别于传统机械加工的新加工方法。这些新加工方法从广义上定义为特种加工（Non—Traditional Machining，NTM），也被称为非传统加工技术，其加工原理是将电、热、光、声、化学等能量或其组合施加到工件被加工的部位上，从而实现材料去除。

13.1.1　特种加工的特点及分类

与传统的机械加工相比，特种加工的不同点是：

①不是主要依靠机械能，而是主要依靠其他能量（如电、化学、光、声、热等）去除金属材料。

②加工过程中工具和工件之间不存在显著的机械切削力，故加工的难易与工件硬度无关。

③不存在加工中的机械应变或大面积热应变，可获得较低的表面粗糙度，其热应力、残余应力均较小，尺寸稳定性好。

正因为特种加工工艺具有上述特点，所以就总体而言，特种加工可以加工任何硬度、强度、韧性、脆性的金属或非金属材料，且专长于加工复杂、微细表面和低刚度的零件。

目前，国际上对特种加工技术的研究主要表现在以下几个方面。

①微细化。目前，国际上对微细电火花加工、微细超声波加工、微细激光加工、微细电

化学加工等的研究方兴未艾,特种微细加工技术有望成为三维实体微细加工的主流技术。

②特种加工的应用领域正在拓宽。例如,非导电材料的电火花加工,电火花、激光、电子束表面改性等。

③广泛采用自动化技术。充分利用计算机技术对特种加工设备的控制系统、电源系统进行优化,建立综合参数自适应控制装置、数据库等,进而建立特种加工的 CAD/CAM 和 FMS 系统,这是当前特种加工技术的主要发展趋势。

特种加工的分类还没有明确的规定,一般按能量来源和作用形式以及加工原理可分为表 13.1 所示的形式。

表 13.1　特种加工分类

加工方法		主要能量形式	作用形式
电火花加工	电火花成形加工	电、热能	熔化、汽化
	电火花线切割加工	电、热能	熔化、汽化
电化学加工	电解加工	电化学能	离子转移
	电铸加工	电化学能	离子转移
	涂镀加工	电化学能	离子转移
高能束加工	激光束加工	光、热能	熔化、汽化
	电子束加工	电、热能	熔化、汽化
	离子束加工	电、机械能	切蚀
	等离子弧加工	电、热能	熔化、汽化
物料切蚀加工	超声加工	声、机械能	切蚀
	磨料流加工	机械能	切蚀
	液体喷射加工	机械能	切蚀
化学加工	化学铣切加工	化学能	腐蚀
	光刻加工	光、化学能	光化学、腐蚀
	粘接	化学能	化学键
复合加工	电化学电弧加工	电化学能	熔化、汽化腐蚀
	电解电火花机械磨削	电、热能	离子转移、熔化、切削
	超声放电加工	声、热、电能	熔化、切蚀

13.1.2　特种加工对传统制造工艺的影响

随着特种加工技术不断发展完善,对传统的机械制造工艺方法产生了很多重要影响,特别是零件的结构设计和制造工艺路线产生了重大变革。

1. 提高了材料的可加工性

金刚石、硬质合金、淬火钢、石英、玻璃、陶瓷等一般很难加工。电火花、电解、激光等多种加工方法使金刚石、聚晶(人造)金刚石制造的刀具、工具、拉丝模具等得到了广泛应用,材料的可加工性不再与硬度、强度、韧性、脆性等有直接关系。例如,对电火花线切割而言,淬火钢比未淬火钢更易加工。特种加工技术使材料的可加工范围从普通材料发展到了硬质合金、超硬材料和特殊材料。

2. 改变了零件的典型工艺路线

在传统加工中(磨削加工除外),切削加工、成形加工等都必须安排在淬火工序前进行,这是所有工艺人员必须遵守的工艺准则,但特种加工的出现改变了这种一成不变的格式。由于特种加工基本上不受工件硬度的影响,为了避免加工后再进行淬火而引起变形,一般都是先淬火、后加工,最为典型的加工方法是电火花线切割加工、电火花成形加工和电解加工。

3. 缩短了新产品试制周期

试制新产品时,采用特种加工技术可以直接加工出各种标准和非标准直齿轮,微型电动机转子硅钢片,各种变压器铁芯,各种复杂、特殊的二次曲面体等零件,可以省去设计和制造相应的刀具、夹具、量具、模具以及二次工具的环节,大大缩短了试制周期。

4. 对产品零件的结构设计产生了很大的影响

各种复杂冲模以往难以制造,一般做成镶拼式结构,在采用电火花线切割加工技术后,即使是硬质合金的模具或刀具也可以做成整体式结构。由于电解加工的出现,喷气发动机涡轮也可以采用带冠整体结构,大大提高了发动机的性能。

5. 改变了对传统结构工艺性的衡量标准

方孔、小孔、深孔、弯孔、窄缝等被认为是工艺性很差的典型,对工艺设计人员来说是非常忌讳的甚至被认为是机械结构的禁区。但是对于电火花穿孔加工、电火花线切割来说,方孔、圆孔的难易程度是一样的。喷油嘴小孔,喷丝头小异形孔,涡轮叶片上大量的小冷却深孔、窄缝,静压轴承和静压导轨的内油囊型腔等,在采用电火花加工技术以后,其工艺性得到了改善。采用传统机械加工方法时,若在淬火工艺处理前漏掉钻定位销、铣槽等工,淬火处理后这种工件只能报废,现在则可以用电火花打孔、切槽等方法进行补救。而且,现在为了避免淬火处理产生开裂、变形等缺陷,还特意把钻孔、开槽等工艺安排在淬火工艺处理之后,使工艺路线的安排更为灵活。

13.2　电火花加工

电火花加工(Electrical Discharge Machining,EDM),又称放电加工或电蚀加工,是利用浸在工作液中的两极间脉冲放电时产生的电蚀作用,蚀除导电材料的特种加工方法。1943年,苏联学者拉扎连科夫妇研究发明电火花加工,之后随着脉冲电源和控制系统的改进,而迅速发展起来。因放电过程可以见到火花,故称为电火花加工。

13.2.1　电火花加工的原理及特点

1. 电火花加工原理

电火花加工是基于电火花腐蚀原理。进行电火花加工时,工具电极和工件分别接高频脉冲电源的两极,并浸入工作液中,或将工作液充入放电间隙。通过间隙自动控制系统控制工具电极向工件进给,当两电极间的间隙达到一定距离时,两电极上施加的脉冲电压将工作液击穿,产生火花放电。在放电的微细通道中瞬时集中大量的热能,温度可高达一万摄氏度以上,压力也有急剧变化,从而使这一点工作表面局部微量的金属材料立刻熔化、汽化，并爆炸式地飞溅到工作液中迅速冷凝，形成固体的金属微粒被工作液带走。这时在工件表面上便留下一个微小的凹坑痕迹，放电短暂停歇，两电极间工作液又恢复绝缘状态。如图13.1(a)所示。

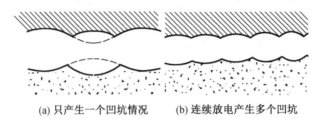

(a) 只产生一个凹坑情况　　(b) 连续放电产生多个凹坑

图13.1　电火花加工表面局部放大图

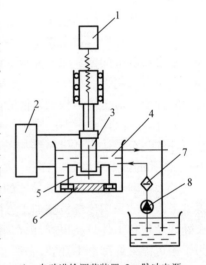

1—自动进给调节装置；2—脉冲电源；
3—工具；4—工作液；
5—工件；6—夹具；
7—过滤器；8—工作液泵。

图13.2　电火花加工装置原理图

　　紧接着，下一个脉冲电压又在两电极相对接近的另一点处击穿，产生火花放电，重复上述过程，如图13.1(b)所示。这样，虽然每个脉冲放电蚀除的金属量极少，但因每秒有成千上万次脉冲放电的作用，就能蚀除较多的金属，具有一定的生产率。在保持工具电极与工件之间恒定放电间隙的条件下，一边蚀除工件金属，一边使工具电极不断地向工件进给，最后便加工出与工具电极形状相对应的形状来。因此，只要改变工具电极的形状和工具电极与工件之间的相对运动方式，就能加工出各种复杂的型面。图13.2为电火花加工装置原理图。

　　电火花加工一般在液体介质中进行。液体介质通常叫作工作液，其作用主要是：

　　①压缩放电通道，并限制其扩展，使放电能量高度集中在极小的区域内，既加强了蚀除的效果，又提高了放电仿型的精确性。

　　②加速电极间隙的冷却和消电离过程，有助于防止出现破坏性电弧放电。

　　③加速电蚀产物的排除。

　　④加剧放电的流体动力过程，有助于金属的抛出。

　　由此可见，工作液是参与放电蚀除过程的重要因素，它的种类、成分和性质势必影响加工的工艺指标。

　　目前，电火花成型加工多采用油类做工作液。机油黏度大、燃点高，用它做工作液有利于压缩放电通道，提高放电的能量密度，强化电蚀产物的抛出效果，但黏度大不利于电蚀产物的排出，影响正常放电；煤油黏度低，流动性好，但排屑条件较好。在粗加工时，要求速度快，放电能量大，放电间隙大，故常选用机油等黏度大的工作液；在半精、精加工时，放电间隙小，往往采用煤油等黏度小的工作液。

　　采用水做工作液是值得注意的一个方向。用各种油类以及其他碳氢化合物做工作液时，在放电过程中不可避免地产生大量炭黑，严重影响电蚀产物的排除及加工速度，这种影响在精密加工中尤为明显。所以，最好采用不含碳的介质，水是最方便的一种。此外，水还具有流动性好、散热性好、不易起弧、不燃、无味、价廉等特点。但普通水是弱导电液，会产生离子导电的电解过程，这是很不利的，目前还只在某些大能量粗加工中采用。

在精密加工中，可采用比较纯的蒸馏水、去离子水或乙醇水溶液来做工作液，其绝缘强度比普通水高。

2. 电火花加工特点

电火花加工不用机械能量，不靠切削力去除金属，而是直接利用电能和热能来去除金属。相对于机械切削加工而言，电火花加工具有如下特点：

①适合于用传统机械加工方法难以加工的材料加工，表现出"以柔克刚"的特点。因为材料的去除是靠放电热蚀作用实现的，材料的加工性主要取决于材料的热学性质，如熔点、比热容、导热系数（热导率）等，几乎与其硬度、韧性等力学性能无关。工具电极材料不必比工件硬，所以电极制造相对比较容易。

②可加工特殊及复杂形状的零件。由于电极和工件之间没有相对切削运动，不存在机械加工时的切削力，因此适宜于低刚度工件和细微加工。由于脉冲放电时间短，材料加工表面受热影响范围比较小，所以适宜于热敏性材料的加工。此外，由于可以简单地将工具电极的形状复制到工件上，因此特别适用于薄壁、低刚性、弹性、微细及复杂形状表面的加工，如复杂的型腔模具的加工。

③可实现加工过程自动化。加工过程中的电参数较机械量易于实现数字控制、自适应控制、智能化控制，能方便地进行粗、半精、精加工各工序，简化工艺过程。在设置好加工参数后，加工过程中无须进行人工干涉。

④可以改进结构设计，改善结构的工艺性。采用电火花加工后可以将拼镶、焊接结构改为整体结构，既大大提高了工件的可靠性，又大大减少了工件的体积和质量，还可以缩短模具加工周期。

电火花加工有其独特的优势，但同时电火花加工也有一定的局限性，具体表现在以下几个方面：

①主要用于金属材料的加工。不能加工塑料、陶瓷等绝缘的非导电材料。

②加工效率比较低。一般情况下，单位加工电流的加工速度不超过 20 $mm^3/(A \cdot min)$。相对于机械加工来说，电火花加工的材料去除率是比较低的。因此经常采用机械加工切削去除大部分余量，然后再进行电火花加工。此外，加工速度和表面质量存在着突出的矛盾，即精加工时加工速度很低，粗加工时常受到表面质量的限制。

③加工精度受限制。电火花加工中存在电极损耗，由于电火花加工靠电、热来蚀除金属，电极也会遭受损耗，而且电极损耗多集中在尖角或底面，影响成形精度。

④加工表面有变质层甚至微裂纹。由于电火花加工时在加工表面产生瞬时的高热量，因此会产生热应力变形，从而造成加工零件表面产生变质层。

⑤最小角部半径的限制。通常情况下，电火花加工得到的最小角部半径略大于加工放电间隙，一般为 0.02 ~ 0.03 mm，若电极有损耗或采用平动头加工，角部半径还要增大，而不可能做到真正的完全直角。

⑥加工表面的"光泽"问题。加工表面是由很多个脉冲放电小坑组成。一般精加工后的表面，也没有机械加工后的那种"光泽"，需经抛光后才能发"光"。

13.2.2 电火花成型加工

电火花成型加工包括电火花型腔加工(又称型腔加工,加工各类型腔模及各种复杂的型腔零件)和电火花穿孔工(加工各种冲模、粉末冶金模、各种异形孔及深孔、微孔等)。在加工时,不用机械能量,不靠切削力去除金属,而是直接利用电能和热能来去除金属。电火花成型加工具有以下特点:

①适用于传统机械加工难于加工的材料加工。材料的去除是靠放电热蚀作用实现的,工具电极材料不必比工件硬,电极制作相对比较容易。

②可加工特殊及复杂形状的零件。电极和工件之间没有相对切削运动,不存在机械加工时的切削力,适宜于低刚度工件和微细加工。脉冲放电时间短,材料加工表面受热影响范围比较小,适宜于热敏性材料的加工。由于可以简单地将工具电极的形状复制到工件上,因此特别适用于薄壁、低刚性、弹性、微细及复杂形状表面的加工。

③加工过程中的电参数易于实现数字控制、自适应控制、智能化控制,能方便地进行粗、半精、精加工各工序,简化工艺过程。

④可改进结构设计,改善结构的工艺性,可将拼镶、焊接结构改为整体结构。

⑤可以改变零件的工艺路线。电火花加工不受材料硬度的影响,可以在淬火后进行加工,可以避免淬火过程中产生的热处理变形。

电火花成型加工机床(图13.3)由床身、立柱、工作台、主轴头、工作液和循环过滤系统、脉冲电源、伺服进给机构及工作台附件等部分组成。

由于电火花成型加工有其独特的优势,其应用领域日益扩大,已经广泛应用于机械、宇航、电子、核能、仪器、轻工等部门,成为常规切削、磨削加工的重要补充和发展。如图13.4电火花成型加工案例所示,电火花成型在模具制造中的主要应用在以下几个方面:

①高硬度零件加工。对于某些要求硬度较高的模具或者是硬度特别高的滑块、顶块等零件,在热处理后期表面硬度很高,采用机械加工方式将很难加工。采用电火花加工可以不受材料的影响,实现所谓的低损耗加工。

②型腔尖角部位加工。有些模具的型腔常存在着一些尖角部位,在常规切削加工中存在

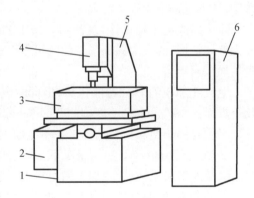

1—床身;2—工作液箱;3—工作液槽;
4—主轴头;5—立柱;6—控制柜 。

图 13.3 电火花成型加工机床

刀具半径大而无法加工到位,使用电火花加工可以完全成型。通常型腔越小、越复杂,其优势越明显。

③模具上的窄深槽加工。在铸件上,常有各种窄长的加强筋或者散热片,这种筋在模具上表现为下凹的深而窄的槽,使用电火花加工可以顺利地完成。

④深腔部位的加工。机械加工时,没有足够长的刀具或刀具没有足够的刚性,此时使用电火花加工可以保证零件的精度。

⑤微小孔加工。电火花加工可以完成各种圆形微小孔、异形孔、长深宽比非常大的深孔加工。

⑥电火花微细加工。电火花微细加工主要指尺寸小于 300 μm 的轴孔、沟槽、型腔等的加工,有学者甚至加工出了直径 5 μm 的微细孔和直径 25 μm 的微细轴,代表了当前这一领域的世界前沿水平。

(a) 窄缝深槽加工

(b) 花纹文字加工

(c) 型腔加工

(d) 冷冲模穿孔加工

图 13.4　电火花成型加工案例

电火花成型加工并不是万能的,也存在一些局限性。具体表现在:

①不能用于塑料、陶瓷等绝缘非导电材料的加工。

②电火花加工的材料去除率比较低,加工效率低。

③电火花加工中存在电极损耗,所以加工精度受限制。

④电火花加工时放电部位必须在工作液中,因此不便于观察加工状态。

⑤电火花加工是一项技术性较强的工作,操作人员的技术水平对加工质量有很大的影响。

13.2.3　电火花线切割加工

1. 电火花线切割加工的原理及特点

电火花线切割加工(Wire Cut EDM,简称 WEDM)是通过高频脉冲电源在电极丝和工件两极之间施加脉冲电压,通过伺服机构使电极丝和工件保持一定的间隙,使电极丝和工件在绝缘工作液介质中发生脉冲性火花放电。脉冲放电产生的瞬时高温将工件表面材料融化甚至汽化,逐步蚀除工件材料。在数控系统的控制下,伺服机构使电极丝和工件发生相对位移,通过连续不断的脉冲放电,将工件材料按照预定要求蚀除,达到加工目的。图 13.5

为电火花线切割加工的工作原理。

(1)电火花线切割分类

根据电极丝的运行速度,电火花线切割机床通常分为两大类:

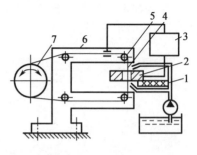

①高速走丝(俗称快走丝)电火花线切割机床(WEDM – HS,HighSpeed),这类机床的电极丝做高速往复运动,一般走丝速度为 8 ~ 10 m/s。

②低速走丝(俗称慢走丝)电火花线切割机床(WEDM – LS,LowSpeed),这类机床的电极丝做低速单向运动,一般走丝速度为 0.2 m/s。

1—绝缘底板;2—工件;3—脉冲电源;
4—钼丝;5—导轮;6—丝架;7—贮丝筒。

图 13.5　电火花线切割加工原理

在电火花线切割加工中,快走丝机床常用乳化液作为工作液,慢走丝机床常用去离子水、煤油作为工作液。

(2)电火花线切割加工特点

①电火花线切割能加工传统方法难于加工或无法加工的高硬度、高强度、高脆性、高韧性等导电材料及半导体材料。

②由于电极丝细小,可以加工微细异形孔、窄缝和复杂形状零件。

③工件被加工表面受热影响小,适合于加工热敏感性材料;同时,由于脉冲能量集中在很小的范围内,因此加工精度较高。

④加工过程中,电极丝与工件不直接接触,无宏观切削力,有利于加工低刚度工件。

⑤由于加工产生的切缝窄,实际金属蚀除量很少,材料利用率高。

⑥直接利用电能进行加工,电参数容易调节,便于实现加工过程自动控制。

电火花线切割加工的不足之处:由于是用电极丝进行贯通加工,所以它不能加工盲孔和阶梯表面;另外生产效率相对较低。

2.电火花线切割机床编程方法及实例

在国产高速走丝线切割机床上一般用 3B 格式,但一般也兼容 ISO 格式。ISO 代码的编法在数控加工技术一章已有详细介绍,本章不再赘述。

(1)3B 程序格式

3B 格式:B X B Y B J G Z

其中各字母含义如下:B—— 分割符;X—— X 坐标绝对值;Y—— Y 坐标绝对值;J—— 计数长度;G—— 计数方向:计 X 方向为 GX;计 Y 方向为 GY;Z—— 加工指令;X、Y、J 均为不超过八位数的数值,单位:微米。

(2)线段的3B 代码格式

坐标系的建立:把坐标系的原点取在线段的起点上。

格式中每项的意义:

① X、Y——线段的终点坐标绝对值(X_e,Y_e);

②计数长度(J)——如图 13.6 所示,根据线段的终点坐标绝对值,哪一个大取哪一个值,如:$X_e > Y_e$ 则取 X_e;$Y_e > X_e$ 则取 Y_e;

③计数方向(G)——如图 13.6 所示,根据线段的终点坐标值,哪一个大就计哪一个方向(如果 $X_e > Y_e$,则计 GX;如果 $Y_e > X_e$ 则取 GY;如果 $Y_e = X_e$,应按:45°,225°计 GY;135°,

315°计 GX);

④加工指令(Z)——第一象限 L1($0° \leqslant \alpha < 90°$);第二象限 L2($90° \leqslant \alpha < 180°$);第三象限 L3($180° \leqslant \alpha < 270°$);第四象限 L4($270° \leqslant \alpha < 360°$)。

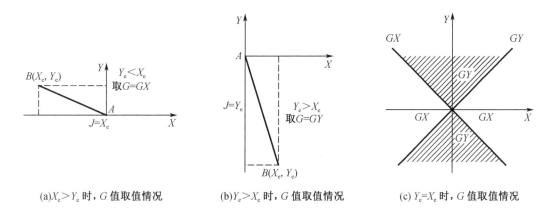

(a)$X_e > Y_e$ 时，G 值取值情况   (b)$Y_e > X_e$ 时，G 值取值情况   (c)$Y_e = X_e$ 时，G 值取值情况

图 13.6   计数长度和计数方向示意图

(3)圆弧的 3B 代码格式

坐标系的建立:把坐标系的原点取在圆的圆心上。

格式中每项的意义:

①X、Y——圆弧的起点坐标绝对值;

②计数长度——当计数方向确定后,就是被加工圆弧在该方向(计数方向)投影长度的总和;

③计数方向——根据圆弧的终点坐标值(X_e、Y_e)来确定,哪一个小就计哪一个方向,如果 $X_e > Y_e$,则计 GY;如果 $Y_e > X_e$,则取 GX;如果 $Y_e = X_e$,则任取;

④加工指令——看起点在哪个象限。圆弧按切割的走向可分为顺圆 S 和逆圆 N,于是共有 8 种指令:SR1、SR2、SR3、SR4、NR1、NR2、NR3、NR4,具体可参考图 13.7。

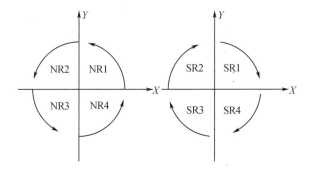

图 13.7   圆弧加工指令的确定

(4)编程实例

编制加工图 13.8 所示凸模零件的线切割加工程序,不考虑丝径及放电间隙,图中 O 为穿丝孔,拟采取的加工路径为 $O—E—A—B—C—D—E—O$。

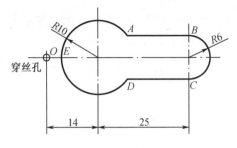

图 13.8 凸模零件图

编制程序如下：

OE：B4000 B0 B4000 GX L1

EA：B10000 B0 B14000 GY SR2

AB：B17000 B0 B17000 GX L1

BC：B0 B6000 B12000 GY SR1

CD：B17000 B0 B17000 GX L3

DE：B8000 B6000 B14000 GY SR4

EO：B4000 B0 B4000 GX L3

结束符：DD

13.2.4 电火花成型加工与线切割加工的比较

电火花成型加工、电火花线切割加工都是利用火花放电产生的热量来去除金属的,它们加工的工艺和机理有较多的相同点,又有各自独有的特性。

1. 共同特点

①二者的加工原理相同,都是通过电火花放电产生的热来熔解去除金属的,所以二者加工材料的难易与材料的硬度无关,加工中不存在显著的机械切削力。

②二者的加工机理、生产率、表面粗糙度等工艺规律基本相似,可以加工硬质合金等一切导电材料。

③最小角部半径有限制。电火花加工中最小角部半径为加工间隙,线切割加工中最小角部半径为电极丝的半径加上放电间隙。

2. 不同特点

①从加工原理来看,电火花加工是将电极形状复制到工件上的一种工艺方法,在实际中可以加工通孔(穿孔加工)和盲孔(成型加工)。线切割加工是利用移动的细金属导线(铜丝或钼丝)做电极,对工件进行脉冲火花放电、切割成型的一种工艺方法。

②从产品形状角度看,电火花加工必须先用数控加工等方法加工出与产品形状相似的电极;线切割加工中产品的形状是通过工作台按给定的控制程序移动而合成的,只对工件进行轮廓图形加工,余料仍可利用。

③从电极角度看,电火花加工必须制作成型用的电极(一般用铜、石墨等材料制作而成);线切割加工用移动的细金属导线(铜丝或钼丝)做电极。

④从电极损耗角度看,电火花加工中电极相对静止,易损耗,故通常采用多个电极加工;线切割加工中由于电极丝连续移动,使新的电极丝不断地补充和替换在电蚀加工区受

到损耗的电极丝,避免了电极损耗对加工精度的影响。

⑤从应用角度看,电火花加工可以加工通孔、盲孔,特别适宜加工形状复杂的塑料模具等零件的型腔以及刻文字、花纹等(图 13.9(a));线切割加工只能加工通孔,能方便地加工出小孔、形状复杂的窄缝及各种形状复杂的零件(图 13.9(b))。

(a) 电火花加工产品　　　　　　　　　(b) 线切割加工产品

图 13.9　加工产品实例

13.2.5　影响电火花加工工艺指标的因素

影响电火花加工工艺指标的因素,可从电参量与非电参量因素两方面进行讨论。

1. 电参量对加工工艺指标的影响

电参量是指脉冲电源的参变量,包括脉冲峰值电流、脉冲宽度、脉冲间隔、脉冲频率和电源电压。

①脉冲峰值电流对加工工艺指标的影响。在其他参数不变的情况下,脉冲峰值电流增大会增加单个脉冲放电的能量,加工电流也会随之增大。线切割速度会明显增加,表面粗糙度值增大。

②脉冲宽度对加工工艺指标的影响。在加工电流保持不变的情况下,使脉冲宽度和脉冲停歇时间成一定比例变化。脉冲宽度增加,切割速度会随之增大,但脉宽增大到一定数值后,加工速度不再随脉冲的增大而增大。线切割加工的脉冲宽度一般不大于 50 μs。增大脉宽,表面粗糙度值会有所增大。

③在脉冲宽度一定的条件下,若脉冲间隔减小,加工速度提高。这是因为脉冲间隔减小导致单位时间内工作脉冲数目增多、加工电流增大,故加工速度提高;但若脉冲间隔过小,会因放电间隙来不及消电离引起加工稳定性变差,导致加工速度降低。在脉冲宽度一定的条件下,为了最大限度地提高加工速度,应在保证稳定加工的同时,尽量缩短脉冲间隔时间。带有脉冲间隔自适应控制的脉冲电源,能够根据放电间隙的状态,在一定范围内调节脉冲间隔的大小,这样既能保证稳定加工,又可以获得较大的加工速度。

④脉冲频率对加工工艺指标的影响。单个脉冲能量一定的条件下,提高脉冲放电次数,即提高脉冲频率,加工速度会提高。理论上,单个脉冲能量不变,则加工表面的粗糙度也不变。事实上,对快走丝线切割,当脉冲频率加大时,加工电流会随之增大,引起换向切割条纹的明显不同,切割工件的表面粗糙度值会随之增大。

⑤电源电压对加工工艺参数的影响。峰值电流和加工电流保持不变的条件下,增大电

源电压,能明显提高切割速度,但对表面粗糙度的影响不大。在排屑困难、小能量、小粗糙度条件下,以及对高阻抗、高熔点材料进行切割加工时,电源电压的增高会提高加工的稳定性,切割速度和加工面质量都会有所改善。

2. 非电参量对加工工艺指标的影响

(1)走丝速度

对切割速度的影响:主要是通过改变排屑条件来实现的。提高走丝速度有利于电极丝把工作液带入较大厚度的工件放电间隙中;电蚀产物的排出,使加工稳定,提高加工速度。走丝速度过高,会导致机械振动加大,加工精度降低和表面粗糙度增大,并易造成断丝。对于快走丝线切割,应考虑由于丝电极速度的改变所产生的换向切割条纹对表面粗糙度的影响。

(2)电极丝张力对加工工艺指标的影响

提高电极丝的张力可以减小加工过程中丝的振动,从而提高加工精度和切割速度。如果过分增大丝的张力,会引起频繁断丝而影响加工速度。电极丝张力的波动对加工稳定性和加工质量影响很大,采用恒张力装置可以减小丝张力的波动。

(3)电极丝对加工工艺指标的影响

包括丝的材料和丝的粗细两个方面。慢走丝线切割多采用黄铜和紫铜丝作为电极材料,快走丝线切割多采用钼丝和钨钼合金作为电极材料。增大丝半径,可以提高电极丝容许的脉冲电流值,可以提高加工速度,但同时加工表面粗糙度增大。一般使用粗电极丝切割厚工件,使用细电极丝切割粗糙度要求高的工件。

(4)工件厚度对加工工艺指标的影响

切割薄工件时,工作液易于进入和充满放电间隙,有利于排屑和消除电解过程中工作液里的正负离子。但工件太薄,则易使电极丝抖动,不利于加工精度和表面粗糙度。切割厚工件时,工作液难以进入和充满放电间隙,故加工稳定性差,但由于电极丝不易抖动,故加工精度和表面粗糙度较好。

(5)工作液对加工工艺指标的影响

工作液具有介电、冷却、排屑等作用。对加工速度和加工质量的影响:用煤油加工出的工件呈暗灰色,用去离子水加工出的工件呈灰色,用乳化液加工出的工件呈银白色。工作液的电阻率对加工速度的影响:快走丝线切割机床的工作液装置一般都没有净化设施,工作液使用时间不能太长;慢走丝线切割由于多用去离子水,所以应定期更换离子交换树脂。

13.3　其他常见特种加工技术

13.3.1　激光加工技术

激光技术是20世纪60年代初发展起来的一门新兴科学,在材料加工方面,已逐步形成一种崭新的加工方法——激光加工(Laser Beam Machining,LBM)。激光加工可以用于打孔、切割、电子器件的微调、焊接、热处理以及激光存储等各个领域。由于激光加工不需要加工工具,而且加工速度快、表面变形小,可以在空气中加工各种材料,已经在生产实践中越来越多地显示了它的优越性,所以很受人们的重视。

激光加工是利用光的能量经过透镜聚焦后,在焦点上达到很高的能量密度,靠光热效应来加工各种材料。人们曾用透镜将太阳光聚焦,使纸张木材引燃,但无法用作材料加工,这是因为地面上太阳光的能量密度不高,并且太阳光不是单色光,而是红橙黄绿青蓝紫等多种不同波长的多色光,聚焦后焦点并不在同一平面内。只有激光是可控的单色光,强度高、能量密度大,聚焦后可以在空气介质中将任何材料熔化、汽化,高速加工各种材料,获得日益广泛的应用。

1. 激光加工原理

激光加工是以激光为热源对工件进行热加工。从激光器输出的高强度激光经过透镜聚焦到工件上,其焦点处的功率密度高达 $10^7 \sim 10^{12}$ W/cm^2,温度高达 1 万摄氏度以上,任何材料都会瞬时熔化、汽化。激光加工就是利用这种光能的热效应对材料进行焊接、打孔和切割等加工的。使用二氧化碳气体激光器(图 13.10)切割时,一般在光束出口处装有喷嘴,用于喷吹氧、氮等辅助气体,以提高切割速度和切口质量。由于激光加工是无接触式加工,工具不会与工件的表面直接摩擦产生阻力,所以激光加工的速度极快,加工对象受热影响的范围较小而且不会产生噪音。由于激光束的能量和光束的移动速度均可调节,因此激光加工可应用到不同层面和范围上。

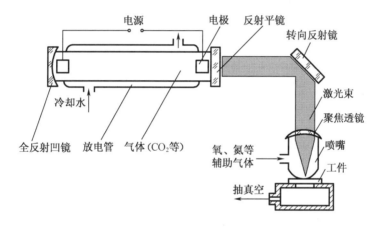

图 13.10 二氧化碳气体激光器

激光加工的加工过程大体上可分为如下几个阶段:

①激光束照射工件材料(光的辐射能部分被反射,部分被吸收并对材料加热,部分因热传导而损失);

②工件材料吸收光能;

③光能转变成热能使工件材料无损加热(激光进入工件材料的深度极浅,所以在焦点中央表面温度迅速升高);

④工件材料被熔化、蒸发、汽化并溅出去除或破坏;

⑤作用结束与加工区冷凝。

2. 激光加工的特点

激光具有的宝贵特性决定了激光在加工领域存在的优势:

①由于它是无接触加工,并且高能量激光束的能量及其移动速度均可调,因此可以实现多种加工的目的。

②它可以对多种金属、非金属材料进行加工,特别是可以加工高硬度、高脆性、高熔点

的材料。

③激光加工过程中无"刀具"磨损,无"切削力"作用于工件。

④激光加工过程中,激光束能量密度高,加工速度快,并且是局部加工,对非激光照射部位没有影响或影响极小。因此,其热影响区小,工件热变形小,后续加工量小。

⑤它可以通过透明介质对密闭容器内的工件进行各种加工。

⑥由于激光束易于导向、聚集实现作各方向变换,极易与数控系统配合,对复杂工件进行加工,因此是一种极为灵活的加工方法。

⑦使用激光加工,生产效率高,质量可靠,经济效益好。例如,美国通用电气公司采用板条激光器加工航空发动机上的异形槽,不到 4 小时即可高质量完成,而原来采用电火花加工则需要 9 小时以上。仅此一项,每台发动机的造价可省 5 万美元。另外,激光切割钢件工效可提高 8～20 倍,材料可节省 15%～30%,大幅度降低了生产成本,并且加工精度高,产品质量稳定可靠。

3. 激光加工的应用

由于激光加工技术具有许多其他加工技术所无法比拟的优点,所以应用较广。目前已成熟的激光加工技术包括:激光焊接技术、激光打孔技术、激光打标技术、激光蚀刻技术、激光切割技术、激光热处理和表面处理技术、激光微细加工技术等。

(1)激光焊接技术

激光焊接强度高、热变形小、密封性好,可以焊接尺寸和性质悬殊,以及熔点很高(如陶瓷)和易氧化的材料。激光焊接的心脏起搏器,其密封性好、寿命长,而且体积小。

(2)激光打标技术

激光打标技术是激光加工最大的应用领域之一。激光打标是利用高能量密度的激光对工件进行局部照射,使表层材料汽化或发生颜色变化的化学反应,从而留下永久性标记的一种打标方法。激光打标可以打出各种文字、符号和图案等,字符大小可以从毫米量级到微米量级,这对产品的防伪有特殊的意义。准分子激光打标是近年来发展起来的一项新技术,特别适用于金属打标,可实现亚微米打标,已广泛用于微电子工业和生物工程。

(3)激光打孔技术

采用脉冲激光器可进行打孔,脉冲宽度为 0.1～1.0 ms,特别适用于打微孔和异形孔,孔径约为 0.005～1.000 mm。激光打孔已广泛用于钟表和仪表的宝石轴承、金刚石拉丝模、化纤喷丝头等工件的加工。

(4)激光蚀刻技术

激光蚀刻技术比传统的化学蚀刻技术工艺简单,可大幅度降低生产成本,可加 0.125～1.000 μm 宽的线,非常适合于超大规模集成电路的制造。用激光可对流水线上的工件刻字或打标记,并不影响流水线的速度,刻画出的字符可永久保持。

(5)激光切割技术

在造船、汽车制造等工业中,常使用百瓦至万瓦级的连续 CO_2 激光器对大工件进行切割,既能保证精确的空间曲线形状,又有较高的加工效率。对小工件的切割,常用中、小功率固体激光器或 CO_2 激光器。在微电子学中,常用激光切划硅片或切窄缝,速度快、热影响区小。

（6）激光热处理技术（激光相变硬化、激光淬火）

激光热处理是利用高功率密度的激光束对金属进行表面处理的方法，它可以对金属实现相变硬化（或称作表面淬火、表面非晶化、表面重熔淬火）、表面合金化等表面改性处理，产生用其他表面淬火达不到的表面成分、组织、性能的改变。经激光处理后，铸铁表面硬度可以达到 60HRC 以上，中碳及高碳的碳钢表面硬度可达 70HRC 以上，从而提高其抗磨性、抗疲劳、耐腐蚀、抗氧化等性能，延长其使用寿命。

激光热处理用激光照射材料，选择适当的波长和控制照射时间、功率密度，可使材料表面熔化和再结晶，达到淬火或退火的目的。激光热处理的优点是可以控制热处理的深度，可以选择和控制热处理部位，工件变形小，可处理形状复杂的零件和部件，可对盲孔和深孔的内壁进行处理。例如，气缸活塞经激光热处理后可延长寿命；用激光热处理可恢复离子轰击所引起损伤的硅材料。

（7）激光强化处理技术

激光表面强化技术基于激光束的高能量密度加热和工件快速自冷却两个过程，在金属材料激光表面强化中，当激光束能量密度处于低端时，可用于金属材料的表面相变强化，当激光束能量密度处于高端时，工件表面光斑处相当于一个移动的坩埚，可完成一系列的冶金过程，包括表面重熔、表层增碳、表层合金化和表层熔覆。这些功能在实际应用中引发的材料替代技术，将给制造业带来巨大的经济效益。

而在刀具材料改性中主要应用的是熔化处理，熔化处理是金属材料表面在激光束照射下成为熔化状态，同时迅速凝固，产生新的表面层。根据材料表面组织变化情况，可分为合金化、熔覆、重熔细化、上釉和表面复合化等。

（8）激光微细加工技术

微细加工选择适当波长的激光，通过各种优化工艺和逼近衍射极限的聚焦系统，获得高质量光束、高稳定性、微小尺寸焦斑的输出。利用其锋芒尖利的"光刀"特性，进行高密微痕的刻制、高密信息的直写；也可利用其光阱的"力"效应，进行微小透明球状物的夹持操作。例如高精密光栅的刻制；通过 CAD/CAM 软件进行图案（或文字）的仿真和控制，实现高保真打标；利用光阱的"束缚力"，对生物细胞执行移动操作（生物光镊）。

13.3.2　超声加工技术

超声加工（Ultrasonic Machining，USM）有时也称超声波加工。1927 年，美国物理学家伍德和卢米斯最早作了超声加工试验，利用强烈的超声振动对玻璃板进行雕刻和快速钻孔，但当时并未应用在工业上；1951 年，美国的科恩制成第一台实用的超声加工机。超声加工在几十年里得到了迅猛发展，尤其是在难加工材料领域解决了很多关键的工艺问题，取得了良好的效果。难加工材料促进了超声加工技术的发展，从而进一步促进了新材料的发展，可以预测，超声加工技术的应用将会越来越广泛。

1. 超声加工原理

当工具以 16 000 Hz 以上的振动频率作用于悬浮液磨料时，磨料便以极高的速度强力冲击加工表面；同时由于悬浮液磨料的搅动，使磨粒以高速度抛磨工件表面；此外，磨料液受工具端面的超声振动而产生交变的冲击波和"空化现象"。所谓空化现象，是指当工具端面以很大的加速度离开工件表面时，加工间隙内形成负压和局部真空，在磨料液内形成很多微空腔；当工具端面以很大的加速度接近工件表面时，空泡闭合，引起极强的液压冲击波,从而使脆性材料产生局部疲劳,引起显微裂纹。这些因素使工件的加工部位材料粉碎破坏,随着加工的不断进行,工具的形状就逐渐"复制"在工件上。由此可见,超声波加工是磨粒的机械撞击和抛磨作用,以及超声波空化作用的综合结果,磨粒的撞击作用是主要的。因此,材料越硬脆,越易遭受撞击破坏,越易进行超声波加工。

超声波加工装置如图13.11所示。尽管不同功率大小、不同公司生产的超声波加工设备在结构形式上各不相同,但一般都由超声波发生器、超声振动系统(换能器、振幅扩大棒)、机床本体和磨料工作液循环系统等部分组成。

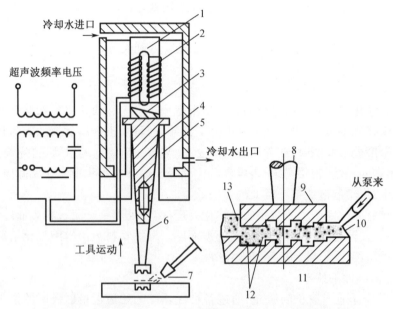

1—换能器;2—激励线圈;3—银钎接缝;4—换能器锥体;5—谐振支座;
6—变幅杆;7—磨料射流;8—工具锥;9—工具头;10—磨料粒子;
11—工件;12—工件材料碎粒;13—磨料悬浮液。

图13.11 超声波加工装置

2.超声加工的特点及应用

超声加工的主要特点如下:

①超声加工适合于加工各种硬脆材料,特别是不导电的非金属材料,例如玻璃、陶瓷(氧化铝、氮化硅等)、石英、锗、硅、玛瑙、宝石、金刚石等。对于导电的硬质金属材料如淬火钢、硬质合金等,也能进行加工,但加工生产效率低。

②由于在加工过程中,工具不需要旋转,因此,易于加工各种复杂形状的型孔、型腔及成形表面。采用中空形状的工具,还可实现各种形状的套料。

③由于去除加工材料是靠极小磨料瞬时局部的撞击作用,故工件表面的宏观切削力很小,切削应力、切削热很小,不会引起变形及烧伤,表面粗糙度也较好,可达 $1.0 \sim 0.1\ \mu m$,加工精度可达 $0.01 \sim 0.02\ mm$,而且可以加工薄壁、窄缝、低刚度零件。

④由于工件材料的碎除是靠磨粒的直接作用,故磨粒硬度一般比加工材料高,因而工具可用较软的材料(如黄铜、45钢、20钢等)制造。工具与工件之间的相对运动简单,只需一个方向轻压进给,故机床结构比较简单,操作、维修方便。

⑤可以与其他的多种加工方法相结合,如超声电火花加工或超声电解加工等。

超声加工的生产率虽然比电火花、电解加工等低,但其加工精度和表面粗糙度都比它们好,而且能加工半导体、非导体的脆硬材料,如玻璃、石英、宝石、锗、硅甚至金刚石等。在实际生产中,超声加工广泛应用于型(腔)孔加工、切割加工(图 13.12)、清洗(图 13.13)等方面。

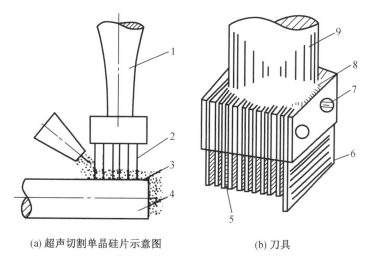

(a) 超声切割单晶硅片示意图　　　　　(b) 刀具

1—变幅杆;2—工具(薄钢片);3—磨料液;4—工件(单晶硅);

5—软钢刀片;6—导向片;7—铆钉;8—焊缝;9—变幅杆。

图 13.12　超声波切割加工

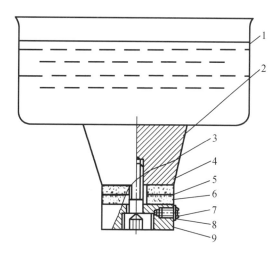

1—清洗槽;2—硬铝合金;3—压紧螺钉;4—换能器压片陶瓷;

5,6—镍片;7—接线螺钉;8—垫圈;9—钢垫块。

图 13.13　超声清洗装置

13.4　特种加工安全技术与环境保护

特种加工技术由于其特殊优越性,近年来得到飞速发展;但由于特种加工原理和加工过程特殊,伴随而来的污染也比传统加工方法较为严重,例如辐射、高温、火焰、悬浮物、气体、氧化物、化学物、电磁雾等。为此,对特种加工的环境与安全问题更应特别重视。

13.4.1　特种加工过程的有害气体与废物处理

1. 有害气体

某些特种加工过程中会产生有害气体,例如在电火花加工、电解加工、激光加工、离子束加工中产生的有害气体可能对生产者和生产环境造成有害作用;同时,在准备过程中还可能使用其他化学药品,它们或直接对人体有害,或其挥发气体影响人体健康。

电火花加工基于热效应,电火花在高电场强度条件下使 2 个电极(成形工具和工件)之间产生电子、离子流,进而产生高温,从而使金属工件和工具电极的对应部位急剧熔化和汽化,同时使电极和工件加工间隙之间的绝缘介质迅速蒸发和分解。故电火花加工中烟雾和气体的产生不可避免地与材料去除原理、绝缘介质和工件材料性质有关。如在电火花加工中采用矿物油或有机液体作为介质,所产生的危险烟雾为多环芳香烃、苯、矿物油雾、矿物气溶胶及附属物分解产生的各种物质。有资料介绍,采用煤油(蒸发气体)则含有烷烃 28% ～ 48%、芳烃 20% ～ 50%、环烷 17% ～ 48%、烯烃 1% ～ 6%,曾有使用美国煤油工作 5 周和 3 ～ 4 年后发生慢性中毒的例子。工作液介质的组成和黏性对产生有害气体有重大影响:黏性小则烟雾少;若采用合成烃介质,会出现烟雾,但没有发现危险的聚合物及分解产物;若采用水溶液作为线切割电火花加工介质,会出现危险物质为 CO、NO、O_3 及其他有害气体。电火花加工中不只是绝缘介质会产生有害气体,同时电极材料和工件材料也会在加工过程产生一定量烟尘。

如上所述,在特种加工中气体的散发不仅会对操作人员的健康带来一定的危害,还会对环境造成污染。因此,空气的污染必须降低到容许的程度,不允许超过最大允许剂量。对于超精加工,只有很少气体散发量时,可采用通风的办法进一步降低。其他则视情况而论,原则上烟和有害气体必须从加工场所抽出去并加以处理。有毒有害气体在排入大气前必须经过净化处理,须达到国家规定的排放标准;另外,还必须保证排风管有一定的高度,以保护环境。研究人员正在努力寻求产生有害气体成分少、浓度低、工艺性良好的液体介质做电加工工作液,例如水介质,其有害气体相对减少。

2. 废物处理

在特种加工过程中会产生出各种各样的有毒有害废物,例如电化学加工、电解加工中的电解液和电解产物沉淀,这些物质中除有 $NaCl$、$NaNO_3$ 等盐类以外,还含有大量的重金属如镍、钴、铜等,另外还含有 Cr^{+6},这是对人体危害较大的物质;在电化学反应时,在电解液中生成的氢氧化物;电火花加工中工件的分解产物,工作介质以及电极材料所产生的分解产物。为防止污染环境,这些附加产物都不允许随便排放,对于某些有毒有害物质则必须进行适当的处理。

对于电火花加工所产生的废物最广泛使用的是高温处理,即焚烧。但对于某些废油必须先进行化学—物理—生物处理后再进行焚烧。电化学加工产物,如电解泥,应进行化学—物理处理。但在这些废液中的可溶性的铬离子会被氧化形成高价铬离子,而高价铬离子是强致癌性物质,在废液排放前还必须解毒,其方法通常是加入化学物质以形成低价铬离子。一般认为,低价铬离子的化学 – 生物特性对人与环境都较安全。电解泥可根据其组成不同而采取不同的方法进行提炼。

13.4.2　激光的安全防护

在工业生产中,激光正广泛应用于加工超硬材料,如宝石轴承、钻石拉丝模的型孔,此外激光还应用于对微小难熔工件的焊接和切割等。激光的应用已经给人类带来巨大的利益,但应用不当也会带来不少伤害。激光会对人的眼睛、皮肤、神经系统、心血管系统等造成损伤和影响,甚至反射激光也会对人造成伤害。

激光加工主要有三个参数影响到对人体的潜在危害:激光的输出功率密度、激光波长和辐射下暴露的时间。激光器分为 4 级。第 1 级为无害免控激光器,可以不需要防护,因该类激光器在任何工作条件下发出的能量或功率对人体不会造成伤害,如毫瓦级氦氖激光器;第 2 级为低功率可见光激光器;第 3 级为中功率激光器;第 4 级为高功率激光器,对后 3 种级别的激光器都应采用过滤手段以防止伤及操作人员,因为激光束自身、激光束形成的高功率反射光和扩散的辐射线都会造成人员的伤害甚至有致命的危险。

激光实验室和车间的墙壁、天花板可采用暗色吸光材料,地面敷设不反光的橡皮布或地板。光束通路上应设置封闭、不透光的防燃材料制成的防光罩。操作人员应戴激光防护眼镜。

13.4.3　电磁辐射的防护

电磁辐射以电磁波的形式在空间传播,具有波的一般特征(波长、频率、传播速度)。按其生物学作用不同,可分为电离辐射和非电离辐射。人体处在电磁场的作用下,能吸收一定的辐射能量,发生生物学作用。人体内的生物学作用主要是由电磁场能量所转化的热量引起的。在一定强度的中、短波电磁场照射下,人体所受到的伤害主要是中枢神经系统功能失调,表现有神经衰弱症候群,还表现为植物神经功能失调,甚至发现心血管系统有某些异常的情况。此外,还要注意 X 射线、γ 射线等对人体的损伤。通常,电磁场对人体的伤害受以下因素影响。

①电磁场强度。电磁场强度愈高,人体吸收能量愈多,伤害愈重;

②电磁波频率。一般情况下,电磁波频率愈高,人体内偶极子激励程度愈加重;

③电磁波波形。在其他参数相同的情况下,脉冲波比连续波对人体的伤害严重;

④电磁波辐射时间。电磁波连续辐射时间越长或辐射过程中的间歇时间越短,以及累积辐射时间越长,对人体的伤害越重;

⑤环境条件。温度太高或湿度太高,都不利于机体散热,使电磁场伤害加重。

掌握影响电磁场对人体伤害的诸因素,对于分析电磁场的危害性,对于考虑防止电磁场危害的安全措施,都有很重要的意义。

特种加工过程中需要防止电磁辐射,例如电子束加工中约有 1% 的电子束能量转换成 X 射线而产生辐射,由于加速电位高,穿透性也强,须特别注意使内装的屏蔽处于恰当的位置;电火花加工也会产生电磁辐射,故最好对电火花机床特别是大功率电火花机床进行屏蔽防护。

第14章 3D打印技术

【学习要求】

(1)了解3D打印技术的分类、工艺特点和应用；

(2)了解3D打印常用的三维建模软件；

(3)了解常见3D打印切片软件；

(4)熟悉UG软件，能够对简单件实体建模；

(5)熟悉3D打印设备，实践操作3D打印机制作模型；

(6)建立产品质量、加工成本、生产效益、安全生产和环境保护等方面的工程意识，养成遵守职业规范、职业道德等方面的习惯，增强岗位责任感和敬业精神。

14.1 3D打印技术概述

3D打印技术，也称增材制造，即快速成型技术的一种，它是一种以数字模型文件为基础，运用粉末状金属或塑料等可黏合材料，通过逐层打印的方式来构造物体的技术。3D打印让人们对未来充满了无穷无尽的想象，用户可以将所想的概念融入产品中大胆假设将成为现实。

1983年3月9日，Charles Hull发明了世界上第一台3D打印机。1986年，Charles Hull在全球建立了一家生产3D打印设备的公司，即3D Systems。它开发了现在通用的STL文件格式。1988年，该公司推出了基于SL(立体声光刻)技术的3D工业打印机。在此后的许多年里，世界上又先后推出了SLA(光敏树脂选择性固化)、SLS(粉末材料选择性激光烧结)、FDM(熔融沉积)、3DP(3D喷射打印)、PUG(真空注型)等3D打印成型技术。

3D打印技术的基本原理是：利用3D建模软件生成STL或STP模型文件(它们是3D打印机的标准三角语言)。3D打印机通过读取、解析接收的STL模型文件，进行分层切片得到各层界面轮廓数据，再通过内部或者第三方专用软件转换程序指令，进行打印，制成实物模型，这种技术称为"增材制造"。

14.1.1 3D打印技术分类

1.FDM熔融沉积快速成型

主要材料ABS和PLA。熔融挤出成型(FDM)工艺的材料一般是热塑性材料，如蜡、ABS、PC、尼龙等，以丝状供料。材料在喷头内被加热熔化。喷头沿零件截面轮廓和填充轨迹运动，同时将熔化的材料挤出，材料迅速固化，并与周围的材料黏结。每一个层片都是在上一层上堆积而成，上一层对当前层起到定位和支撑的作用。如图14.1所示。

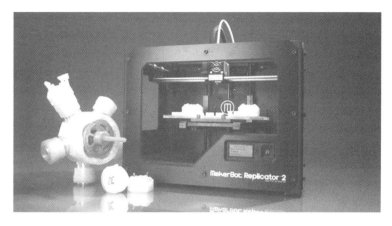

图 14.1　熔融挤出成型 3D 打印机

2. SLA 光固化成型

主要材料光敏树脂,它是最早出现的快速成型工艺,其原理是基于液态光敏树脂的光聚合原理工作的。这种液态材料在一定波长和强度的紫外光的照射下能迅速发生光聚合反应,分子量急剧增大,材料也就从液态转变成固态。光固化成型是目前研究得最多的方法,也是技术上最为成熟的方法。一般层厚在 0.1~0.15 mm,成形的零件精度较高。如图 14.2 所示。

图 14.2　光固化成形 3D 打印机

3.3DP 三维粉末黏接

主要材料粉末材料,如陶瓷粉末、金属粉末、塑料粉末。三维印刷(3DP)工艺是美国麻省理工学院 Emanual Sachs 等研制的。E. M. Sachs 于 1989 年申请了 3DP(Three - Dimensional Printing)专利,该专利是非成形材料微滴喷射成形范畴的核心专利之一。3DP 工艺与 SLS 工艺类似,采用粉末材料成形。该技术利用喷头喷黏结剂,选择性地黏结粉末来成型。如图 14.3 所示,首先铺粉机构在加工平台上精确地铺上一薄层粉末材料,然后喷墨打印头根据这一层的截面形状在粉末上喷出一层特殊的胶水,喷到胶水的薄层粉末发生固化。然后在这一层上再铺上一层一定厚度的粉末,打印头按下一截面的形状喷胶水。如此层层叠加,从下到上,直到把一个零件的所有层打印完毕。然后把未固化的粉末清理掉,得到一个三维实物原型,成型精度可达 0.09 mm。因为石膏成型品十分易碎,因此后期还可采用"浸渍"处理,比如采用盐水或加固胶水(Z – Bond、Z – Max 等),使之变得坚硬。

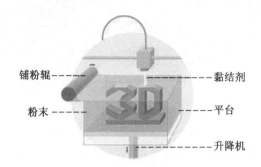

铺粉辊 ----- 黏结剂

粉末 ----- 平台

----- 升降机

图 14.3　3DP 打印机原理

4. SLS 选择性激光烧结

SLS 工艺又称为选择性激光烧结,主要材料粉末材料,由美国得克萨斯大学奥斯汀分校的 C. R. Dechard 于 1989 年研制成功。SLS 工艺是利用粉末状材料成形的。将材料粉末铺洒在已成形零件的上表面,并刮平;用高强度的 CO_2 激光器在刚铺的新层上扫描出零件截面;材料粉末在高强度的激光照射下被烧结在一起,得到零件的截面,并与下面已成形的部分黏接;当一层截面烧结完后,铺上新的一层材料粉末,选择地烧结下层截面。

5. LOM 分层实体制造

LOM 工艺称为分层实体制造,主要材料纸、金属膜、塑料薄膜,由美国 Helisys 公司的 Michael Feygin 于 1986 年研制成功。该公司已推出 LOM – 1050 和 LOM – 2030 两种型号成形机。LOM 工艺采用薄片材料,如纸、塑料薄膜等,片材表面事先涂覆上一层热熔胶。

6. PCM 无模铸型制造技术

无模铸型制造技术(patternless casting manufacturing,PCM)是由清华大学激光快速成形中心开发研制,是将快速成形技术应用到传统的树脂砂铸造工艺中来。首先从零件 CAD 模型得到铸型 CAD 模型。由铸型 CAD 模型的 STL 文件分层,得到截面轮廓信息,再以层面信息产生控制信息。模型如图 14.4 所示,型模如图 14.5 所示。

图 14.4　缸盖三维实体模型

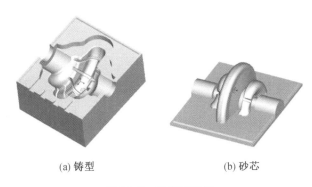

(a) 铸型　　　　　　　　(b) 砂芯

图 14.5　无模铸型模

14.1.2　3D 打印对国民经济促进作用

3D 打印对国民经济促进作用如下。

①与传统制造方式相比,它带来的是生产加工理念的革命性变革。它不光可以缩短加工制造周期,而且能大幅降低生产成本,特别是突破了传统加工制造方法对复杂形状加工的限制,使人类在加工领域实现了自由。事实上,3D 打印技术的发明,就是 Charles Hull 为了缩短创建产品原型所需要的漫长时间的结果。

②在特殊领域的广泛运用,是 3D 打印技术的显著特点。在医疗领域,特别是骨骼重建方面,3D 打印技术使用得特别多。如有一位患者盆骨已经坏死,上海交大附属第九人民医院用人工骨骼材料 3D 打印了一个骨盆,并且成功地移植到了患者体内,最终患者成功康复,如图 14.6 所示。在航空航天领域的应用也非常广泛。2016 年 4 月,欧洲飞机制造商空客公司收到了他们的下一代空中客车 A320neo 客机的 LEAP – 1A 发动机,这是他们正式将使用 3D 打印的合金燃料喷嘴用于飞机引擎上。我国的歼 – 20 战机的制造也运用了 3D 打印技术,如图 14.7 所示。

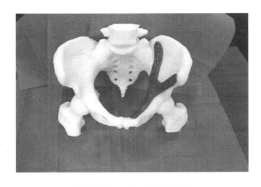

图 14.6　3D 打印盆骨

图 14.7　3D 打印发动机

③打印精度高。由于 3D 打印成品的可塑性非常强,从二维到三维均可实施,且由于它的生成原理属于逐层打印,即完成一层再进入下一层的打印加工,根据打印机的加工精度和特性,可以精确到 600 dpi,每层只有 0.01 mm 的误差,这个精度是相当高的,如图 14.8 所示。

图 14.8　3D 打印心脏

④个性化定制。传统的工业制造,都是大批量地生产,这才能保证产品成本足够的低。3D 打印技术的出现,让个性化定制成为可能。一方面,建模和打印技术让它有较低成本的可能,另一方面,成本与定制件的大小体积成正比关系。同样体积同样材质的东西,成本相差并不大。从批量生产的角度看,均摊的无非是建模的成本,这使得批量生产和单件生产的成本相关不大。

⑤促进产业升级,由传统工业向新材料、新能源、新技术领域发展。我国推出了实施制造强国战略第一个十年的行动纲领,即《中国制造 2025》计划,确定以智能制造为主攻方向,涵盖机器人、物流网等基于现代信息技术和互联网技术等各类产业。其中,3D 打印是该计划的重中之重,贯穿于背景介绍、国家制造业创新能力提升、信息化与工业化深度融合、重点领域突破发展等重要段落,并融入于推动智能制造的主线,体现出我国对 3D 打印的重视程度,彰显了在战略层面我国对制造业发展面临的形势和环境的深刻理解。

14.2　3D 打印中常用的三维建模软件

3D 打印技术对建模软件的功能要求不高,能够导出 STL、obj 等可以用于 3D 打印分层的格式文件,就可以用来进行 3D 打印设计。目前大部分的建模软件几乎都可以满足这一要求。

目前市面上可以接触到的三维建模软件可以分为两大类。一类是参数化建模软件,另一类是非参数化建模软件(也称之为艺术类建模软件)。这两类建模软件虽然都可以进行模型设计,但是在建模的方法和思路上还是有很大的区别的。

14.2.1　常用艺术设计类建模软件

常用艺术设计类建模软件使用起来就没有工业建模软件那么多的限制,相比较于模型的大小和尺寸艺术建模更偏向于模型的外形设计。一般而言建模主要以通过对点、线、面尽心细微的勾勒从而实现对模型的修改。相较于工业建模软件,艺术设计软件更适用于复杂工艺结构、复杂曲面结构。在应用方面也偏向于影视特效、游戏人物或场景建模等。

1.3DS MAX

3DS MAX 是一款非常知名的艺术建模软件,也是目前国内最普及的软件之一。由 Discreet 公司开发(后被 Autodesk 公司合并)。3DMAX 功能强大并支持多款包括后期渲染在内的插件。主要应用领域为建筑动画、影视特效、游戏建模。3DMAX 也参加过多部电影的制作:《后天》《阿凡达》《钢铁侠》。在游戏领域著名的《魔兽世界》《刺客信条》系列等都使用到了这款软件,如图 14.9 所示。

图 14.9　科幻梦想战机

2. Maya

Maya 是美国 Autodesk 公司出品的世界顶级的三维动画软件,应用对象是专业的影视广告、角色动画、电影特技等。Maya 功能完善,工作灵活,易学易用,制作效率极高,渲染真实感极强,是电影级别的高端制作软件,如图 14.10 和图 14.11 所示。

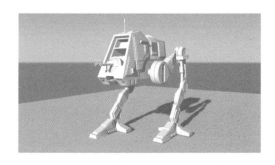

图 14.10　作战机器人

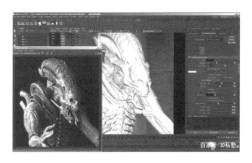

图 14.11　怪兽

3. ZBrush

ZBrush 由 pixologic 开发的三维建模软件。它的强大之处在于不同于以往的三维设计的工作模式,由于它特殊的建模方式使用者可以自由地使用手绘板或鼠标像捏橡皮泥一样进行模型设计。同时 ZBrush 能够很好地塑造诸如皱纹、丝发等微小的细节。由于这些优势 ZBrush 多用于一些生物模型、人物头像等设计,如图 14.12 所示。

图 14.12 人物头像

14.2.2 常用参数化建模软件

参数化建模软件主要应用于工业零部件、建筑模型等需要由尺寸作为基础的模型设计。参数化是由数据作为支撑的,数据与数据之间存在这相互的联系,改变一个尺寸就会对多个数据产生影响。所以参数化建模的最大优势在于可以通过对参数尺寸的改变来实现对模型整体的修改,从而实现快捷地对设计进行修改。对于从事工业设计的使用者来说是有非常大的帮助的。

1. Creo

Creo 是美国 PTC 公司于 2010 年 10 月推出 CAD 设计软件包。Creo 是整合了 PTC 公司的三个软件 Pro/Engineer 的参数化技术、CoCreate 的直接建模技术和 ProductView 的三维可视化技术的新型 CAD 设计软件包。Creo 是参数化技术的最早应用者,在机械设计领域具有很高的认可度。同时作为最早一批进入国内市场的建模软件,在国内的产品设计领域也占有和高的比例。主要应用于电子行业与模具制造业,软件界面如图 14.13 所示。

图 14.13 Creo 软件工作界面

2. Solidworks

Solidworks 是由法国 Dassault Systemes 公司开发的一款在 Windows 环境下进行实体建

模计算机辅助设计和计算机辅助工程的计算机程序。Solidworks 最大的优势在于操作相比较其他工业建模软件命令的使用更加简单直观,适合设计领域的初学者进行学习。因此这款软件也成为很多高校设计专业课程内容。除此之外在设计、工程、制造领域中也是最佳的软件系统之一,工作界面如图 14.14 所示。

图 14.14 Solidworks 软件界面

3. UG NX

UG NX 是西门子公司出品的一个交互式 CAD/CAM(计算机辅助设计与计算机辅助制造)系统,这款软件功能十分丰富,可以轻松构建各种复杂形状的实体,同时也可以在后期快速对其进行修改。它的主要应用领域是产品设计,在模具行业也有举足轻重的地位。工作界面如图 14.15 所示。

图 14.15 UG NX 软件界面

14.3　常见3D打印切片软件

3D打印的过程由几个基本要素组成。首先需要拥有3D模型和3D打印机,还有3D打印切片软件,切片软件进行分层切片得到各层界面轮廓数据,再通过内部或者第三方专用软件转换程序指令,在进行打印。在切片软件中需要设定的参数选项会非常多,包括喷头温度、底板温度、速度、层厚、层间隙、材料直径等。

1. Cura

Cura由3D打印机公司Ultimaker及其社区开发和维护。Cura本身源于开源,3D打印切片软件是免费的,也是行业内普及率非常高的一款切片软件,早期国内很多3D打印厂商也在用Cura做切片功能。Cura支持STL,3MF和OBJ文件格式,支持文件修复,支持显示打印头路径、打印时间和材料使用量,软件界面如图14.16所示。

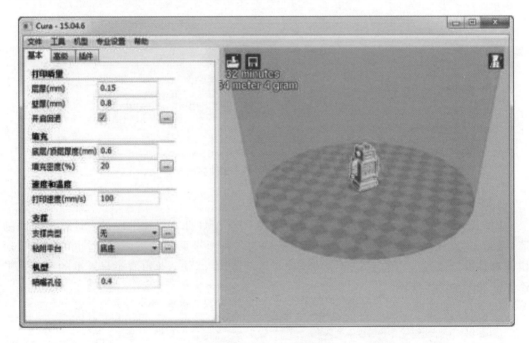

图14.16　Cura软件设置

2. Repetier – Host

Repetier – Host是一款开源系统的切片软件,功能模块更加专业,适合高阶用户。作为一体化解决方案,Repetier提供多挤出机支持,最多16台挤出机,通过插件支持多切片机,并支持市场上几乎任何FDM 3D打印机,前提是用户要经常升级更新。软件界面如图14.17所示。

3. Slic3r

Slic3r是一款开源3D切片软件,功能支持上比较领先,这款3D打印软件包括多个视图,用户可以更好地预览模型如何打印。在填充设置上,Slic3r支持一种新的蜂窝填充设计,在三个维度上创建,填充图案可以跨层而不是重复相同的图案,可以大大增加内部填充和最终打印的强度。Slic3r的另一个功能是与OctoPrint直接集成。当文件在用户桌面上切片时,现在可以通过单击按钮将它们直接上传到用户的 OctoPrint 库中。Slic3r 积累了多年的 3D 打印设置、材料和 3D 打印机匹配度的问题,许多切片软件的新功能都来源于 Slic3r,比如多个挤出机、边缘、微层、桥检测、命令行切片、可变层高度、顺序打印、蜂窝填充、网格切割、模型切割等。软件界面如图 14.18 所示。

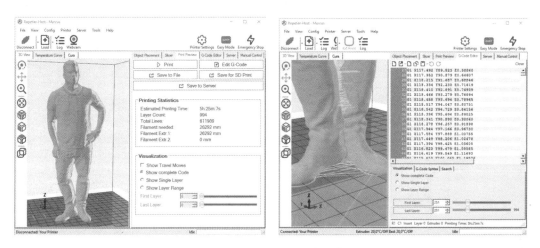

图 14.17　Repetier 切片运算

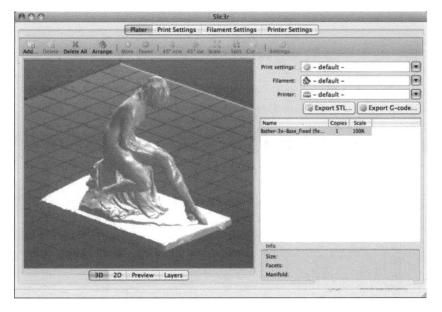

图 14.18　Slic3r 模型摆放

4. KISSlicer

KISSlicer 是业界知名的 3D 打印切层软件,功能强大,界面友好,兼容性好,切层打印效果好,优先推荐使用。目前软件为免费版 + 专业授权模式,免费版基本功能都无限制就是不支持一次载入多 STL(可以用别的软件如 CURA 将多个 SLT 保存为一个 STL 文件)和多头打印支持。如图 14.19 所示。

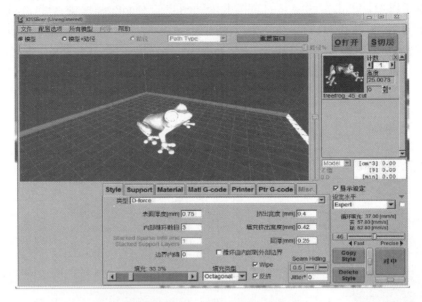

图 14.19　KISSlicer 参数设置

14.4　3D 打印模型制作

14.4.1　UG NX8.5 软件介绍

UG NX8.5 的主工作窗口中主要包括以下几个部分:窗口标题栏、菜单栏、工具栏、工作区、提示栏、资源条、快捷菜单、工作坐标等,如图 14.20 所示。

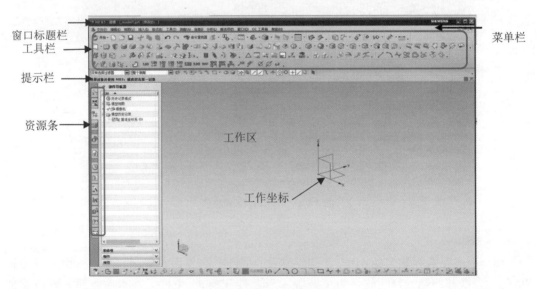

图 14.20　UG NX 工作窗口

窗口标题栏用来显示软件版本,以及当前使用者应用模块的名称和文件名等信息。

菜单栏主要用来调用 UG 各功能模块和调用各执行命令以及对 UG 系统的参数进行设置。对于不同的功能模块,菜单略有所差别。

工具栏提供命令工具条使命令操作更加快捷,工具条都对应菜单下不同的命令。

工作区是绘图工作的主区域。在进入绘图模式后,工作区内就会显示选择球和辅助工具栏,用来表明当前光标在工作坐标系中的位置。

提示栏固定在主界面工作区上方,主要用来提示用户如何操作。执行每个命令步骤时,系统都会在提示栏中显示用户必须执行的动作,或者提示用户下一个动作。

快捷菜单栏,在工作图区中单击鼠标右键能够打开,并且在任何时候均可以打开。在快捷菜单中含有常用命令及视图控制等命令,方便绘图操作。

工作坐标,UG 图形界面中的工作坐标系为 WCS,即是工作坐标系统。系统会在工作图区中出现一个坐标,用于显示用户现行的工作坐标系统。

14.4.2 实体建模实例

我们将制作一个支座模型,具体操作步骤如下。

1. 新建文件

启动 UG NX8.5,点击工具条 📄 新建文件,弹出对话窗,如图 14.21 所示。使用系统默认的"_model1. prt"文件名,点击文件夹 ☁ 工具条,可以选择文件保存目录,也可以在目标盘中新建文件目录,作为新建模型文件保存目录。返回新建对话窗,点击【确定】进入主工作界面。

图 14.21 新建文件对话窗

2. 根据轮廓形状绘制草图

创建草图的作用:一是设计轮廓或典型截面;二是通过扫掠、拉伸或旋转草图到实体或片体,为后续创建详细部件特征。

创建草图的典型步骤如下。

①选择草图平面或路径。在"建模"应用模块中,通过菜单"插入"—【草图】命令或单击"直接草图"工具条上的"草图"图标按钮█进入草图环境,利用对话框可以创建所需要的草图平面。草图创建类型可以分为"在平面上"和"在轨迹上"两种类型,此时显示如图14.22所示"创建草图"对话框。创建草图对话窗"草图平面"中平面方法分为"自动判断""现有平面""创建平面""创建基准坐标系"四种选择。其中"自动判断"和"现有平面"自动识别实体的表面和基准平面;选择"创建平面"和"创建基准坐标系",用户要自定义,如图14.23所示,选用"自动判断"点击【确定】。

图14.22 类型选择对

图14.23 平面方法选择

②创建草图几何图形。根据设置,草图自动创建若干约束。

点击按钮█进入草图环境,点击轮廓工具⭕,选择坐标原点作为圆心(0,0),直径为40,画好第一个圆。再以同样的操作绘制另外两个圆,圆心为(-40,0),直径分别为10和20的圆。在草图工具条点击📐绘制两条与两个圆相切直线,如图14.24、图14.25所示。

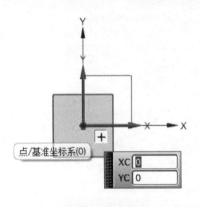

图14.24 动态窗口

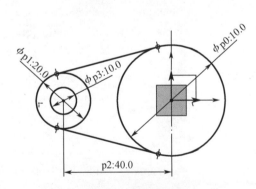

图14.25 绘制的草图

③选择"菜单—插入—来自曲线集的曲线－镜像曲线"命令,打开"镜像曲线"对话框,如图14.26所示。或者选择【直接草图】工具条中🔲,在对话框中选择曲线分别选择要镜像的曲线,对话框的中心线选择坐标轴—Y轴,点击【确定】,如图14.27所示。

图 14.26　动态窗口

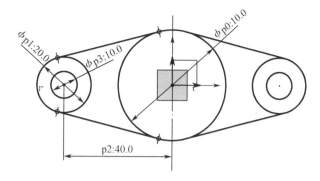

图 14.27　绘制的草图

④使用"快速修剪"工具 修剪草图,如图 14.28 所示,如图 14.29 所示。

图 14.28　快速修剪对话窗

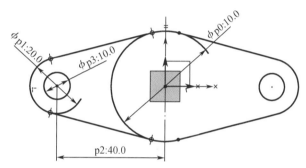

图 14.29　修剪后的草图

⑤在工具条单击"完成草图"按钮 ,如图 14.30 所示。

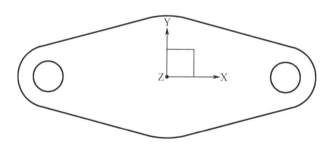

图 14.30　完成草图

⑥单击拉伸 命令弹出对话框,如图 14.31 所示。用鼠标选取选择前面已经画好的草图,在对话窗结束距离中输入 8 mm,点击【确定】。效果如图 14.32 所示。

图 14.31　拉伸命令

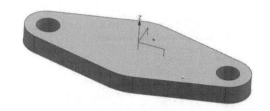

图 14.32　拉伸后模型

⑦选择菜单"插入"—【草图】命令或单击"直接草图"工具条上的"草图"图标按钮 进入草图环境,如图 14.33 所示。利用对话框草图平面选择"现有平面"。用鼠标选取模型的上平面,如图 14.34 所示,点击【确定】。

图 14.33　创建草图对话窗

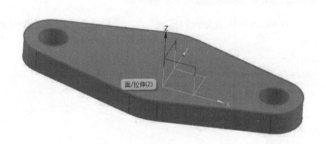

图 14.34　选择草图平面

⑧点击轮廓工具 ,选择坐标原点作为圆心(0,0),直径为 30,画好一个圆。如图 14.35 所示。

⑨在工具条单击"完成草图"按钮 ,如图 14.36 所示。

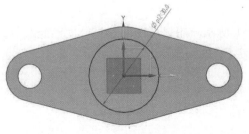

图 14.35　绘制圆

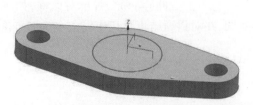

图 14.36　完成草图

⑩单击拉伸 ▥ 命令弹出对话框,如图 14.37 所示。用鼠标选取选择前面已经画好圆,在对话窗结束距离中输入 15 mm,布尔运算选择"求和"点击【确定】。效果如图 14.38 所示。

图 14.37　拉伸对话窗

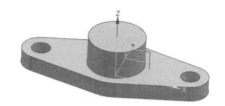

图 14.38　实体求和后效果

⑪单击按钮 ▦ 进入草图环境,利用对话框草图平面选择"现有平面"。用鼠标选取模型圆柱台的上平面,点击【确定】。

⑫点击轮廓工具 ◯ ,选择坐标原点作为圆心(0,0),直径为 20 mm,画好一个圆。如图 14.39 所示。

⑬在工具条单击"完成草图"按钮 ▨ 完成草图 ,如图 14.40 所示。

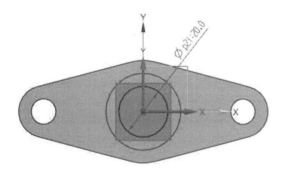

图 14.39　绘制圆

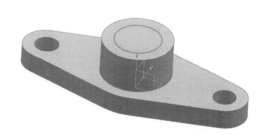

图 14.40　完成草图

⑭单击拉伸 ▥ 命令弹出对话框,如图 14.41 所示。用鼠标选取选择前面已经画好圆,在对话窗结束距离中输入 25 mm,拉伸方向选取反方向,使拉伸方向向下,布尔运算选择"求差"点击【确定】。效果如图 14.42 所示。

3. STL 文件生成

执行"文件—导出—STL…"命令,弹出"快速成型"对话框,如图 14.43 所示,点击"确定"后弹出"导出快速成型文件"对话框,确定保存位置和名称,点击 OK ,弹出对话框后单击"确定"出现对话框"类选择",如图 14.44 所示,用鼠标单击"_model1"模型,执行两次"确定"命令,至此,STL 文件已经成功生成。

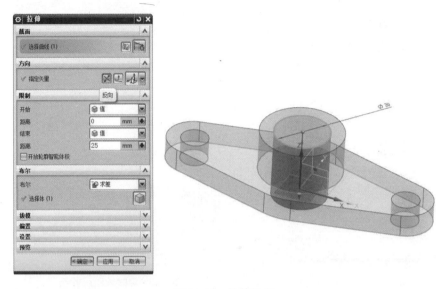

图 14.41　拉伸设置

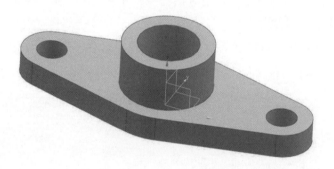

图 14.42　实体模型效果

图 14.43　快速成型对话框

图 14.44　类选择

14.5　3D 打印实践

14.5.1　3D 打印机

1.3D 打印机概述

3D 打印机的设计理念是简易、便携。只需要几个按键,即使从来没有使用过 3D 打印机,也可以很容易地制造出自己喜欢的模型。该打印机的原理是首先将 ABS 材料高温熔化挤出,并在成型后迅速凝固,因而打印出的模型结实耐用。结构如图 14.45 所示。运动轴如图 14.46 所示,设备背面说明如图 14.47 所示。

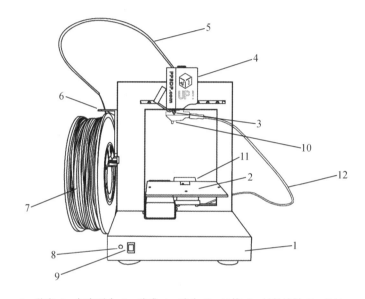

1—基座;2—打印平台;3—喷嘴;4—喷头;5—丝管;6—材料挂轴;7—丝材;
8—信号灯;9—初始化按钮;10—水平校准器;11—自动对高块;12—3.5 mm 双头线。

图 14.45　3D 打印机组成

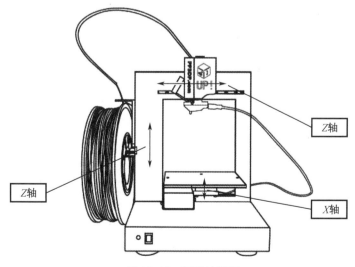

图 14.46　运动轴说明

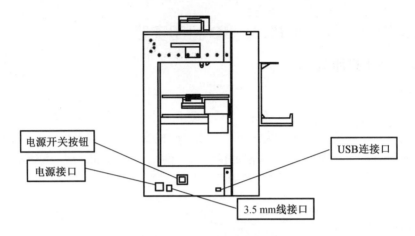

图14.47　设备背面

2. 安装打印机

安装位置对应如图14.48所示。

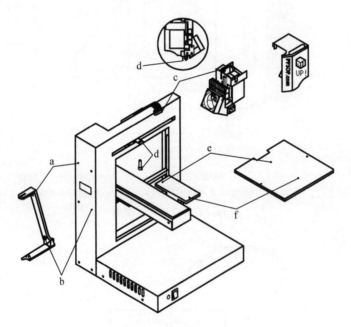

图14.48　安装位置对应图

第一步:安装喷头

①卸下喷头上的塑料外壳;

②拧下螺丝(d),对喷头进行调试;

③确保喷头和挤出轴在同一水平面上;

④将喷头电源线插入插座(c),然后将喷头外壳重新装上。

第二步:安装打印平台

将平台升起至便于安装底部螺丝的高度,且使其和打印平板的螺丝孔对齐（见 f）,然后从顶部放入螺丝并拧紧。

第三步:安装材料挂轴

将材料挂轴背面的开口插入机身左侧的插槽中(a 和 b 之间的方孔),然后向下推动以便固定。

3. 打印材料的挤出

打印材料安装示意如图 14.49 所示。

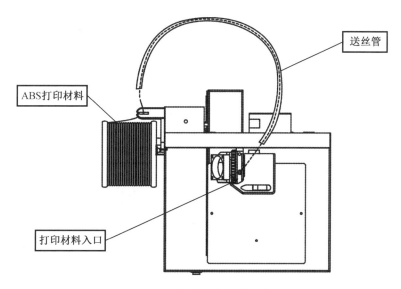

图 14.49　打印材料安装示意图

①接通电源。

②将打印材料插入送丝管。

③启动 UP! 软件,在菜单的"维护"对话框内点击"挤出"按钮,如图 14.50 所示。

⑤喷嘴加热至 260 ℃后,打印机会蜂鸣。将丝材插入喷头,并轻微按住,直到喷头挤出细丝。

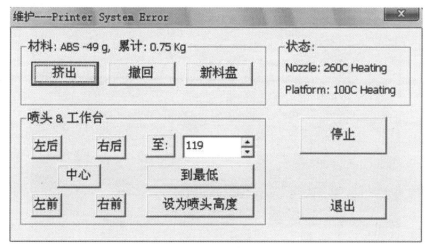

图 14.50　维护

14.5.2　启动 3D 打印程序

点击桌面上的图标 **UP!** ，程序就会按照如图 14.51 所示。

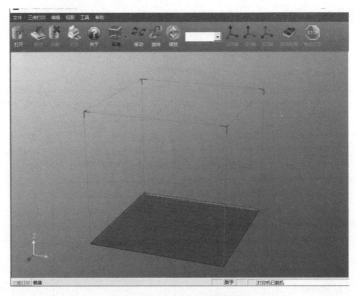

图 14.51　3D 打印程序界面

1. 载入一个 3D 模型

点击菜单中/文件/打开或者工具栏中按钮 ，选择一个要打印的模型，如图 14.52 所示。

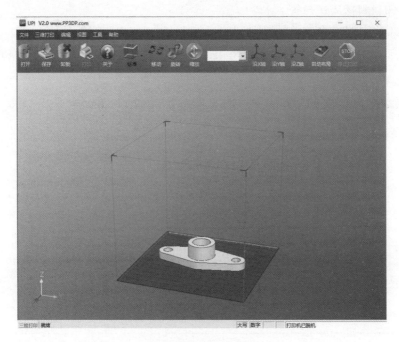

图 14.52　调入模型

2. 初始化打印机

点击 3D 打印菜单下面的初始化选项,如图 14.53 所示。当打印机发出蜂鸣声,初始化即开始。打印喷头和打印平台将再次返回到打印机的初始位置,当准备好后将再次发出蜂鸣声。

图 14.53　初始化　　　　　　　　　　　图 14.54　安装打印平台

3. 准备打印平台

打印前,须将平台备好,才能保证模型稳固,不至于在打印的过程中发生偏移。您可借助平台自带的八个弹簧固定打印平板,在打印平台下方有八个小型弹簧,请将平板按正确方向置于平台上,然后轻轻拨动弹簧以便卡住平板。如图 14.54 所示。

4. 打印

点击 3D 打印的打印按钮 ,如图 14.55 所示。在打印对话框中设置打印参数(如质量),点击"确定"开始打印。

5. 移除模型

当模型完成打印时,打印机会发出蜂鸣声,喷嘴和打印平台会停止加热。拧下平台底部的 2 个螺丝,从打印机上撤下打印平台。慢慢滑动铲刀在模型下面把铲刀慢慢地滑动到模型下面,来回撬松模型。切记在撬模型时要佩戴手套以防烫伤,如图 14.56 所示。

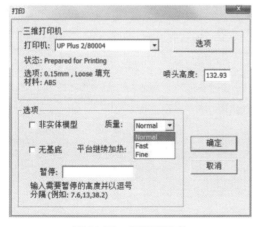

图 14.55　打印对话窗　　　　　　　　　图 14.56　移除模型

　　模型由两部分组成,一部分是模型本身,另一部分是支撑材料。支撑材料和模型主材料的物理性能是一样的,只是支撑材料的密度小于主材料。所以很容易从主材料上移除支撑材料。图中左面的图片展示了支撑材料移除后的状态,右图中是还未移除支撑的状态。支撑材料可以使用多种工具来拆除。一部分可以很容易地用手拆除,越接近模型的支撑,使用钢丝钳或者尖嘴钳更容易移除,如图14.57所示。

图 14.57　去除支撑材料

第4篇 电子与控制技术

第15章 电子技术与工艺

【学习要求】

(1)熟悉常用电子元器件的基本知识;

(2)了解焊接技术,熟悉焊接工具及材料,掌握手工焊接方法;

(3)了解电子产品设计文件、工艺文件和整机装配的工艺流程;

(4)了解表面贴装技术与工艺;

(5)掌握典型电子产品的基本工作原理,调试步骤及所要求的技术指标,能够利用常用仪器进行调试;

(6)读识电路图及按图施工能力的训练,完成电子产品的装配;

(7)建立产品质量、加工成本、生产效益、安全生产和环境保护等方面的工程意识,养成遵守职业规范、职业道德等方面的习惯,增强岗位责任感和敬业精神。

15.1 电子技术与工艺概述

电子工艺的研究范围主要涉及两个方面:制造工艺的技术手段和操作技能(硬件);产品在生产过程中的质量控制和工艺管理(软件)。图15.1为电子制造工艺与技术构成图。

工艺是生产者利用生产设备和生产工具,对各种原材料、半成品进行加工或处理,使之最后成为符合技术要求的产品的艺术(程序、方法、技术),它是人类在生产劳动中不断积累起来并经过总结的操作经验和技术能力。

1.电子产品制造过程的基本要素

①材料。电子产品制造所用到的材料,包括电子元器件、导线类、金属或非金属的材料以及用它们制作的零部件和结构件。

电子整机产品和技术的水平,主要取决于元器件制造工业和材料科学的发展水平。熟悉、掌握、使用世界上最新出现的电子元器件和材料,在更大范围内选择性能价格比最佳的电子元器件和材料,将其用于新产品的开发与制造,是评价和衡量一个电子工程技术人员业务水平的主要标准。

②设备。电子产品制造过程中必然要使用各种工具、仪器、仪表、机器、设备,熟练掌握并正确使用它们,是对电子产品制造过程中的每一个岗位操作者的基本要求。

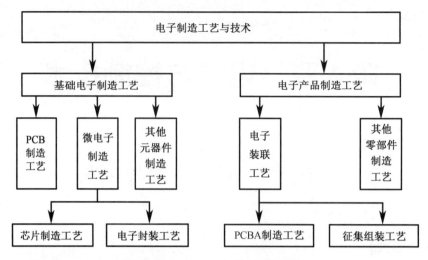

图 15.1　电子制造工艺与技术构成图

③方法。对电子材料的利用、对工具设备的操作、对制造过程的安排、对生产现场的管理——在所有这些与生产制造有关的活动中,"方法"都是至关重要的。

④人力。现代化工业生产模式需要的不再是简单的体力劳动者,而是需要懂技术、会管理、善于学习的高级人才。

⑤管理。电子工业属于技术密集型的产业,涉及众多科学技术领域,因此电子产品也反映了世界科学技术的发展前沿。现代化电子工业的精髓是科学的生产过程管理。

2.电子工艺的特点

①涉及众多科学技术领域。电子工艺与众多的科学技术领域相关联,其中最主要的有应用物理学、化学工程技术、光刻工艺学、电气电子工程学、机械工程学、金属学、焊接学、工程热力学、材料科学、微电子学、计算机科学、工业设计学、人机工程学等。除此之外,还涉及数理统计学、运筹学、系统工程学、会计学等与企业管理有关的众多学科,综合性很强。

②形成时间较晚而发展迅速。电子工艺技术虽然在生产实践中一直被广泛应用,但被系统研究的时间却不长。人们在实践中不断探索新的工艺方法,寻找新的工艺材料,使电子工艺的内涵及外延迅速扩展,所以电子工艺充满蓬勃生机。与其他行业相比,电子产品制造工艺技术的更新要快得多。

15.2　常用电子元器件

电子元器件是组成电子整机的最小单元。在电子整机中具有独立的作用。正确地选用电子元器件,是实现电路功能的基本条件。而电子元器件的性能是影响电子整机的可靠性和稳定性的重要因素。

15.2.1　电阻器

在电路中起阻碍电流作用的元器件称为电阻器,通常简称电阻。电阻器按阻值是否可变分为固定电阻器(包括敏感电阻器)、可变电阻器(包括电位器)两大类。

1. 电阻器的型号命名与功能分类

根据国家标准 GB/T 2470—1995《电子设备用固定电阻器、固定电容器型号命名方法》规定,电阻器、电位器的型号一般由四部分组成:第一部分用字母表示主称,电阻器的字母符号用 R 表示;第二部分用字母表示材料;第三部分用数字或字母表示特征;第四部分用数字表示序号。电阻器的材料、特征及其意义见表 15.1,电阻器按功能分类见图 15.2。

表 15.1 电阻器的材料、分类代号及其意义

材料		特征					
字母代号	意义	数字代号	意义		字母代号	意义	
			电阻器	电位器		电阻器	电位器
T	碳膜	1	普通	普通	G	高功率	—
H	合成膜	2	普通	普通	T	可调	—
S	有机实芯	3	超高频	—	W	—	微调
N	无机实芯	4	高阻	—	D	—	多圈
J	金属膜	5	高温	—			
Y	金属氧化膜	6	—	—	说明:新型产品的分类根据发展情况予以补充		
C	化学沉积膜	7	精密	精密			
I	玻璃釉膜	8	高压	函数			
X	线绕	9	特殊	特殊			

2. 电阻器的分类

按照材料或制造工艺,常用电阻器可简单分为以下几种类型。

①薄膜型。在玻璃或陶瓷基体上沉积一层电阻薄膜,膜的厚度一般在几微米以下,薄膜材料有碳膜、金属膜、化学沉积膜及金属氧化膜等。

②合金型。用块状电阻合金拉制成合金线或碾压成合金箔制成的电阻,如线绕电阻、精密合金箔电阻等。

③合成型。电阻体由导电颗粒和化学黏接剂混合而成,可以制成薄膜或实芯两种类型,常见有合成膜电阻和实芯电阻。

按照使用范围及用途,电阻器可分为普通型、高频型、高压型、高阻型、精密型及集成电阻(电阻排)等。

3. 电阻器的主要参数和标注方法

固定电阻器的主要参数包括标称阻值、允许误差和额定功率等。根据国家标准 GB/T 2471—1995《电阻器和电容器优先数系》和 GB/T 2691—2016《电阻器和电容器的标志代码》规定,对电阻器的主要参数进行介绍。

(1)电阻器的标称系列及允许偏差

电阻器上表示的阻值叫作标称阻值。实际测量值与标称阻值之差除以标称阻值所得百分数叫电阻的误差,它反映得是电阻器的精度。不同精度的电阻器都有一个相应的误差范围,表 15.2 列出了电阻的允许误差等级,即精度等级。

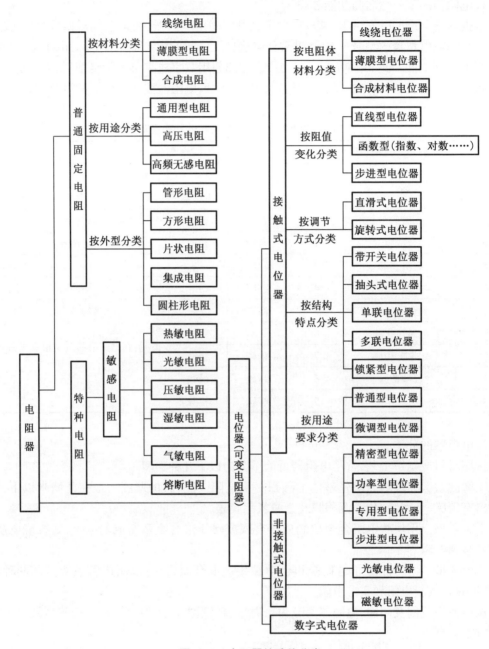

图 15.2　电阻器按功能分类

表 15.2　电阻器的标称值的允许偏差表

允许偏差/%	字母代码	允许偏差/%	字母代码
±0.005	E	±1	F
±0.01	L	±2	G
±0.02	P	±3	H
±0.05	W	±5	J

表 15.2(续)

允许偏差/%	字母代码	允许偏差/%	字母代码
±0.1	B	±10	K
±0.25	C	±20	M
±0.5	D	±30	N

注:大多数电阻器的允许偏差值 J、K、M 三类。

电阻器的阻值用欧姆、千欧、兆欧等表示。电阻的生产厂家是按系列值生产的。现在常用的有 E48 系列、E24 系列、E12 系列、E6 系列,其中 E24 系列为常用电阻系列,E48 系列为高精度电阻系列,如表 15.3 所示。

表 15.3　电阻的标称系列表

系列	允许偏差	电阻器的标称值
E48	精密电阻(±1%)	100; 105; 110; 115; 121; 127; 133; 140; 147; 154; 162; 169; 178; 187; 196; 205; 215; 226; 237; 249; 261; 274; 287; 301; 316; 332; 348; 365; 383; 402; 422; 442; 464; 487; 511; 536; 562; 590; 619; 649; 681; 715; 750; 787; 825; 866; 909; 953
E24	Ⅰ级(±5%)	1.0; 1.1; 1.2; 1.3; 1.5; 1.6; 1.8; 2.0; 2.2; 2.4; 2.7; 3.0; 3.3; 3.6; 3.9; 4.3; 4.7; 5.1; 5.6; 6.2; 6.8; 7.5; 8.2; 9.1
E12	Ⅱ级(±10%)	1.0; 1.2; 1.5; 1.8; 2.2; 2.7; 3.3; 3.9; 4.7; 5.6; 6.8; 8.2
E6	Ⅲ级(±20%)	1.0; 1.5; 2.2; 3.3; 4.7; 6.8

电阻的标称值为表 15.3 所列数值的 10^n 倍。以 E12 系列中的标称阻值 6.8 为例,所对应的标称阻值为 $6.8\ \Omega,68\ \Omega,680\ \Omega,\cdots,6.8\ M\Omega$ 等,其他系列可依次类推。

(2)电阻器的额定功率

电阻器的额定功率就是在生产标准规定的大气压和温度下,允许在电阻器上长期负载的最大功率,单位为瓦(W)。标称功率一般常用的有:1/8W、1/4W、1/2W、1W、2W、5W、10W、15W、20W 等。一般同类型电阻器的功率越大,其体积也越大。若电阻器的实际工作功率超过额定功率,电阻器会过热烧毁。

在电路图中标注电阻器功率符号方法如图 15.3 所示。通常在电路图中只标注 1W 以上电阻功率。选用电阻时一般要求电阻额定功率为实际承受功率的二倍以上。

(3)电阻器主要参数的表示方法

为了让使用者明确识别电阻器的主要参数,生产厂家会把电阻器的主要参数通过不同方法标示在电阻器上,常用的有直标法、色环法、文字符号法和数码法。

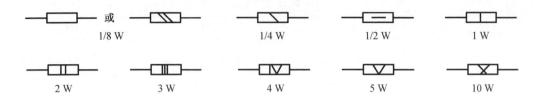

图 15.3　电阻额定功率在电路图上的符号

①直标法。利用字母和数字将电阻标称参数直接标在电阻体上的方法。其允许偏差则用百分数表示,未标偏差值的即为 ±20% 的允许偏差。例如 RT1—3 k ±5%,表示碳膜电阻器,阻值为 3 k,精度 ±5%。图 15.4 所示为电阻直标法图。

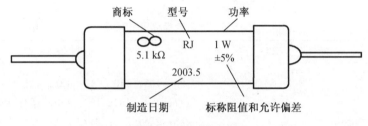

图 15.4　电阻直标法图

②色环法。利用印在电阻器表面不同颜色环将电阻器标称参数表达出来的方法。普通的电阻器用四色环表示,精密电阻用五色环表示。紧靠电阻体一端头的色环为第一环,露着电阻体本色比较多的另一端头为末环。常见元件参数的色标法如图 15.5 所示。

电阻:阻值为1.05 kΩ,允许偏差为±1%　电感:标称值为220 μH,允许偏差为±5%　电容:标称值为6 800 pF,允许偏差为±10%
　　　　(a)　　　　　　　　　　　　　　　　(b)　　　　　　　　　　　　　　　　(c)

图 15.5　色环法标注图

以电阻体上所标色环的颜色表示阻值和误差。普通电阻用四环,其意义如下:第一、二环表示有效数字;第三环表示 10 的倍乘;第四环表示误差。色环的标志符号参见表 15.4。

表 15.4　色环的标志符号表

颜色	有效数字	乘数	允许偏差
棕	1	$\times 10$	±1%
红	2	$\times 10^2$	±2%
橙	3	$\times 10^3$	±0.05%
黄	4	$\times 10^4$	—

表 15.4(续)

颜色	有效数字	乘数	允许偏差
绿	5	$\times 10^5$	$\pm 0.5\%$
蓝	6	$\times 10^6$	$\pm 0.2\%$
紫	7	$\times 10^7$	$\pm 0.1\%$
灰	8	$\times 10^8$	—
白	9	$\times 10^9$	—
黑	0	$\times 1$	—
金	—	$\times 10^{-1}$	$\pm 5\%$
银	—	$\times 10^{-2}$	$\pm 10\%$
无色	—	—	$\pm 20\%$

精密电阻用五环表示,其意义如下:第一、二、三环:表示有效数字;第四环:表示 10 的倍乘;第五环:表示误差。

举例说明:例如当四个色环依次是黄、橙、红、金色时,其中第一、第二环为有效数,分别代表的数"4"和"3";第三环是倍乘数,为 $\times 10^2$;则其读数为 $43 \times 10^2 = 4\ 300\ \Omega = 4.3\ \text{k}\Omega$。第四环是金色,表示误差为 5%。

③文字符号法。它是将电阻器的标称值和允许偏差值用数字和文字符号法按一定的规律组合标志在电阻体上。电阻器的标称值的单位标志符号见表 15.5,允许偏差如表 15.2 所示。图 15.6 所示为电阻文字符号法标注图。

例 15.1　8K2 表示为 8.2 kΩ,这是目前广泛采用的方法。这种方法规定阻值的整数部分写在阻值单位标志符号的前面,阻值的小数部分写在阻值标志符号的后面。在稍大一些的电阻体上还可以写上电阻的型号及参数。

例 15.2　6R2J 表示该电阻标称值为 6.2 Ω,允许偏差为 ±5%;3K6K 表示电阻值为 3.6 kΩ,允许偏差为 ±10%;1M5 则表示电阻值为 1.5 MΩ,允许偏差为 ±20%。

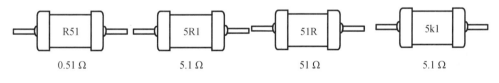

| R51 | 5R1 | 51R | 5k1 |
| 0.51 Ω | 5.1 Ω | 51 Ω | 5.1 Ω |

图 15.6　电阻文字符号法标注图

表 15.5　电阻器的标称值的单位符号表

文字符号	单位及进位关系	名称
R	$\Omega(10^0)$	欧姆
K	$\text{k}\Omega(10^3)$	千欧
M	$\text{M}\Omega(10^6)$	兆欧
G	$\text{G}\Omega(10^9)$	吉欧
T	$\text{T}\Omega(10^{12})$	太欧

④数码表示法。在贴片电子产品和电路图上用三位数字来表示元件的标称值的方法称之为数码表示法。常见于贴片电阻或进口器件上。在三位数码中，从左至右第一、二位数表示电阻标称值的第一、二位有效数字，第三位数为倍率 10^n 的"n"（即前面两位数后加"0"的个数），单位为 Ω。例如标志为 222 的电阻器，其阻值为 2 200 Ω，即 2.2 $k\Omega$；标志为 105 的电阻器为 1 $M\Omega$。需要注意的是要将这种表示法与传统的方法区别开来，如标志为 220 的电阻器其电阻为 22 Ω，只有标志为 221 的电阻器其阻值才为 220 Ω。标志为 0 或 000 的电阻器，实际是跳线，阻值为 0 Ω。

4. 常用电阻器

(1)碳膜电阻(型号:RT)

碳膜电阻是碳氢化合物在真空中通过高温蒸发分解，在陶瓷骨架表面上沉积成碳结晶导电膜。这是一种最广泛、应用最早的薄膜型电阻。它的体积比金属膜电阻略大，阻值范围宽(1 Ω ~ 10 $M\Omega$)，温度系数为负值。碳膜电阻的价格特别低廉，因此在低档次的消费类电子产品中被大量使用以降低成本。

(2)金属膜电阻(型号:RJ)

金属膜电阻是在陶瓷骨架表面，经真空高温或烧渗工艺蒸发沉积一层金属膜或合金膜。其工作环境温度范围大(-55 ~ +125 ℃)、温度系数小、稳定性好、噪声低、体积小(与相同体积的碳膜电阻相比，额定功率要大一倍左右)，价格比碳膜电阻稍贵一些。这种电阻广泛用在温度稳定性及可靠性有较高要求的电路中。

(3)金属氧化膜电阻(型号:RY)

金属氧化膜电阻是在高温条件下，将陶瓷本体的表面上以化学反应形式生成以二氧化锡为主体的金属氧化层。其膜层比金属膜和碳膜电阻都厚得多，并与基体附着力强，因而它有极好的脉冲、高频、温度和过负荷性能;机械性能好、坚硬、耐磨;在空气中不会再氧化，因而化学稳定性好;能承受大功率(可高达 25 W ~ 50 kW)，但阻值范围较窄(1 Ω ~ 200 $k\Omega$)，成本较高。

(4)线绕电阻(型号:RX)

绕线电阻是在磁管上用锰铜丝或镍铬合金丝绕制后，为防潮并防止线圈松动，将其外层用披釉(玻璃釉或珐琅)或漆加以保护。线绕电阻可分为精密型和功率型两类。精密型线绕电阻特别适用于测量仪表或其他高精度的电路，它的一般精度为 ±0.01%，最高可达到 ±0.005% 以上，温度系数小于 $10^{-6}/℃$，长期工作稳定性可靠。由于采用线绕工艺，因而线绕电阻的自身电感和分布电容都很大，不适宜在高频电路中使用。

(5)电阻网络(电阻排)

通过综合掩膜、光刻、烧结等工艺技术，在一块基片上制成多个参数、性能一致的电阻，连接成电阻网络，也叫集成电阻。其外形及内部结构如图 15.7 所示。图中 BX 表示产品型号，10 表示有效数字，3 表示倍乘数为 10^3，103 即 10×10^3 Ω(10 K)。"$--$"后面的 9 表示此电阻有 9 个引脚，其中的一个引脚是公共引脚，一般都在两边，用色点标志，叫作标志位。

随着电子装配密集化和元器件集成化的发展，电路中常需要一些参数、性能、作用相同的电阻。例如计算机检测系统中的多路 A/D、D/A 转换电路，往往需要多个阻值相同、精度高、温度系数小的电阻,选用分立元件不仅体积大、数量多，而且往往难以达到技术要求，而使用电阻网络则很容易满足上述要求。

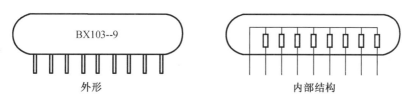

图 15.7　电阻排外形及结构图

（6）熔断电阻

这种电阻又叫作保险电阻，兼有电阻和熔断器的双重作用：在正常工作状态下它是一个普通的小阻值（一般几欧姆到几十欧姆）电阻，但当电路出现故障，通过熔断电阻器的电流超过该电路的规定电流时，它就会迅速熔断开路。

（7）水泥电阻

水泥电阻实际上是封装在陶瓷外壳里、并用水泥填充固化的一种线绕电阻。水泥电阻功率大、散热好，具有良好的阻燃、防爆特性和高达 100 MΩ 的绝缘电阻，被广泛使用在开关电源和功率输出电路中。

（8）非线性电阻

非线性电阻是敏感电阻。是指其电阻值对于某种物理量（如温度、湿度、光照、电压、机械力、磁通及气体浓度等）具有敏感特性，当这些物理量发生变化时，敏感电阻的阻值就会随物理量变化而发生改变，呈现不同的电阻值。根据对不同物理量敏感，敏感电阻器可分为热敏、湿敏、光敏、压敏、力敏、磁敏和气敏等类型。如：Y—压敏，F、Z—热敏，Q—气敏，G—光敏，C—磁敏，S— 温敏，L—力敏，等等。

敏感电阻器所用的材料几乎都是半导体材料，这类电阻器也称为半导体电阻器。

热敏电阻的阻值随温度变化而变化，温度升高阻值增大，称之为正温度系数（PTC）热敏电阻，彩色电视机中的消磁电阻就是典型的正温度系数的热敏电阻。温度升高阻值下降，为负温度系数（NTC）热敏电阻。目前应用较多的负温度系数热敏电阻又可分为普通型负温度系数热敏电阻、稳压型负温度系数热敏电阻、测温型负温度系数热敏电阻等。

光敏电阻是电阻的阻值随入射光的强弱变化而改变，当入射光增强时，光敏电阻的阻值明显减小，入射光减弱时电阻值增大。

压敏电阻器是利用半导体材料的非线性原理制造而成，当外加电压施加到某一临界值时，电阻的阻值急剧变小，也称电压敏感电阻。常在电路中作保护元件，如彩电电源电路中就使用了压敏电阻。

5. 电位器

电位器是一种连续可调的电阻器。在电子整机中做增益控制、可变衰减、静态工作点调整等用途。分为大型、小型和微调几种。种类和外形如图 15.8 所示。

用以下符号来表示不同类型的电位器：WT 表示碳膜电位器；WH 表示合成膜电位器；WX 表示线绕电位器；WS 表示有机实芯电位器；WI 表示玻璃釉电位器，等等。

15. 2. 2　电容器

电容器是一种存储电荷和电能的元器件。在电子电路中，电容用来通过交流阻隔直流；也用来存储和释放电荷以充当滤波器，平滑输出脉动信号。小容量的电容，通常在高频电路中使用,如收音机、发射机和振荡器中;大容量的电容往往是作滤波和存储电荷用。一般 1 μF 以上的电容均为电解电容,而 1 μF 以下的电容多为瓷片电容,当然也有其他的,比如独石电容、涤纶电容、小容量的云母电容等。与其他电容器不同,电解电容有极性,它们在电路中的极性不能接错。不同的电容器储存电荷的能力也不相同。

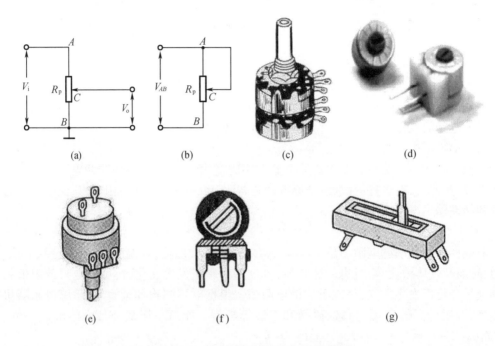

图 15.8　电位器的图形符号及外形图

规定把电容器外加 1 伏特直流电压时所储存的电荷量称为该电容器的电容量。电容的基本单位为法拉(F)。但实际上,法拉是一个很不常用的单位,因为电容器的容量往往比 1 法拉小得多,常用微法(μF)、纳法(nF)、皮法(pF)(皮法又称微微法)等,它们的关系是: 1 法拉(F) $= 10^6$ 微法(μF); 1 微法(μF) $= 10^3$ 纳法(nF) $= 10^6$ 皮法(pF)。

1. 电容器的命名规则与图形符号

根据国家标准 GB/T 2470—1995《电子设备用固定电阻器、固定电容器型号命名方法》和 GB/T 2691—2016《电阻器和电容器的标志代码》,国产电容器的型号由四部分组成,其各部分组成的标志如下:第一部分,主称;第二部分,材料;第三部分,分类;第四部分,序号。详见表 15.6。电容器常用表示符号如图 15.9 所示。

表 15.6　电容各部分标志表

组成	组成意义	字母代号	代号意义
第一部分	主称	C	电容器
第二部分	材料	C	高频瓷介质
		T	高频瓷介质
		I	低频瓷介质

表 15.6(续)

组成	组成意义	字母代号	代号意义
		Y	云母介质
		L	聚酯膜介质
		Z	纸介质
		J	金属化纸介质
		D	铝电解
		A	钽电解
		N	铌电解
		…	
第三部分	特征	1	按材料分——略
		2	
		3	
		4	
		…	
第四部分	序号		

举例说明 CCW1 圆片形微调瓷介电容器如下：

图 15.9　电容器的图形符号图

2.电容器的分类

电容器种类繁多,可按介质材料和结构进行分类,如图 15.10 所示。

3.常用电容器外形及电气特性

常见电容如图 15.11 所示。其电路符号如图 15.9 所示。

4.电容器的主要参数和标示方法

(1)标称容量和允许误差

电容器的主要参数有标称容量、允许误差。其标称系列与电阻不同,它是依所用介质材料不同而各自成系列。无机介质(瓷介,云母,玻璃釉等)及高频有机薄膜电容器,其容量的标称系列及允许偏差与电阻的 E24、E12、E6 系列相同,这里不再列出。

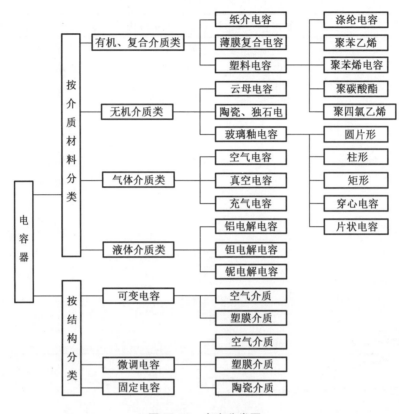

图 15.10 电容分类图

电解电容

容量通常在 1~10 000 μF，体积较大，有固定极性，容量值的精度较差、漏电较大，宜用于电源滤波及低频电路

钽电容

容量通常在 1~100 μF，体积小，性能稳定，漏电较小、寿命长，温度特性好

双连电容

电容的两个极板由定片和动片构成，电容量可调节。视片间所用介质不同，分为空气或聚苯乙烯薄膜可变电容器

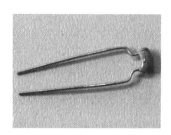

瓷片电容	云母电容	独石电容
容量通常在 <1 μF，体积小，耐高温，漏电较小，常用于高频电路	容量通常在1＜1 000 pF，体积大，耐高压、高温，性能稳定，漏电小	容量通常在 <1 μF，体积小，温度特征好，漏电较小

图 15.11　常见电容外形及特性图

有机介质(纸介,金属化纸介,复合介质等)及低频有机薄膜电容器标称系列见表15.7。

表 15.7　电容标称系列表

允许偏差	±5%　　±10%	±20%
电容范围	100 pF ~ 1 μF	1 μF ~ 100 μF
标称电容量系列值	1.0,1.5,2.2,3.3,4.7,6.8	1.0,2.0,4.0,6,8,10,15,20,30,50,60,80,100

(2)电容器的耐压

电容器两端允许长时间承受的最大直流电压称耐压。如果电容器在交流电路中使用,应注意所加交流电压的最大值(峰值)不能超过电容器的额定电压。电容器的分档耐压见表15.8 所示。

表 15.8　电容耐压值表

电容类型	耐压（V）
CY	100，250，500
CI	40，100，250,500
CC	40，60，100,150，250，500
CJ　　CL	63,100，250，400，630
CD	6.3，10，16，25，32，50，150，300,450,500

(3)电容器参数的表示方法

①直标法。把电容器的标称容量、偏差、耐压等参数用字母或数字标在电容体上。也有的在电容器上只标电容容量数字,不标注单位。其读识方法为:凡无极性电容器,数值为整数,电容量单位为 pF;数值为小数,容量单位为 μF;凡有极性电容器,容量单位为 μF。

②色标法。电容器的色标法原则上与电阻器色标法相同,标志颜色符号所代表的数字可参阅表15.7,其单位为皮法(pF)。顺引线方向,第一、二环色码表示电容量值的有效数字,黑、棕、红、橙、黄、绿、蓝、紫、灰、白分别代表0~9 十个数字。第三环色码表示后面零的个数。图15.12(a)中电容上顺引线方向为黄、紫、橙,表示47×10^3 pF $=0.047$ μF;图15.12(c)所示电容上色环表示的容量为22×10^3 pF $=0.022$ μF。

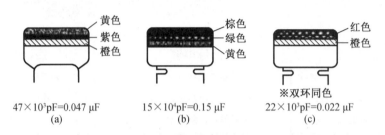

图 15.12　电容器的色标法图

③文字符号法。将电容器容量的整数部分写在容量单位标志的前面,小数部分写在容量单位标志的后面。其中的单位标志有以下五种:p 表示皮法(10^{-12} F),n 表示纳法(10^{-9}F),μ 表示微法(10^{-6}F),m 表示毫法(10^{-3}F)。F 表示法拉(10^0F)。例如2μ2 表示2.2 μF,p33 表示0.33 pF。

④数码法。小于100pF 的电容量用两位数码法表示,若不注明单位,数码表示的电容量单位默认为pF,例如18 表示18pF。大于等于100pF 的电容量可以用三位数码法表示,从左算起,第一、第二位表示电容量值的有效数字,第三位数字为倍率,表示有效数字后面零的个数。如图15.13 所示,103 表示10×10^3 pF $=0.01$μF;224 表示22×10^4 pF $=0.22$ μF;152 表示15×10^2 pF $=1\ 500$ pF。

有一种特例,第三位用9 表示,此为容量有效数字乘上10^{-1}。如图15.13(d)中,229 表示为22×10^{-1} pF $=2.2$ pF。这种表示法的容量范围仅限于$1.0 \sim 9.9$ pF。

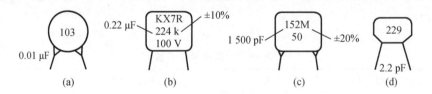

图 15.13　电容量的数码法

5.电容量误差表示法

①直接表示。例如10 ± 0.5 pF,误差就是± 0.5 pF。

②字母码表示。D $= \pm 5\%$(或者表示± 0.5 pF),F $= \pm 1\%$(或者表示± 1 pF),G $= \pm 2\%$,J $= \pm 5\%$,K $= \pm 10\%$,M $\pm 20\%$。例如图15.13(b)所示电容中,224k 表示0.22 μF$\pm 10\%$,不要误认为224 kΩ 电阻。图15.13(c)所示电容中,152M 表示1 500 pF$\pm 20\%$,不要误认为152 MF。

6.电容器工作电压色点表示法

小型电解电容器的工作电压可以用正极根部色点来表示。如表15.9 所示。

表 15.9　工作电压色点表

颜色	黑	棕	红	橙	黄	绿	蓝	紫	灰
工作电压/V	4	5.3	10	16	25	32	42	50	63

7. 可变电容器

可变电容器是一种依靠旋转改变电容量的电容器。用于接收机的调谐回路中选台或在振荡器中改变频率。有单连、双连。

微调电容器也是一种可变电容器，在小范围内调节，并可固定下来。可用于频率的准确调谐。例如在收音机中的短波部分，可用微调电容将频率调准。

15.2.3　电感器

电感器是一种储存磁场能的器件，一般是由线圈组成。在交流电路中，电感线圈具有阻碍交流的作用，称为感抗。

电感器对于稳定的直流，其阻抗为零；而对交流则具有阻流和降压的作用。当电感器与电容器配合使用时，可以构成调谐、滤波、选频、分频、退耦等电路。

1. 电感器主要参数

①电感量。在没有非线性导磁物质存在的条件下，一个载流线圈的磁通量 Φ 与线圈中的电流 I 成正比，其比例常数成为自感系数，用 L 表示，简称电感。即 $L = \Phi/I$。

电感量常用的基本单位是亨利（H）。常用单位有毫亨（mH）、微亨（μH）、纳亨（nH）。换算关系为：$1\ H = 10^3\ mH = 10^6\ \mu H = 10^9\ nH$。

②固有电容。电感线圈的各匝绕组之间通过空气、绝缘层和骨架而存在着分布电容，在屏蔽罩之间、多层绕组的每层之间、绕组与底板之间也存在着分布电容。等效电容 C_0 就是电感器的固有电容。由于固有电容的存在，使线圈有一个固有的谐振频率。因此，使用电感线圈时应使其工作频率要远低于固有频率。为了减小电感线圈的固有电容，可通过减小线圈骨架的直径、用细导线绕制线圈或线圈采用间绕法或蜂房式绕法。

③品质因数（Q 值）。电感线圈的品质因数是表示线圈质量的一个重要参数。Q 值的大小，表明电感线圈损耗的大小。其 Q 值越大，线圈的损耗越小；反之，其损耗越大。

品质因数 Q 的定义为：当线圈在某一频率的交流电压下工作时，线圈所呈现的感抗和线圈直流电阻的比值。它可以用公式表达如下：

$$Q = \frac{2\pi fL}{r} \tag{15.1}$$

式中　f——电路工作频率；

　　　L——线圈电感量；

　　　r——线圈总耗损电阻。

根据使用场合的不同，对品质因数 Q 的要求也不同。对调谐回路中的电感线圈，Q 值要求较高，因为 Q 值越高，回路的损耗就越小，回路的效率就越高；对耦合线圈来说，Q 值可以低一些；而对于低频或高频扼流圈，则可以不做要求。

2. 电感器的作用与分类

电感器的作用和分类详见图 15.14。

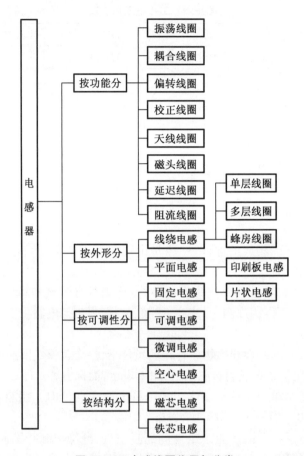

图 15.14　电感线圈作用与分类

电感器是由线圈构成的,所以又称电感线圈。把漆包线或纱包线等在绝缘的骨架上绕一定圈数,就构成了线圈。为了增强电感量和品质因数(Q 值),缩小电感体积,电感线圈中常放置磁性材料制作的磁芯,所以电感器是一种非线性器件。按导磁材料分为空气芯、磁芯、铁芯等。按绕制方法分为单层、多层、蜂房式几种。圈数越多,直径越大,长度与直径比越接近 1/10,其电感量越大。低频多采用铁芯和磁芯(铁氧体),中、高频电感采用高频磁芯和空线圈。电感器外形及电路符号如图 15.15 所示。

图 15.15　电感器外形及电路符号

电感器的系列产品不多,多数电感都是根据电路的要求加工制作的。根据电感在电路中的作用,有以下几种:

①高频扼流圈。用于高频电路中阻止高频电流,提供低频通路。绕在高频磁芯上,为了减小分布电容常绕成蜂房式。

②低频扼流圈。常用于直流电源滤波。采用矽钢片做铁芯。为防止直流磁化,磁路留有空气隙。

③色码电感。作滤波、振荡、去耦用,特点是体积小、结构牢固。

3. 变压器

(1)变压器的作用和分类

变压器属于电磁感应作用的能量转换器件,它的主要作用是变电压、变电流和变阻抗,还可使电源和负载之间进行隔离等。一般变压器是由线圈绕在同一闭合磁路上而构成。线圈有两个或多个组成,接电源(信号源)的线圈叫作初级线圈,传输能量给负载的线圈叫作次级线圈。变压器的分类如图 15.16 所示。变压器常用字母符号 T 表示。几种变压器外形及符号如图 15.17 所示。

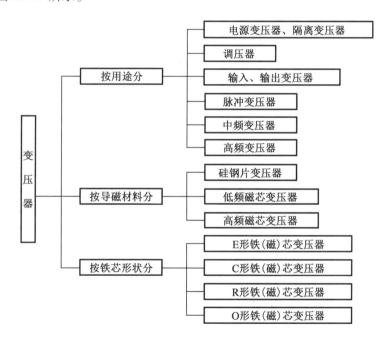

图 15.16　变压器的分类

变压器一般需要定制,分类主要有以下几种:

①电源变压器。容量小于 1 000 VA 的,作电源变换用。

②音频变压器。包括输入、输出变压器。在低频放大器与功率放大器电路中做耦合及匹配用。

③脉冲变压器。用于传输脉冲信号。且能方便地对脉冲实现倒相,改变幅度,如可控硅电路中用脉冲变压器传输触发脉冲。

④中频变压器(俗称中周)。超外差收音机的中频负载,与电容匹配组成调谐回路。

图 15.17　变压器外形及符号

⑤高频变压器。用于高频电路中,如磁性天线线圈、本振线圈等。

(2)变压器主要参数

①变比 n。$n = N_1/N_2 = U_1/U_2$,N_1、N_2 分别为变压器初次级绕组的匝数,U_1、U_2 为绕组电压。

②额定功率 P。指变压器在额定电压,额定频率的情况下,变压器长时间工作在规定温升条件下的输出功率。额定功率的单位用 VA(伏安)表示。

③绝缘电阻。变压器各绕组之间和各绕组与铁芯之间由于不是完全理想地绝缘,外加电压时,存在着一定的漏电,这就是绝缘电阻。绝缘电阻越大,漏电电流就越小。变压器绝缘电阻过小,就会使仪器、设备的外壳带电,对仪器设备的正常工作和人身安全带来危险。

另外还有温升、空载电流、效率等参数。

15.2.4　半导体器件

1.半导体器件的命名

晶体管的命名方法很多,美国编号方法以 PN 接合面的数量为主线,不易看出其他特性。而欧洲与日本的编号,就比较系统化。国产晶体管的命名则也有自己的特点。下面做个简要叙述。

(1)国产半导体元件的命名方法

国内半导体分立器件的命名按国家标准 GB/T 249—2017《半导体分立器件型号命名方法》的规定,国产半导体器件型号由五部分(CS – 场效应晶体管、BT – 特殊晶体管、FH – 复合管、PIN – PIN 二极管、GJ – 激光二极管的型号命名只有第三、四、五部分)组成,表 15.10 为国产半导体元件的命名方法。

表 15.10 国产半导体元件的命名方法

第一部分		第二部分		第三部分		第四部分	第五部分
用阿拉伯数字表示器件的电极数目		用汉语拼音字母表示器件的材料和极性		用汉语拼音字母表示器件的类别		用阿拉伯数字表示登记顺序号	用汉语拼音字母表示规格号
符号	意义	符号	意义				
2	二极管	A	N 型,锗材料	P	小信号管		
		B	P 型,锗材料	V	检波管		
		C	N 型,硅材料	W	电压调整管和电压基准管		
		D	P 型,硅材料	C	变容管		
				Z	整流管		
				L	整流堆		
				S	隧道管		
				N	噪声管		
				X	低频小功率晶体管 ($f_a < 3\ \mathrm{MHz}, P_C < 1\ \mathrm{W}$)		
				D	低频大功率晶体管 ($f_a < 3\ \mathrm{MHz}, P_C \geqslant 1\ \mathrm{W}$)		
					高频小功率晶体管 ($f_a \geqslant 3\ \mathrm{MHz}, P_C < 1\ \mathrm{W}$)		
					高频大功率晶体管 ($f_a \geqslant 3\ \mathrm{MHz}, P_C \geqslant 1\ \mathrm{W}$)		
				T	闸流管		
				B	雪崩管		
				J	阶跃恢复管		

例如:3DG18 表示 NPN 型硅材料高频三极管。

对于晶体管的电流放大系数,由于晶体管的直流放大系数和交流放大系数近似相等,在实际使用时一般不再区分,都用 β 表示,也可用 HFE 表示。

特别地,为了能直观地表明三极管的放大倍数,常在三极管的外壳上标注不同的色标。锗、硅开关管,高、低频小功率管,硅低频大功率管所用的色标标志如表 15.11 所示。

表 15.11 三极管放大倍数范围色标表

β 范围	0~15	15~25	25~40	40~55	55~80	80~120	120~180	180~270	270~400	>400
色标	棕	红	橙	黄	绿	蓝	紫	灰	白	黑

（2）美国半导体器件型号的命名方法

美国晶体管或其他半导体器件的命名法较混乱。美国电子工业协会半导体分立器件命名方法如下：

①前缀部分：用字母符号表示器件用途的类型、级别。JAN 为军级，JANTX 为特军级，JANTXV 为超特军级，JANS 为宇航级，（无）为非军用品。

②第一部分：用数字表示 PN 结数目。1 为二极管，2 为三极管，3 为三个 PN 结器件，n 为依次类推。

③第二部分：美国电子工业协会（EIA）注册标志。用字母"N"表示该器件已在美国电子工业协会（EIA）注册登记。

④第三部分：美国电子工业协会登记顺序号。用多位数字表示该器件在美国电子工业协会（EIA）登记的顺序号。

⑤第四部分：用字母表示器件分档。A，B，C，D，…表示同一型号器件的不同档别。

例如：JAN2N3251A 表示 PNP 硅高频小功率开关三极管，JAN 为军级、2 为三极管、N 为 EIA 注册标志、3251 为 EIA 登记顺序号、A 为 2N3251A 档。

例如：1N 4007 型号中，"1"表示二极管，"N"为 ElA 注册标志，"4007"为 ElA 登记号。

例如：2N 2907 A 型号中，"2"表示晶体管，"N"为 ElA 注册标志，"2907"为 ElA 登记号，"A"为规格号。

2. 晶体二极管

把一块纯净半导体一部分制成 P 型半导体，另一部分制成 N 型半导体，那么在 N 型和 P 型半导体之间的交界面上就形成了具有单向导电性能的 PN 结，分别从 P 区和 N 区引出两个电极，并以管壳封装就制成了二极管。从 P 区引出的电极称为正极，从 N 区引出的电极称为负极。普通二极管的结构、伏安特性、电路图形符号如图 15.18 所示。

图 15.18　二极管的结构、特性、电路符号

普通二极管的最大特点就是具有单向导电性。给二极管加上正向电压（P 区电位高于 N 区电位）时，当正向电压大于死区电压（硅管约 0.5 伏，锗管约 0.2 伏），二极管导通。正常导通情况下管压降也很小（硅管约 0.7 伏，锗管约 0.3 伏）。给二极管加反向电压（N 区电位高于 P 区电位）时，随着反向电压的增大，二极管仅有很小的反向电流，二极管反向几乎不导电。这就是二极管的单向导电性。

（1）晶体二极管的类型

二极管的种类很多，从制造材料上分为锗二极管、硅二极管、砷化镓二极管；从用途上分为有整流二极管、检波二极管、稳压二极管、发光二极管、各种敏感二极管和特殊用途的二极管，如变容二极管、微波二极管等；从结构上分为点接触型二极管、面接触型二极管等；按封装形式可分为塑封管、金封管和玻璃封装等。典型二极管如表 15.12 所示。

表 15.12　常用二极管外形及特点

	普通二极管	发光二极管	稳压二极管	特殊二极管	金封大功率
外形	负极　正极				
符号	正极 ▷ 负极				
用途	整流、检波等	正向通电发光	反向应用于稳压	各种相关应用	大功率整流
特点	整流二极管 检波二极管 开关二极管等	有红色、绿色、黄色、红外、激光等发光二极管	各种稳压电压值的金封、塑封和玻璃封装稳压管	各种敏感二极管、变容二极管等	金属封装

在整流电路中,常将二极管制成桥堆,用四只二极管构成的全桥和两只二极管构成的半桥。在高压整流中,还有多只二极管构成的整流堆。

（2）二极管的主要电参数

普通二极管的主要性能参数有最大整流电流 I_{FM}、最高反向工作电压(常称耐压) V_M、反向电流 I_R、最高工作频率 f_M 等。

发光二极管有正向电压降 V_F、最大电流 I_M、最大功率 P_M 等。

稳压二极管有稳压电压 V_Z、最大工作电流 I_M、动态电阻 r_0、最大功率 P_M 等。

3. 晶体三极管

晶体三极管简称三极管,它是电子线路中的核心元件。在模拟电路中用它构成各种放大器,各种波形产生、变化和信号处理电路。在高频电路中可构成振荡电路、混频电路、功放电路。在数字电路中可作为开关控制。

（1）三极管的结构、类型和外形

晶体三极管的结构如图 15.19 所示。三极管从材料上可分为硅材料制成的硅管和锗材料制成的锗管。从结构上又可分为 PNP 型和 NPN 型两种类型。

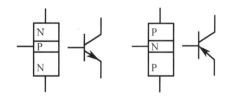

(a)NPN 型晶体管　　　(b)PNP 型晶体管

图 15.19　晶体三极管结构和电路符号

从工作频率上可分高频管、低频管和开关管;按功率大小可分大功率管、小功率管;按封装形式可分塑封管、金封管和片状三极管结构。

三极管的外形大小各有不同,常见外形如表 15.13 所示。

表 15.13　晶体三极管外形及特点

塑封小功率管	金封小功率管	塑封大功率管	金封大功率管	片状三极管
各种小功率高、低频管	各种小功率高、低频管	塑封造价低，大功率需加合适的散热片	功率大，需加合适的散热片	引脚短（或无）贴片安装，特性好

（2）晶体三极管的主要参数

①电流放大系数。也叫电流放大倍数，晶体三极管是一个电流控制器件，电流放大系数表示了三极管基极电流对集电极电流的控制能力。电流放大系数有共发射极放大系数和共基极电流放大系数。同时又有交流放大系数和直流放大系数之分。

共发射极直流电流放大系数 $hFE(\bar{\beta})$ 为

$$hFE(\bar{\beta}) = I_C(集电极直流电流)/I_B(基极直流电流)$$

共发射极交流电流放大系数 $hfe(\beta)$ 为

$$hfe(\beta) = \Delta I_c(集电极电流变化量)/\Delta I_b(基极电流变化量)$$

②极间反向电流。有发射极开路集电极 – 基极间反电流 I_{CBO} 和穿透电流 I_{CEO}，I_{CEO} 与 I_{CBO} 之间的关系是：$I_{CEO} = (1+\beta)I_{CBO}$。对于锗管三极管，$I_{CEO}$ 和 I_{CBO} 较大，而硅管较小。这两个参数越小的管子越好。

③极限参数。集电极 – 发射极击穿电压 $V_{(BR)CEO}$：三极管基极开路时，集电极与发射极之间最大允许电压。在晶体三极管的使用中电源电压不能超过这个参数。

集电极最大允许耗散功率 P_{CM}：三极管工作时，在集电极上消耗的功率为 $P_C = I_C \cdot V_{CE}$，P_{CM} 为允许最大集电极功率损耗，即在使用中必须是 $P_C < P_{CM}$。

集电极最大允许电流 I_{CM}：在使用中，当 $I_C > I_{CM}$ 时，虽不一定使管子损坏，但由于 I_C 的增大，使 hfe 已下降到不合适的程度，所以一般不允许超过 I_{CM}。

频率参数：晶体三极管都有自己的最高工作频率。常用的频率参数有共发射极截止频率 fhfe 和共基极截止频率 fhfb。晶体管使用中不能用低频管去放大处理高频信号。

4. 半导体集成电路

集成电路简称 IC，是将电路的电阻、电容、二极管、三极管、场效应管等元器件及电气连接线集中制作在一块半导体基片或绝缘基片上，并将之封装在一个管壳内，形成具备一定功能的完整电路器件。它具有体积小、重量轻、功耗低、性能好、可靠性高等优点，被广泛应用于电子产品中。

集成电路是发展最快的电子元器件，用于电子技术的各个方面，种类繁多，而且新品种层出不穷。这里仅从应用的角度，介绍常用集成电路的类别、封装、引脚识别等应用知识。

（1）集成电路的分类

按制造工艺和结构可分为:半导体集成电路、膜集成电路、混合集成电路。通常所说的集成电路指的就是半导体集成电路。膜集成电路又可分为薄膜和厚膜两类。膜集成电路和混合集成电路一般用于专用集成电路,通常称为模块。

按半导体工艺分为:

①双极型集成电路。在硅片上制作双极型晶体管所生产的集成电路。

②MOS 集成电路。在硅片制作 MOS 场效应管所生产的集成电路。

③双极型 MOS 集成电路(BIMOS)。常将 MOS 电路作输入电路,双极型晶体管作输出电路,构成 BIMOS 集成电路。

按集成度分类,集成度是指一块硅片上含有的元件数目。表 15.14 给出了早期对集成度的分类。

表 15.14　集成电路的集成度分类

名称	缩写	模拟	数字 MOS	数字双极
小规模集成电路	SSIC	< 30		< 100
中规模集成电路	MSIC	30 ~ 100	100 ~ 1 000	100 ~ 500
大规模集成电路	LSIC	100 ~ 300	1 000 ~ 10 000	500 ~ 2 000
超大规模集成电路	VLSIC	> 300	> 10 000	> 2 000

一般常用集成电路以中、大规模集成电路为主,超大规模集成电路主要用于存储器及计算机 CPU 等专用芯片中。

按使用功能划分集成电路是国外很多公司的通用方法,如表 15.15 所示。

表 15.15　集成电路的功能分类

音频/视频电路	数字电路	线性电路	微处理器	存储器	接口电路	光电电路
音频放大器;音频/射频信号处理器;视频电路;电视电路;音频/视频数字电路;特殊音频/视频电路等	门电路;编码/译码器;数据选择器;加法器;比较器;触发器;寄存器;计数器;算术逻辑单元;可编程逻辑电路(PAL、GAL、FPGA、ISP);特殊数字电路等	运算放大器;电压比较器;模拟信号处理器;乘法器;电压调整器;基准电压电路;特殊线性电路	微处理器;单片机电路;数字信号处理器(DSP);通用/专用支持电路;特殊微处理器电路等	动态/静态RAM; ROM;PROM;EPROM;E2PROM;FlashMemory;特殊存储器件等	缓冲器;驱动器;A/D;D/A;电平转换器;取样/保持器;殊接口电路等	光电路通讯/传送器件;发光器件;光接收器件;光耦合器;光电开关器件;特殊光电器件等

还可按应用领域分类为军用、工业用和民用集成电路三大类,不同类别对集成电路的性能指标要求有所不同。还有通用和专用集成电路之分,特殊专门用途的称为专用集成电路。专用集成电路性能稳定、功能强、保密性好,具有广泛的前景和广阔的市场。

（2）集成电路的命名

①国产集成电路的型号命名。我国集成电路的命名方法根据国家标准 GB 3430—89 《半导体集成电路型号命名方法》的规定,集成电路的型号由五部分组成,各部分表示方法的规定见表 15.16。国产集成电路的型号命名基本与国际标准接轨,如表 15.17 所示。同种集成电路虽然各厂家基本用相同的数字标号（表中第二部分）,而以不同字头代表不同厂商,功能、性能、封装和引脚排列都完全一致,使用中可以互换。国产 CMOS 集成电路 CC4011C P 的命名如下:

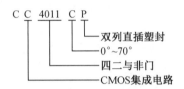

表 15.16　国产集成电路的型号命名方法

第零部分		第一部分		第二部分	第三部分		第四部分	
用字母表示器件符合国家标准		用字母表示器件类型		用阿拉伯数字和字母表示器件系列和品种代号	用字母表示器件的工作温度范围		用字母表示器件的封装形势	
符号	意义	符号	意义		符号	意义	符号	意义
C	中国制造	T	TTL 电路		C	0 ~ 70 ℃	H	黑瓷扁平
		H	HTL 电路		E	− 40 ~ 85 ℃	B	塑料扁平
		E	ECL 电路		R	− 55 ~ 85 ℃	F	多层陶瓷扁平
		C	CMOS 电路		M	− 55 ~ 125 ℃	D	多层陶瓷双列直插
		F	线性放大器				P	塑料双列直插
		D	音响、电视电路				J	黑瓷双列直插
		W	稳压器				K	金属菱形
		J	接口电路				T	金属圆形
		B	非线性电路					
		M	存储器					
		μ	微型电路					

②国际集成电路的型号命名。集成电路的品种型号繁多,至今国际上对集成电路型号的命名尚无统一标准,各生产厂都按自己所规定的方法对集成电路进行命名。

以美国国家半导体公司生产的 LM101AF 为例,命名标准如表 15.17 所示。

表 15.17　LM101AF 命名标准表

LM	101A	F
系列	器件编号	封装
AD:模拟对数字 AH:模拟混合 AM:模拟单片 CD:CMOS 数字 DA:数字对模拟 DM:数字单片 LF:线性 FET LH:线性混合; LM:线性单片; LP:线性低功耗; LMC:CMOS 线性; LX:传感器; MM:MOS 单片; TBA:线性单片; NMC:MOS 存储器	用 3、4 或 5 位数字符号表示 A:表示改进规范的 C:表示商业用的温度范围 其中线性电路的 1 -、2 -、3 - 表示三种温度,分别为: (-55 ~125)℃ (-25 ~85)℃ (0 ~70)℃	D:玻璃/金属双列直插 F:玻璃/金属扁平 H:TO -5(TO -99,TO -100,TO -46) J:低温玻璃双列直插(黑陶瓷) K:TO -3(钢的) KC:TO -3(铝的) N:塑封双列直插 P:TO -202(D -40,耐热的) S:"SGS"型功率双列直插 T:TO -220 型 W:低温玻璃扁平封装(黑瓷扁平) Z:TO -92 型 E:陶瓷芯片载体 Q:塑料芯片载体 M:小引线封装 L:陶瓷芯片载体

（3）集成电路封装与引脚识别

不同种类的集成电路,封装不同。按封装形式分为普通双列直插式、普通单列直插式、小型双列扁平、小型四列扁平、圆形金属、体积较大的厚膜电路等。

按封装体积大小排列分:最大为厚膜电路,其次分别为双列直插式、单列直插式,金属封装、双列扁平、四列扁平,其中四列扁平为最小。

两引脚之间的间距分:普通标准型塑料封装,双列、单列直插式一般多为(2.54 ±0.25)mm,其次有 2 mm(多见于单列直插式)、(1.778 ±0.25)mm(多见于缩型双列直插式)、(1.5 ±0.25)mm,或(1.27 ±0.25)mm(多见于单列附散热片或单列 V 型)、(1.27 ±0.25)mm(多见于双列扁平封装)、(1 ±0.15)mm(多见于双列或四列扁平封装)、0.8 mm ± (0.05 ~ 0.15)mm(多见于四列扁平封装)、(0.65 ±0.03)mm(多见于四列扁平封装)。

双列直插式两列引脚之间的宽度一般有(7.4 ~ 7.62)mm、10.16 mm、12.7 mm、15.24 mm 等数种;双列扁平封装两列之间的宽度(包括引线长度)一般有(6 ~6.5)mm、7.6 mm、(10.5 ~10.65)mm 等。

四列扁平封装 40 引脚以上的长 × 宽一般有:10 mm × 10 mm(不计引线长度)、(13.6 mm ×13.6 mm) ±0.4 mm(包括引线长度)、(20.6 mm ×20.6 mm) ±0.4 mm(包括引线长度)、(8.45 mm ×8.45 mm) ±0.5 mm(不计引线长度)、(14 mm ×14 mm) ±0.15 mm(不计引线长度)等。

表 15.18 给出常见集成电路封装及特点。图 15.20 给出了几种集成电路引脚识别方法。圆形集成电路识别时,面向引脚正视,从定位销顺时针方向依次为 1,2,3,…。扁平和双列直插式集成电路,将文字符号标记正放(有的集成电路上有一圆点或旁边有一缺口作

为记号的,将缺口或圆点置于左方),由顶部俯视,从左下脚起,按逆时针方向依次为 1,2,3,…。

表 15.18　常见集成电路封装及特点

名称	封装标	管脚数/间距	特点及其应用
金属圆形 Can TO - 99		8,12	可靠性高,散热和屏蔽性能好,价格高,主要用于高档产品
功率塑封 ZIP - TAB		3,4,5,8,10,12,16	散热性能好,用于大功率器件
双列直插 DIP,SDIP DIPtab		8,14,16,20,22,24,28,40 2.54 mm/1.78 mm 标准/窄间距	塑封造价低,应用最广泛;陶瓷封装耐高温,造价较高,用于高档产品中
单列直插 SIP,SSIP SIPtab		3,5,7,8,9,10,12,16 2.54 mm/1.78 mm 标准/窄间距	造价低且安装方便,广泛用于民品
双列表面安装 SOP SSOP		5,8,14,16,20,22,24,28 2.54 mm/1.78 mm 标准/窄间距	体积小,用于微组装产品
扁平封装 QFP SQFP		32,44,64,80,120,144,168 0.88 mm/0.65 mm QFP/SQFP	引脚数多,用于大规模集成电路
软封装		直接将芯片封装在 PCB 上	造价低,主要用于低价格民品,如玩具 IC 等

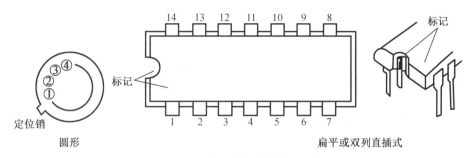

图 15. 20　几种集成电路引脚识别方法

5. 扬声器和麦克

（1）扬声器

扬声器是把音频电流转换成声音的电声器件,扬声器俗称喇叭,种类很多。按换能机理和结构分动圈式(电动式)、电容式(静电式)、压电式(晶体或陶瓷)、电磁式(压簧式)、电离子式和气动式扬声器等。按声辐射材料分纸盆式、号筒式、膜片式;按纸盆形状分圆形、椭圆形、双纸盆和橡皮折环;按工作频率分低音、中音、高音,有的还分成录音机专用、电视机专用、普通和高保真扬声器等;按音圈阻抗分低阻抗和高阻抗;按效果分直辐和环境声等。扬声器的主要性能指标有:灵敏度、频率响应、额定功率、额定阻抗、指向性以及失真度等参数。

下面说明动圈式(电动式)扬声器的原理及构造。

电动扬声器是把电信号转换成声信号的一种装置,它主要由固定的永久磁铁、线圈和锥形纸盆构成。如图 15.21(a)所示为电动式扬声器的外观。它有两个接线柱(两根引线),当单只扬声器使用时两根引脚不分正负极性,多只扬声器同时使用时两个引脚有极性之分。图 15.21(b)为电动式扬声器的内部构造,当线圈中通有变化的电流后,它也会产生变化的磁场,它与原来的永久性磁铁相互作用后就会产生大小不同的力,从而推动锥形纸盆振动,然后产生出声音来。

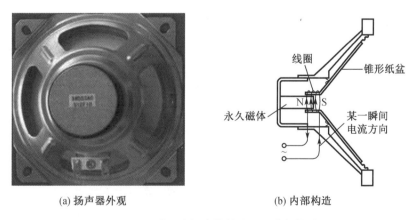

(a) 扬声器外观　　　　　(b) 内部构造

图 15. 21　动圈式扬声器的外观及内部构造

（2）麦克风

麦克风学名为传声器,是将声音信号转换为电信号的能量转换器件,也称话筒、微音器。二十世纪,麦克风由最初通过电阻转换声电发展为电感、电容式转换,大量新的麦克风技术逐渐发展起来,其中包括铝带、动圈等麦克风,以及当前广泛使用的电容麦克风和驻极体麦克风。

电容麦克风的核心是一个电容传感器。电容的两极被窄空气隙隔开,空气隙就形成电容器的介质。在电容的两级加上电压时,声振动引起电容变化,电路中电流也产生变化,将这信号放大输出,就可以得到质量相当好的音频信号。

驻极体式电容麦克风由隔膜、驻极体、垫圈、外壳、背电极、印制板、场效应管等7部分组成,其外观和内部构造如图 15.22 所示,其中最主要的部件为一片单面涂有金属的驻极体薄膜与一个上面有若干小孔的金属电极(即背电极)。其中驻极体面与背电极相对,中间有一个极小的空气隙,它和驻极体构成了绝缘介质,而背电极和驻极体上的金属层则构成一个平板电容器。驻极体式电容麦克风的工作原理(图 15.23)是以人声通过空气引起驻极体薄膜震膜震动而产生位移,从而使得背电极和驻极体上的金属层这两个电极的距离产生变化,随之电容也改变,由于驻极体上的电荷数始终保持恒定,由 $Q = CU$ 可得出,当 C 变化时将引起电容器两端的电压 U 发生变化,从而输出电信号,实现声 - 电的变换。这种麦克风还具有电容麦克风的特点,被广泛应用于各种音频设备和拾音环境中。麦克风的主要性能指标包括灵敏度、频响特性、指向性、输出阻抗等指标。

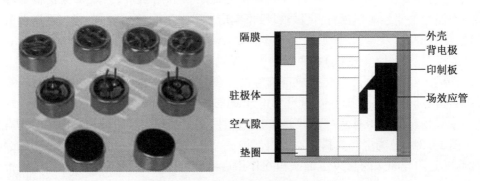

图 15.22 驻极体式电容麦克风

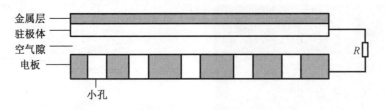

图 15.23 驻极体式电容麦克风工作原理示意图

15.3 焊 接 技 术

电子产品生产过程包括元器件的选择、测试、装配、焊接、调试和检验等工序,其中装配、焊接工艺是电子设备制造中非常重要的一个环节。目前电子产品制造过程和质量检验可遵循国际电子工业联接协会制定的《IPC - A - 610》标准执行。

焊接方式有压力方式、热方式等。热方式最常用的是锡焊,通常用烙铁熔化焊锡完成连接,又称焊接。

焊接是电子工程制作中最常见,最基本的操作。焊接技术是电子工程技术人员的一项基本技能。对焊接的基本要求是机械强度高、导电性能好、外形美观。

15.3.1　锡焊机理和条件

1. 锡焊机理

焊接技术在电子工业中的应用非常广泛,在电子产品制造过程中,几乎各种焊接方法都要用到,但使用最普遍的是锡焊方法。锡焊是最有代表性的焊接方法之一,它是将焊件和熔点比焊件低的焊料共同加热到锡焊的温度,在焊件不熔化的情况下,焊料熔化并浸润焊接面,依靠二者原子的扩散形成焊件的连接。其主要特征有以下三点:

①焊料熔点低于焊件;

②焊接时将焊料与焊件共同加热到锡焊温度,焊料熔化而焊件不熔化;

③依靠熔化状态的焊料浸润焊件接面,由毛细作用使焊料进入焊件的间隙,形成一个合金层,从而实现焊料与焊件的结合,形成焊点。

2. 锡焊必须具备的条件

焊接的物理基础是"浸润",浸润也叫"润湿"。润湿是发生在固体表面和液体之间的一种物理现象。如果液体能在固体表面漫流开,我们就说这种液体能润湿该固体表面。

要解释浸润,先从荷叶上的水珠说起:荷叶表面有一层不透水的蜡质物质,水的表面张力使它保持珠状,在荷叶上滚动而不能摊开,这种状态叫作不能浸润;反之,假如液体在与固体的接触面上摊开,充分铺展接触,就叫作浸润。锡焊的过程,就是通过加热,让铅锡焊料在焊接面上熔化、流动、浸润,使铅锡原子渗透到铜母材(导线、焊盘)的表面内,并在两者的接触面上形成 Cu6 - Sn5 的脆性合金层。液体和固体交界处形成一定的角度,这个角称润湿角,θ 从 0° 到 180°,θ 越小,润湿越充分。一般质量合格的铅锡焊料和铜之间润湿角可达 20°,实际应用中一般以 45° 为焊接质量的检验标准。如图 15.24 所示。

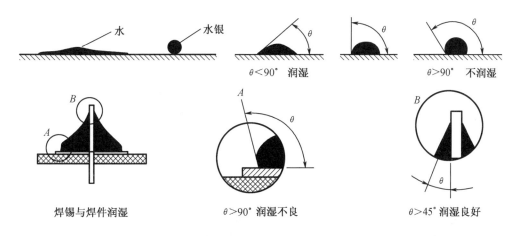

图 15.24　浸润及润湿角

显然,如果焊接面上有阻隔浸润的污垢或氧化层,不能生成两种金属材料的合金层,或者温度不够高使焊料没有充分熔化,都不能使焊料浸润,完成锡焊。所以要完成锡焊必须

具备的条件有以下几点:

(1)要满足扩散的条件

金属之间的扩散不是任何情况下都会发生,而是有条件的,两个基本条件是:

①温度。只有在一定温度下金属分子才具有动能,使得扩散得以进行,理论上说,到"绝对零度"时便没有扩散的可能。实际上在常温下扩散进行是非常缓慢的。

②距离。两块金属必须接近到足够小的距离。

(2)焊件必须具有符合条件的结合层和良好的可焊性

焊料润湿焊件的过程中,符合金属扩散的条件,所以焊料和焊件的界面有扩散现象发生。这种扩散的结果,使得焊料和焊件界面上形成一种新的金属合金层,称之为结合层。结合层的成分既不同于焊料又不同于焊件,而是一种既有化学作用(生成金属化合物),又有冶金作用(形成合金固溶体)的特殊层。如图 15.25 所示。

图 15.25　结合层

所谓可焊性是指在适当温度下,被焊金属材料与焊锡能形成良好结合的合金的性能。有些金属的可焊性比较好,如紫铜、黄铜等,而有些金属如钼、钨、铬等的可焊性就非常差。在焊接时,由于高温使金属表面产生氧化膜,影响材料的可焊性。为了提高可焊性,可以采用表面镀锡、镀银或喷涂助焊剂等措施来防止材料表面的氧化。

(3)焊件要加热到适当的温度

焊接时,热能的作用是熔化焊锡和加热焊接对象,使锡、铅原子获得足够的能量渗透到被焊金属表面的晶格中而形成合金。焊接温度过高,会使焊料处于非共晶状态,加速焊剂分解和挥发速度,使焊料品质下降,严重时还会导致印制电路板上的焊盘脱落。而焊接温度过低,对焊料原子渗透不利,无法形成合金,极易形成虚焊。焊接中要注意的是,不但焊锡要加热到熔化,而且应该同时将焊件加热到能够熔化焊锡的温度。

(4)焊件表面必须保持清洁

为了使焊锡和焊件达到良好的结合,焊接表面一定要保持清洁。即使是可焊性良好的焊件,由于储存或被污染,都可能在焊件表面产生影响浸润的氧化膜和油污。在焊接前务必把污膜清除干净,否则无法保证焊接质量。金属表面轻度的氧化层可以通过助焊剂作用来清除,氧化程度严重的金属表面,则应采用机械或化学方法清除,例如进行刮除或酸洗等。

(5)要使用合适的助焊剂

助焊剂的作用是清除焊件表面的氧化膜及杂质。不同的焊接工艺,应该选择不同的助焊剂,在焊接印制电路板等精密电子产品时,为使焊接可靠稳定,通常采用以松香为主的助焊剂。一般是用酒精将松香溶解成松香水使用。

(6)合适的焊接时间

焊接时间是指在焊接全过程中,进行物理和化学变化所需要的时间。它包括焊锡的熔化时间、助焊剂发挥作用、被焊金属达到焊接温度及生成金属合金的时间几个部分。焊接时间过长,易损坏元器件或焊接部位,过短则达不到焊接要求。一般每个焊点焊接一次的时间最长不宜超过 5 s。

15.3.2　焊接工具及材料

1. 电烙铁

电烙铁是手工焊接的主要工具,正确合理地使用电烙铁是保证电子产品焊接质量的重要保障。电烙铁是电子制作和维修的主要工具之一,它主要由铜制烙铁头和用电热丝绕成的烙铁芯两部分组成。烙铁芯直接接 220 V 市电,用于加热烙铁头,烙铁头则沾上熔化的焊锡焊接电路板上的元件。

(1)电烙铁的分类

电烙铁分内热、外热两种,如图 15.26 所示。外热式电烙铁的烙铁头安装在烙铁芯的内部,因此体积小,热效率高,通电几十秒内即可化锡焊接。内热式电烙铁的烙铁头安装在烙铁芯外,因此体积比较大,热效率低,通电以后烙铁头化锡时间长达几分钟。

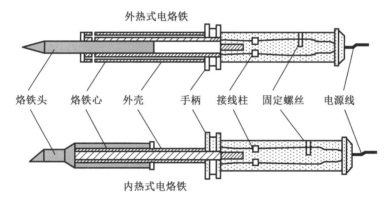

外热式电烙铁

烙铁头　烙铁心　外壳　手柄　接线柱　固定螺丝　电源线

内热式电烙铁

图 15.26　电烙铁的结构分类

从容量上分,电烙铁有 20 W、25 W、35 W、45 W、75 W、100 W 以至 500 W 等多种规格。一般使用 25 ~ 35 W 的内热式电烙铁。若选用的功率过大,不易掌握火候,很容易使元件因过热而损坏。

(2)烙铁头分类

在焊接过程中主要是烙铁头接触焊点,因此,对烙铁头提出一些要求。主要有:表面要干净、不腐蚀、易上锡。为了保持一定的温度,烙铁头要有一定体积,以适应不同的焊点。电镀烙铁头(镀铁,镀镍,镀金)的电镀层能保护烙铁头,使用寿命长。烙铁头有多种不同构造,以适应不同的工作环境的要求,如图 15.27 所示。图 15.27(a)为圆锥形,适合焊接热敏感元件;图 15.27(b)为斜角形,适于焊接端子点,因有尖端表面,所以热更易于传导;图 15.27(c)为锥斜面形,通常用在一般焊接和修理上。

(a) 圆锥形　　(b) 斜角形　　(c) 锥斜面形

图 15.27　电烙铁的烙铁头分类

（3）使用电烙铁的注意事项

电烙铁初次使用时，首先应给电烙铁头挂锡，以便今后使用沾锡焊接。挂锡的方法很简单，通电之前，先用砂纸或小刀将烙铁头端面清理干净；通电以后，待烙铁头温度升到一定程度时，将焊锡放在烙铁头上熔化，使烙铁头端面挂上一层锡。挂锡后的烙铁头，随时都可以用来焊接。

另外电烙铁头温度很高，可达 300～400 ℃，在使用中应注意手要避免接触到电烙铁的金属部分，以免烫伤。

2. 钳子

尖嘴钳主要用途是夹持零件、导线及零件脚弯折，内部有一剪口，用来剪断 1 mm 以下细小的电线，配合斜口钳做拨线用。如图 15.28 所示。

斜口钳主要用途是用来剪断导线、零件脚的基本工具，并可配合尖嘴钳做拨线用。如图 15.29 所示。

平头钳主要用途是用来剪断较粗的导线或金属线，配合尖嘴钳做拨线用，用来弯折、弯曲导线或一般的金属线，用来夹持较重物体。如图 15.30 所示。

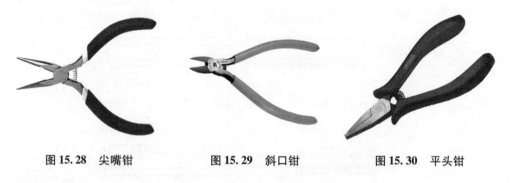

图 15.28　尖嘴钳　　　　图 15.29　斜口钳　　　　图 15.30　平头钳

3. 吸锡器

吸锡器主要用途是可用于维修工作。它可将零件上的焊锡吸走，以便利于更换元件。使用时应将吸锡口靠近焊锡点，但要避免与烙铁直接接触。电热吸锡器可直接加热焊点，将零件上的焊锡吸走，以便利于更换元件。使用一段时间后，就要清理吸锡器中锡渣。如图 15.31 所示。

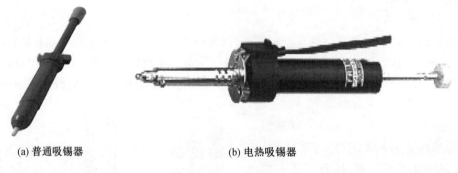

(a) 普通吸锡器　　　　　　　　　(b) 电热吸锡器

图 15.31　吸锡器

4. 螺丝起子

螺丝起子是松紧螺丝必需的工具。一般根据用途分为:一字起子,十字起子。选择起子时应根据螺丝的大小选用,起子刀口厚薄与宽度均需配合。金属把子的起子不可以使用在带电的电路上,以免触电。使用起子应于螺丝帽成 90°,手柄越大转矩越大。如图 15.32 所示。

5. 镊子

镊子主要用途是夹持小的元器件,辅助焊接,弯曲电阻、电容、导线的作用。镊子的分类也是很多的,在各种实际应用场合主要是以下两种:尖头镊子和弯头镊子,如图 15.33 所示。

6. 烙铁架

烙铁架用途是放置烙铁、焊锡、助焊剂,如图 15.34 所示。使用电烙铁要配置烙铁架,一般放置在工作台右前方,电烙铁用后一定要稳妥放置在烙铁架上,并注意导线等物不要碰烙铁头,以免被烙铁烫坏绝缘皮后发生短路。

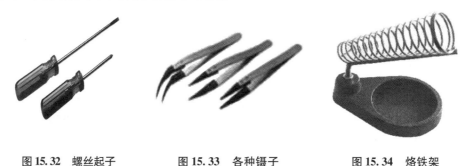

图 15.32　螺丝起子　　　　图 15.33　各种镊子　　　　图 15.34　烙铁架

7. 无感螺丝刀

无感螺丝刀主要用途是调节本振和中周变压器,如图 15.35 所示。不适用于松紧各种螺丝。

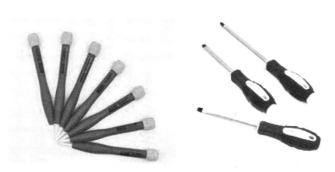

图 15.35　无感螺丝刀

8. 焊接材料

(1)焊料

焊料是易熔金属,它的熔点低于被焊金属。焊料熔化时,将被焊接的两种相同或不同的金属结合处填满,待冷却凝固后,将被焊金属连接到一起,形成导电性能良好的整体。一般对焊料的要求是熔点低、凝固快、熔融时应该有较好的润湿性和流动性、凝固后要有足够的机械强度。按照组成的成分,有锡铅焊料、银焊料、铜焊料等多种。目前在一般电子产品的装配焊接中,主要使用铅锡焊料,一般俗称为焊锡。

锡(Sn)是一种质软低熔点的金属,熔点为232 ℃,纯锡价格较高,质脆而机械性能差;铅(Pb)是一种浅青白色的软金属,熔点为327 ℃,机械性能也很差。铅有较高的抗氧化性和抗腐蚀性。铅属于对人体有害的重金属,在人体中积蓄能够引起铅中毒。图15.36中表示了不同比例的铅和锡的合金状态随温度变化的曲线。

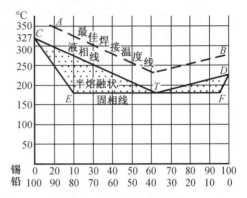

图15.36　铅锡合金状态图

图中的T点叫作共晶点,对应合金成分为Pb – 38.1%、Sn – 61.9%的铅锡合金称为共晶焊锡,它的熔点最低,只有182 ℃,是铅锡焊料中性能最好的一种。在实际应用中,一般把Sn – 60%、Pb – 40%左右的焊料就称为共晶焊锡,其熔化点和凝固点也不是在单一的182 ℃上,而是在某个小范围内。从工程的角度来看,这是经济的。

(2)助焊剂

在焊接中还要使用助焊剂,最常用的是酒精松香溶液。电子元器件的引线长时间放置在空气中,会生成一层氧化层或沾染杂质,在焊接时不易粘锡。而助焊剂能破坏金属表面的氧化层,使杂质成为悬浮物,这样焊锡才能和被焊物牢固结合。助焊剂的另一个作用是涂覆在印刷电路板表面,保护印制板,使其不被氧化。助焊剂有多种配方,需要时可查相关资料。为便于在被焊工件上均匀涂覆助焊剂,可以采用液态助焊剂。中性配方:松香20% ~30%,乙醇80% ~70%。还有一种助焊剂是焊油,去污力很强,但有腐蚀作用,适用于焊接黄铜、铁等焊点。但焊接完成后必须用酒精擦净,不建议在电子产品中使用。

15.3.3　手工焊接方法

1.电烙铁操作方法

电烙铁有三种握法,如图15.37所示。反握法的动作稳定,长时间操作不易疲劳,适于大功率烙铁的操作;正握法适于中功率烙铁或带弯头电烙铁的操作;一般在操作台上焊接印制板等焊件时,多采用握笔法。焊剂加热挥发出的化学物质对人体是有害的,如果操作时鼻子距离烙铁头太近,则很容易将有害气体吸入。一般烙铁离开鼻子的距离应至少不小于30 cm,通常以40 cm时为宜。焊接时电烙铁的正确位置

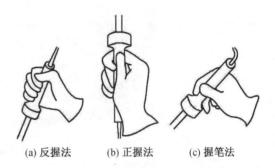

(a) 反握法　　(b) 正握法　　(c) 握笔法

图15.37　电烙铁的三种握法

是烙铁斜面紧靠元器件引脚,烙铁尖抵住印刷电路焊盘进行加热,如图15.38所示。

焊锡丝一般有两种拿法,如图15.39所示。由于焊丝成分中,铅占一定比例,众所周知铅是对人体有害的重金属,因此操作时应戴手套或操作后洗手,避免食入。

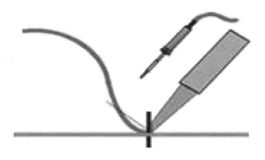

图 15.38　焊接时电烙铁的正确位置

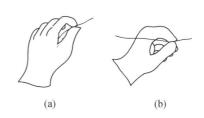

(a)　　　　　　(b)

图 15.39　焊锡丝的两种拿法

使用电烙铁要配置烙铁架,一般放置在工作台右前方,电烙铁用后一定要稳妥放置在烙铁架上,并注意导线等物不要碰烙铁头,以免被烙铁烫坏绝缘皮后发生短路。

2.手工焊接的基本操作

作为一种初学者掌握手工锡焊技术的训练方法,五步法是卓有成效的。如图 15.40 所示。

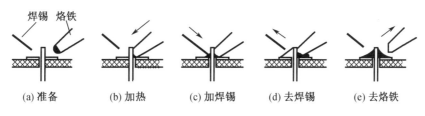

(a) 准备　　(b) 加热　　(c) 加焊锡　　(d) 去焊锡　　(e) 去烙铁

图 15.40　五步焊接法

五步法具体如下:

①准备施焊。如图 15.40(a)所示,准备好焊锡丝和烙铁。此时特别强调的是烙铁头部要保持干净,即可以沾上焊锡(俗称吃锡)。

②加热焊件。如图 15.40(b)所示,将烙铁接触焊接点。注意首先要保持烙铁加热焊件各部分,例如印制板上引线和焊盘都使之受热,其次要注意让烙铁头的扁平部分(较大部分)接触热容量较大的焊件,烙铁头的侧面或边缘部分接触热容量较小的焊件,以保持焊件均匀受热。

③熔化焊料。如图 15.40(c)所示,当焊件加热到能熔化焊料的温度后将焊丝置于焊点,焊料开始熔化并润湿焊点。

④移开焊锡。如图 15.40(d)所示,当熔化一定的焊锡后将焊锡丝移开。

⑤移开烙铁。如图 15.40(e)所示,当焊锡完全润湿焊点后移开烙铁,注意移开烙铁的方向应该垂直或是大致 45°夹角方向。

上述过程,对一般焊点而言大约 2~3 s。对于热容量较小的焊点,例如印制电路板上的小焊盘,有时用三步法概括操作方法,即将上述步骤②③合为一步,④⑤合为一步。实际上细微区分还是五步,所以五步法有普遍性,是掌握手工烙铁焊接的基本方法。特别是各步骤之间停留的时间,对保证焊接质量至关重要,只有通过实践才能逐步掌握。

另外需要注意的是温度过低、烙铁与焊接点接触时间太短、热量供应不足、焊点锡面不光滑,结晶粒脆,像豆腐渣一样,那就不牢固,容易形成虚焊和假焊。反之焊锡易流散,使焊点锡量不足,也容易不牢,还可能出现烫坏电子元件及印刷电路板的情况。

3.对焊点的质量要求

焊点基本上能反映出焊接质量,对焊点的要求是:电接触性良好,机械性能牢固、可靠、外形美观。基本要求如下。

①圆滑光亮,无气孔、无尖角、无拖尾。

②焊锡量要适中,既要使焊锡充满焊盘,又不得堆锡,更不能粘连。

③焊点大小一致。

④无虚焊,错焊。

虚焊是焊接工作中的大敌。虚焊若出现在民用电器中会造成电器设备的不稳定;若出现在工业电器电子设备中,则会给企、事业单位造成经济损失;若出现在国防工业中,其后果不堪设想。

造成虚焊的原因主要有以下几个方面:

①元件的可焊性差造成的虚焊。元件的表面有氧化层,装配前没有处理好造成的虚焊。

②焊盘的可焊性差造成的虚焊。焊点像落在荷叶上的水珠不能渗透荷叶一样,焊锡也没能渗透焊盘的表层,这种虚焊是在预热时未能给焊盘加热,而送锡时是向引脚或烙铁头上送,滴落在焊盘上,也会形成同样的效果。

③元件引脚有局部氧化斑造成的虚焊。这种虚焊不能被检查出来,但他又确实存在于焊点内。

4.焊点的直观检查

通常对焊点的直观检查能鉴别焊点的质量,正常的焊点近似圆锥形而表面微凹呈慢坡状。焊锡牢固地黏附在元件引线及焊盘上,参见图15.41。从外表直观看典型焊点,对它的要求是:

①形状为近似圆锥而表面稍微凹陷,呈慢坡状,以焊接导线为中心,对称成裙形展开。虚焊点的表面往往向外凸出,可以鉴别出来。

②焊点上焊料的连接面呈凹形自然过渡,焊锡和焊件的交界处平滑,接触角尽可能小。

③表面平滑,有金属光泽。

④无裂纹、气孔、夹渣。

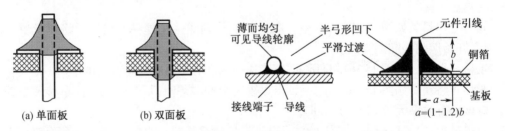

图15.41 典型焊点的外观

其他常见焊点的形状如图15.42所示:焊点 a 一般焊接比较牢固;焊点 b 为理想状态,一般不易焊出这样的形状;焊点 c 焊锡较多,当焊盘较小时,可能会出现这种情况,但是往往有虚焊的可能;焊点 d、e 焊锡太少;焊点 f 提烙铁时方向不合适,造成焊点形状不规则;焊点

g 烙铁温度不够,焊点呈碎渣状,这种情况多数为虚焊;焊点 h 焊盘与焊点之间有缝隙为虚焊或接触不良;焊点 i 引脚放置歪斜。一般形状不正确的焊点,元件多数没有焊接牢固,一般为虚焊点,应重焊。

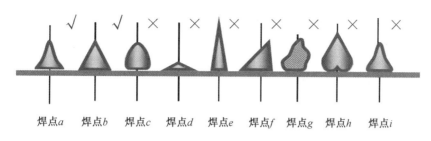

焊点a　焊点b　焊点c　焊点d　焊点e　焊点f　焊点g　焊点h　焊点i

图 15.42　常见焊点

焊接时一定要注意尽量把焊点焊得美观牢固。焊点的正确形状俯视如图 15.43 所示。焊点 a、b 形状圆整,有光泽,焊接正确;焊点 c、d 温度不够,或抬烙铁时发生抖动,焊点呈碎渣状;焊点 e、f 焊锡太多,将不该连接的地方焊成短路。

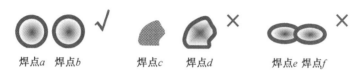

焊点a　焊点b　　　焊点c　焊点d　　　焊点e　焊点f

图 15.43　焊点俯视图

5. 错焊元件的拔除

当元件焊错时,要将错焊的元件拔除。先检查焊错的元件应该焊在什么位置,正确位置的引脚长度是多少,如果引脚较长,为了便于拔出,应先将引脚剪短。在烙铁架上清除烙铁头上的焊锡,将线路板绿色的焊接面朝下,用烙铁将元件脚上的锡尽量刮除,然后将线路板竖直放置,用镊子在元件面,将元件引脚轻轻夹住,在焊接面,用烙铁轻轻烫,同时用镊子将元件向相反方向拔除。拔除后,焊盘孔容易堵塞,有两种方法可以解决这一问题。

①烙铁稍烫焊盘,用镊子夹住一根废元件脚,将堵塞的孔通开。

②将元件做成正确的形状,并将引脚剪到合适的长度,镊子夹住元件,放在被堵塞孔的背面,用烙铁在焊盘上加热,将元件推入焊盘孔中。注意用力要轻,不能将焊盘推离线路板,使焊盘与线路板间形成间隙或者使焊盘与线路板断裂。

手工焊接是一项通过实际操作才能掌握的技术。实际操作中会遇到许多具体情况,要在实际工作中不断地摸索,不断地总结。

15.3.4　波峰焊与回流焊

1. 波峰焊

波峰焊是指将熔化的软钎焊料(铅锡合金),经电动泵或电磁泵喷流成设计要求的焊料波峰,亦可通过向焊料池注入氮气来形成,使预先装有元器件的印制板通过焊料波峰,实现元器件焊端或引脚与印制板焊盘之间机械与电气连接的软钎焊。根据机器所使用不同几何形状的波峰,波峰焊系统可分许多种。

波峰焊流程:将元件插入相应的元件孔中 →预涂助焊剂 → 预烘(温度 90 ~ 100 ℃,长度 1.0 ~ 1.2 m) → 波峰焊(220 ~ 240 ℃) → 切除多余插件脚 → 检查。

波峰焊随着人们对环境保护意识的增强有了新的焊接工艺。以前采用锡铅合金,但是铅是重金属对人体有很大的伤害。于是现在有了无铅工艺的产生,它采用了"锡银铜合金"和特殊的助焊剂且焊接温度的要求更高,在 PCB 板过焊接区后要设立一个冷却区工作站。这一方面是为了防止热冲击,另一方面如果有 ICT 的话会对检测有影响。

在大多数不需要小型化的产品上仍然在使用直插穿孔(TH)或混合技术线路板,比如电视机、家庭音像设备以及数字机顶盒等,仍然都在用直插穿孔元件,因此需要用到波峰焊。

2. 回流焊

由于电子产品 PCB 板不断小型化的需要,出现了片状元件,传统的焊接方法已不能适应需要。首先在混合集成电路板组装中采用了回流焊工艺,组装焊接的元件多数为片状电容、片状电感,贴装型晶体管及二极管等。随着 SMT 整个技术发展日趋完善,多种贴片元件(SMC)和贴装器件(SMD)的出现,作为贴装技术一部分的回流焊工艺技术及设备也得到相应的发展,其应用日趋广泛,几乎在所有电子产品领域都已得到应用,而回流焊技术,围绕着设备的改进也经历以下发展阶段:

①热板及推板式热板传导回流焊。

②红外加热风(Hot air)回流焊。

③充氮(N2)回流焊。

15.4 电子产品整机设计与装配

15.4.1 电子产品整机设计

1. 整机结构形式

电子产品的整机在结构上通常由组装好的印制电路板、接插件、底板和机箱外壳等构成。图 15.44 为电子产品结构形式图。

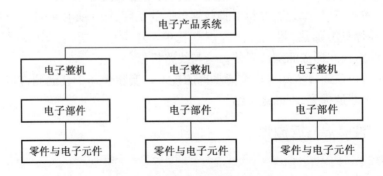

图 15.44 电子产品结构形式图

2. 整机结构设计的基本要求

电子产品的整机设计,是把构成产品的各个部分科学有机地结合起来的过程,是实现电路功能技术指标、完成工作原理、组成完整电子装置的过程。包括元器件的选用、印制电路板的设计、安装调试、产品的外形设计、抗干扰措施及维修等方面。

电子产品的设计要求是:

①实现产品的各项功能指标,工作可靠,性能稳定。

②体积小,外形美观,操作方便,性价比高。

③绝缘性能好,绝缘强度高,符合国家安全标准。

④装配、调试、维修方便。

⑤产品的一致性好,适合批量生产或自动化生产。

元器件布局排列是指按照电子产品电原理图,将各元器件、连接导线等有机地连接起来,并保证产品可靠稳定地工作。元器件布局的原则为:

①应保证电路性能指标的实现

②有利于布线,方便于布线

③满足结构工艺的要求

④有利于设备的装配、调试和维修

3. 元器件位置的排列方法

因电路要求不同、结构设计各异,以及设备不同的使用条件等情况,元器件排列方法有多种。常见的排列方式有按电路组成顺序成直线排列、按电路性能及特点的排列、按元器件的特点及特殊要求排列、从结构工艺上考虑元器件的排列等。

(1)按电路组成顺序成直线排列的方法

按电原理图组成的顺序(即根据主要信号的放大、变换的传递顺序)按级成直线布置。电子管、晶体管电路及以集成电路为中心的电路常采用该排列方式,见图15.45。

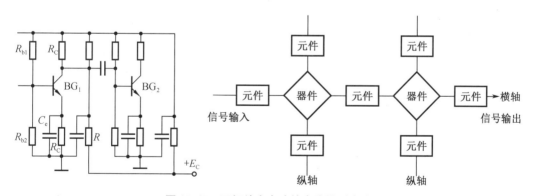

图15.45 两级放大电路的直线排列方式

这种排列的优点是:

①电路结构清楚,便于布设、检查,也便于各级电路的屏蔽或隔离。

②输出级与输入级相距甚远,使级间寄生反馈减小。

③前后级之间衔接较好,可使连接线最短,减小电路的分布参数。

(2)按电路性能及特点的排列方法

在布设高频电路组件时,由于信号频率高、且相互之间容易产生干扰和辐射,因而排列时,应注意组件之间的距离越小越好,引线要短而直,可相互交叉,但不能平行排列,如一个直立,一个卧倒。

对于推挽电路、桥式电路等对称性电路组件的排列,应注意组件布设位置和走线的对称性,使对称组件的分布参数也尽可能一致。

为了防止通过公共电源馈线系统对各级电路形成干扰,常用去耦电路。每一级电路的去耦电容和电阻紧靠在一起,并且电容器应就近接地。

(3)按元器件的特点及特殊要求排列

敏感组件的排列,要注意远离敏感区。如热敏组件不要靠近发热组件,光敏组件要注意光源的位置。

磁场较强的组件,在放置时应注意其周围应有适当的空间或采取屏蔽措施,以减小对邻近电路(组件)的影响。

高压元器件或导线,在排列时要注意和其他元器件保持适当的距离,防止击穿与打火。

需要散热的元器件,要装在散热器上,并保证良好的通风散热,远离热敏感元器件。

(4)从结构工艺上考虑元器件的排列方法

印制电路板是元器件的支撑主体,元器件的排列要尽量对称,质量平衡,对于比较重的组件,在板上要用支架或固定夹进行装卡,以免组件引线承受过大的应力。对于可调组件或需更换频繁的元器件,应放在机器的便于打开、容易触及或观察的地方,以利于调整与维修。

4. 电子元器件选用的基本原则

(1)元器件选用的依据

元器件一般是依据电原理图上标明的各元器件的规格、型号、参数进行选用。

(2)元器件选用的原则

①在满足产品功能和技术指标的前提下,应尽量减少元器件的数量和品种,使电路尽可能简单,以利于装接调试。

②所选用的元器件必须经过高温存储及通电老化筛选后合格品才能使用。

③从降低成本、经济合理的角度出发,选用的元器件在满足电路技术要求的条件下,不需要选择的太精密、可以有一定的允许偏差。

5. 电子产品的抗干扰措施

噪声和干扰对电子产品的性能和指标影响极大,轻则使信号失真、降低信号的质量,重则淹没有用信号、影响电路的正常工作,甚至损坏电子设备和电子产品,造成生产事故等。

(1)干扰的途径与危害

干扰可以通过线路、电路、空间等途径来影响产品的质量,可以以电场、磁场、电磁场的形式侵入电路,对电子产品的电路造成危害。

(2)电子产品的抗干扰措施

排除干扰通常是消除干扰源或破坏干扰途径。常用的抗干扰措施是:屏蔽、退耦、选频、滤波、接地等。

对于小信号和高灵敏度的放大电路,还应注意选用低噪声的电阻、二极管及三极管等元器件,避免元器件自身所产生的噪声干扰。

15.4.2　电子产品的装配工艺流程

1. 电子产品装配的分级

电子产品装配的分级可分为以下级别：

①元件级组装：是指电路元器件、集成电路的组装，是组装中的最低级别。

②插件级组装：是指组装和互连装有元器件的印制电路板或插件板等。

③系统级组装：是将插件级组装件，通过连接器、电线电缆等组装成具有一定功能的完整的电子产品设备。

2. 装配工艺流程

电子产品的装配工艺流程因设备的种类、规模不同，其构成也有所不同，但基本工序大致可分为装配准备、装联、调试、检验、包装、入库或出厂等几个阶段，具体过程如图 15.46 所示。

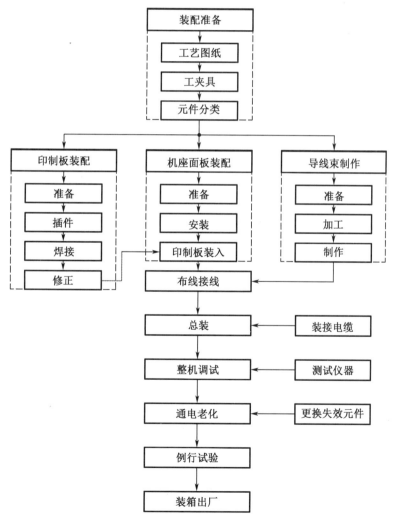

图 15.46　装配工艺流程图

3.产品加工生产流水线

(1)生产流水线与流水节拍

生产流水线就是把一部整机的装联、调试工作划分成若干简单操作,每一个装配工人完成指定操作。

在流水操作的时间定为相等时,这个时间就称为流水节拍。

(2)流水线的工作方式

目前,电视机、录音机、收音机的生产大都采用印制线路板插件流水线的方式。插件形式有自由节拍形式和强制节拍形式两种。

自由节拍形式是由操作者控制流水线的节拍,来完成操作工艺。这种方式的时间安排比较灵活,但生产效率低。

强制节拍形式是指每个操作工人必须在规定的时间内把所要求插装的元器件、零件准确无误地插到线路板上。这种流水线方式,工作内容简单,动作单纯,记忆方便,可减少差错,提高工效。

4.印制电路板的组装

印制电路板的组装是指根据设计文件和工艺规程的要求,将电子元器件按一定的规律秩序插装到印制电路板上,并用紧固件或锡焊等方式将其固定的装配过程。具体参见图15.47 立式安装组图、图15.48 卧式安装图、图15.49 二极管安装方法、图15.50 三极管安装方法。

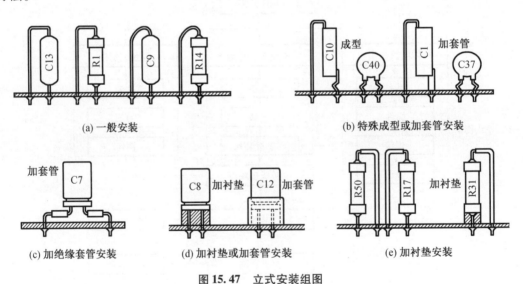

(a) 一般安装　　　　(b) 特殊成型或加套管安装

(c) 加绝缘套管安装　　(d) 加衬垫或加套管安装　　(e) 加衬垫安装

图 15.47　立式安装组图

元器件装配到印制电路板之前,一般都要进行加工处理,即对元器件进行引线成型,然后进行插装。

(1)元器件引线的成型要求

①预加工处理。元器件引线在成型前必须进行预加工处理。包括引线的校直、表面清洁及搪锡三个步骤。预加工处理的要求:引线处理后,不允许有伤痕,镀锡层均匀,表面光滑,无毛刺和焊剂残留物。

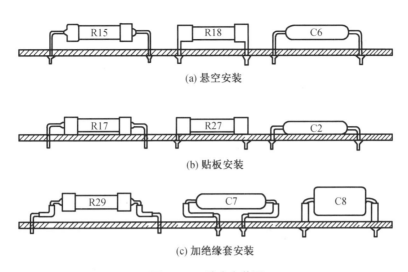

图 15.48　卧式安装图

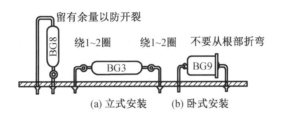

图 15.49　二极管安装方法

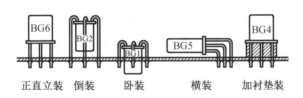

图 15.50　三极管安装方法

②引线成型的基本要求和成形方法。引线成型工艺就是根据焊点之间的距离,做成需要的形状,目的是使它能迅速而准确地插入孔内。

（2）元器件安装的技术要求

①元器件安装后能看清元件上的标志,同一规格的元器件应尽量安装在同一高度上。

②安装元器件的极性不得装错,安装前应套上相应的套管。

③元器件在印刷板上的分布应尽量均匀,疏密一致,排列整齐美观。不允许斜排、立体交叉和重叠排列。元器件的引线直径与印刷板焊盘孔径应有 0.2～0.4mm 的合理间隙。

④安装顺序一般为先低后高,先轻后重,先易后难,先一般元器件后特殊元器件。

（3）一些特殊元器件的安装处理

①MOS 集成电路的安装应在等电位工作台上进行,以免静电损坏器件。

②发热元件要采用悬空安装,不允许贴板安装。

③对于防震要求高的元器件适应卧式贴板安装。

④较大元器件的安装应采取绑扎、粘固等措施。

⑤当元器件为金属外壳、安装面又有印制导线时,应加垫绝缘衬垫或套上绝缘套管。

⑥对于较大元器件,又需安装在印制板上时,则必须使用金属支架在印制基板上将其固定。

5.印制板组装的工艺流程

(1)手工装配方式

手工装配方式分为手工独立插装和流水线手工插装。

①手工独立插装。它是一人完成一块印制电路板上全部元器件的插装及焊接等工作程序的装配方式。其操作的顺序是:待装元件→引线整形→插件→调整、固定位置→焊接→剪切引线→检验。独立插装方式的效率低,而且容易出差错。

②流水线手工插装。它是把印制电路板的整体装配分解成若干道简单的工序,每个操作者在规定的时间内,完成指定的工作量的插装过程。流水线装配的工艺流程如下:每节拍元件插入→全部元器件插入→1次性剪切引线→1次性锡焊→检查。

手工装配方式的特点是设备简单,操作方便,使用灵活;但装配效率低,差错率高,不适用现代化大批量生产的需要。

(2)自动装配工艺流程

对于设计稳定,产量大和装配工作量大而元器件又无须选配的产品,宜采用自动装配方式。自动装配一般使用自动或半自动插件机、自动定位机等设备。图15.51为自动插装工艺流程框图。

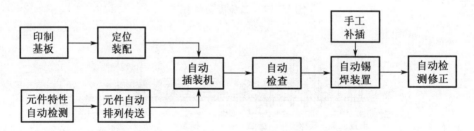

图 15.51　自动插装工艺流程框图

(3)自动装配对元器件的工艺要求

在进行自动插装时,最重要的是采用标准化元器件和尺寸。

在自动装配中,为了使机器达到最大的有效插装速度,就要有一个最好的元器件排列,即要求元器件的排列沿着 x 轴或 y 轴取向,最佳设计要指定所有元器件只有一个轴上取向(至多排列在两个方向上)。

对于非标准化的元器件,或不适合自动装配的元器件,仍需要手工进行补插。

6.电子产品的总装

电子产品的总装包括机械和电气两大部分。总装的连接方式可归纳为可拆卸的连接和不可拆的连接两类;总装的装配方式有整机装配和组合件装配两种。

(1)总装的顺序

电子产品的总装是指将组成整机的产品零部件,经单元调试、检验合格后,按照设计要求进行装配、连接,再经整机调试、检验,形成一个合格的、功能完整的电子产品整机的过程。

总装的顺序按着先轻后重、先小后大、先铆后装、先装后焊、先里后外、先平后高,上道工序不得影响下道工序的原则进行。

（2）总装的基本要求

①总装的有关零部件或组件必须经过调试、检验,检验合格的装配件必须保持清洁。

②总装过程要应用合理的安装工艺,用经济、高效、先进的装配技术,使产品达到预期的效果。

③严格遵守总装的顺序要求,注意前后工序的衔接。

④总装过程中,不损伤元器件和零部件,不破坏整机的绝缘性;保证产品的电性能稳定、足够的机械强度和稳定度。

⑤小型及大批量生产的产品,其总装在流水线上安排的工位进行。

（3）总装的工艺过程

电子产品总装工艺过程包括:零部件的配套准备→零部件的装联→整机调试→总装检验→包装→入库或出厂。

7. 总装的质量检查

产品的质量检查,是保证产品质量的重要手段。电子整机总装完成后,按配套的工艺和技术文件的要求进行质量检查。检查工作应始终坚持自检、互检、专职检验的"三检"原则。先自检,再互检,最后由专职检验人员检验。整机质量的检查包括外观检查、装联的正确性检查和安全性检查等几个方面。

（1）外观检查

装配好的整机,应该有可靠的总体结构和牢固的机箱外壳;整机表面无损伤,涂层无划痕、脱落,金属结构无开裂、脱焊现象,导线无损伤、元器件安装牢固且符合产品设计文件的规定;整机的活动部分活动自如;机内无多余物。

（2）装联的正确性检查

装联的正确性检查主要是指对整机电气性能方面的检查。检查的内容是:各装配件（印制板、电气连接线）是否安装正确,是否符合电原理图和接线图的要求,导电性能是否良好等。

（3）安全性检查

电子产品的安全性检查有两个主要方面,即绝缘电阻和绝缘强度。

①绝缘电阻的检查。整机的绝缘电阻是指电路的导电部分与整机外壳之间的电阻值。在相对湿度不大于 80%、温度为 25 ± 5 ℃的条件下,绝缘电阻应不小于 10 MΩ;在相对湿度为 25% ±5%、温度为 25 ± 5 ℃的条件下,绝缘电阻应不小于 2 MΩ。一般使用兆欧表测量整机的绝缘电阻。

②绝缘强度的检查。整机的绝缘强度是指电路的导电部分与外壳之间所能承受的外加电压的大小。一般要求电子设备的耐压应大于电子设备最高工作电压的两倍以上。

15.5　表面贴装技术与工艺

表面贴装技术,又可称为表面组装技术或表面安装技术,英文为"Surface Mount Technology",简称SMT。它打破了传统的印制电路板通孔基板插装元器件的方式,直接将无引脚或短引脚的元器件平卧在印制电路板上进行焊接安装,如图 15.52 所示,现已广泛应用于电子产品的生产中,已经成为当代电子产品装配的主流。

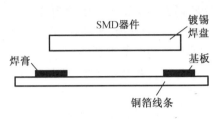

图 15.52　表面贴装

与传统的通孔安装工艺不同,SMT 的主要特征是无引线或短引线,元器件与焊接管脚在同一侧,具有元器件体积小、生产成本低、组装密度高、易于自动化等特点。

15.5.1　表面贴装技术 SMT 概述

1. 表面贴装技术的发展

SMT 技术自 20 世纪 60 年代问世以来,经过 40 多年的发展,已经成为当代电子产品组装技术的主流,而且正继续向纵深发展。

SMT 总的发展趋势是元器件越来越小,安装密度越来越高,安装检测生产线智能化、自动化程度越来越高,且安装产品也越来越复杂、技术难度增大。

2. 表面贴装技术的特点

①降低了成本。组装时无须引线弯折、剪线,减少印制线路板的通孔及孔的金属化,元器件体积小,节省原材料。

②集成度高。由于采用了贴片元器件,体积明显减少,一般来讲,采用 SMT 的产品体积缩小 40% ~60%,质量减轻 60% ~80%,现已发展到微组装、高密度组装、立体组装阶段,组装密度更高。

③高频特性好。由于元器件无引线或引线较短,减少印制电路板分布参数,改善了高频特性,信号传输速度高,可靠性更高。

④利于自动化生产。SMT 片式元器件外形标准化、系列化,非常有利于自动化生产,提高了生产效率,而且安装可靠性大大提高。

3. 表面贴装技术的组成

SMT 包括无源表面贴装元件(SMC)、有源表面贴装器件(SMD)、表面贴装印制电路板(SMB)、点胶、涂焊锡膏、表面安装设备、焊接以及测试等技术在内的一整套完整的工艺技术,涉及材料、化工、机械、电子等多学科、多领域,是一项综合性工程科学技术。

(1)表面贴装元器件

表面贴装元器件的结构、尺寸、包装形式都与传统元器件不同,发展过程和趋势是尺寸不断小型化,以片状元器件为例,尺寸(采用公制)变化历程为:

3225→3216→2520→2125→2012→1608→1005→0603,四位数字为外形尺寸代号,表示片状元器件的长宽尺寸,例如:1005 为 1.0 mm×0.5 mm。

集成电路规模的不断增大,I/O 端子数不断增加,引线数增加促使引线间距不断缩小,目前最小间距为 0.5 mm、0.4 mm、0.3 mm、0.25 mm 的产品已问世。

表面贴装器件尺寸小型化、多样化的同时,产品性能不断提高,高功率、大容量、窄间距、高精度、长寿命、耐高温产品不断涌现,以往片式电阻额定功率为 1/16、1/8、1/4、1/2 W,现在片式绕线电阻功率可达 1 W,采用金属壳的片式金属氧化膜电阻器的功率高达 3 W,精度从以往的一般为 ±5%,现在表面贴装的金属箔电阻器精度可达 ±0.01%,片式铝电容器容量范围可达到 1 000 μF,耐温高达上百摄氏度。

（2）表面贴装印制电路板及其设计

由于表面贴装电子产品薄、短、小的特点,SMT 对印制电路板的要求从基板材质、几何尺寸、加工精度到表面涂覆,都远远超过了通孔安装的印制电路板,适应布线的细密化是关键的技术要求,具体特点如下:

①印制板上过孔小。印制板上的金属化孔不再作插入元器件引线用,金属化孔仅仅作为电气互连用,因此可尽量减小孔径,现直径大部分采用 0.6 ~ 0.3 mm,逐渐向 0.1 mm 发展。

②SMT 布线密度高。引脚中心距已从 2.54 mm 缩小到 1.27、0.305 mm,甚至为 0.1 mm;线宽从 0.2 ~ 0.3 mm 缩小到 0.1 mm,过去两个焊盘间布设两条导线,现在已增加到 3 ~ 5 条导线。

③较高的平整度和稳定性。由于采用表面贴装工艺,微小的翘曲也会造成自动贴装设备定位精度出现偏差,产生焊接缺陷,所以需要 SMB 要有较高的平整度。另外,印制电路板的基板热膨胀系数要小,否则,在焊接时元器件及焊点在热应力作用下容易损坏;由于安装密度高,要求基板有更好的机电性能和耐温性能。目前,应用最广泛的是环氧树脂和玻璃纤维电路基板,玻璃纤维板强度好,环氧树脂韧性好。

④高频特性好。SMB 多用于高频率、高速传输的信号,电路工作频率高达 100 MHz ~ 1 GHz,甚至更高,要求 SMB 具有更好的高频特性。

（3）表面贴装工艺

表面贴装工艺包括涂布、固化、贴片、焊接、清洗、检测等内容,不同规模、不同工艺技术能力及装备的电子产品生产企业,采用的表面贴装工艺也有所不同。

复合式、组装式表面贴装元件日益增多,片式元器件尺寸不断缩小,由于元器件小型化以及自动安装设备所能处理的元器件尺寸都接近极限,加上考虑到组装效率,减少焊点数,提高安装可靠性,近年来,复合式、组合式片式元件迅速发展,如片式电阻网络、阻容网络、LC 滤波器等。随着超大规模集成电路、复合片式元件、三维化微型组件、多层陶瓷基板技术进一步发展,多层混合、高密度组装技术已成为今后的发展方向。

（4）表面贴装设备

表面贴装设备种类很多,主要有涂布设备、贴片设备和焊接设备,一般根据生产要求配成流水线。

回流焊机正向着高效、多功能、智能化方向发展,产生了具有独特的多喷口气流控制的回流焊炉、带氮气保护的回流焊炉、带局部强制冷却的回流焊炉、可以监测元器件温度的回流焊炉、带有双路输送装置的回流焊炉、带中心支撑装置的回流焊炉等。

贴片设备是其中的关键设备,最新开发的贴片设备采用高分辨率视觉系统、激光检测等智能技术,使贴片分辨率和重复精度进入微米级。

（5）表面贴装材料

主要包括焊接材料和清洗材料,焊接材料包括焊膏、焊剂、阻焊剂、黏合剂等;清洗材料包括清洗剂、干燥剂、防氧化剂等。

（6）测试技术

测试内容主要包括焊接质量、安装性能、动态在线测试、产品功能测试。选择适当的测试手段、测试设备及测试规范和工艺是产品质量的基本保证。

15.5.2 表面贴装工艺

表面贴装工艺主要包括涂敷工艺、贴片工艺、焊接工艺以及工艺流程的设计等。

1. 涂敷工艺

焊膏涂敷通常采用的是印刷技术，贴装胶涂敷通常采用的是滴涂技术。焊膏涂敷一般采用丝网印刷、金属膜板印刷两种方式，金属膜板印刷锡膏具有组装密度大、印刷质量好、寿命长的特点，是目前 SMT 生产中主要的工艺方法，生产设备有手动、半自动、全自动锡膏印刷机。

（1）焊膏涂敷

①锡膏印刷机。作用是把锡膏印刷到印制线路板上，手动、半自动不能与其他 SMT 设备连接，需要人为干预（例如传送板子），但结构简单、价格便宜。图 15.53 为锡膏印刷机外形。

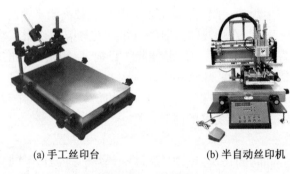

(a) 手工丝印台　　　　　(b) 半自动丝印机

图 15.53　锡膏印刷机

②焊锡膏。贴片元器件使用的焊锡膏（简称锡膏），是由高纯度、低氧化的合金焊料粉末与助焊剂制作而成，具有一定的黏性的膏状体。当焊锡膏加热到一定温度，合金粉末融化，在助焊剂的作用下，液态焊料浸润元器件端头与 SMB 焊盘，冷却后元器件端头与焊盘被焊料互联在一起。焊膏有两种，一种是松香型，它的性能稳定，几乎无腐蚀性，也便于清洗；另一种是水活性的，其活性极强，清洗工艺复杂，一般生产企业常采用松香型焊膏。SMT 工艺对焊锡膏的要求如下：

a. 具有良好的脱模性，印刷后不坍塌、不漫流，具有一定的黏度；

b. 具有良好的浸润性，热熔时不飞溅，不形成或少形成锡珠；

c. 活性好，焊后残余物易清洗；

d. 良好的保存稳定性，焊锡膏制备后能在常温或冷藏下保存 3~6 个月；

e. 焊后具有良好的机械、电气性能。

通常锡膏应保存在 5~10 ℃的低温环境下，可以储存在冰箱冷藏室里，使用时提前 2 h 取出来，达到室温后才能打开盖子，以免焊膏解冻过程中凝结产生水汽，有条件可以用锡膏搅拌机对焊锡膏搅拌，使合金粉末和助焊剂充分混合。使用时取出焊锡膏后，应及时盖好容器盖,避免助焊剂挥发。印好焊膏的印制板要及时贴装元器件,尽可能在 4 h 之内完成焊接。若锡膏变硬或超过使用期,则不能再用。

（2）印膏工艺

涂膏时要将焊膏准确地涂在焊接点上,常用的涂膏工艺有以下两种:

①印刷法。主要有丝网漏印法和金属模板漏印法。

首先要制作漏印锡膏的丝网或金属模板,丝网采用 80~200 目的不锈钢丝网,金属模板一般采用激光雕刻或化学腐蚀的方法制作,然后采用漏印法将焊膏均匀漏印到 SMB 的焊盘上,再将贴片元器件置于规定焊点的焊膏上,最后通过回流焊一次完成焊接。金属模板是目前 SMT 生产中主要的焊膏涂布法,精度高,使用寿命长,适合大批量生产。

锡膏印刷工艺过程如图 15.54 所示。刮板以一定的速度和角度向前移动,对焊膏产生一定压力,推动焊膏在刮板前移动,同时将焊膏压入网孔,完成锡膏的印刷。

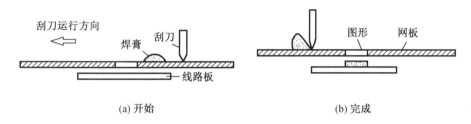

图 15.54　锡膏印刷工艺过程示意图

涂敷的焊膏要满足以下要求:焊膏要均匀、适量,轮廓清晰,不塌落、不错位、不粘连;通常焊盘覆盖面积应大于 75%,印制板不能被焊膏污染。

②自动点膏法。利用计算机控制的机械手,按照事前编好的程序及元器件在印制电路板上位置的坐标,将焊膏涂到线路板指定位置,再贴装贴片元器件,最后通过回流焊一次性完成焊接。

（3）贴装胶涂敷

点胶的目的是让贴片元器件预先粘在印制电路板上,防止在印制板移动、翻转过程中,元器件从板子上掉落。主要设备有胶片印刷机、自动点胶机。具体如下:

①黏合剂。也叫贴片胶,表面贴装的焊接方式主要有波峰焊和回流焊两种,对于波峰焊,焊接时元器件位于印制板的下方,所以,电路板在焊接前,要将黏合剂涂在线路板指定位置上,即放置贴片元件的焊盘之间,然后再放上元器件,用黏合剂来固定元器件后,再将印制板翻转过来（可以插装有引线的元器件）,用波峰焊进行焊接。常用的黏合剂有环氧树脂类黏合剂和聚丙烯类黏合剂,一般采用电加热或紫外线照射进行固化。

黏合剂的要求是无腐蚀性、绝缘性好,化学性能稳定;触变特性好、利于丝网漏印和形成的胶点轮廓良好;容易固化,有足够的粘贴强度和耐高温,以保证在焊接时元器件不会移位和脱落。

②滴涂胶片工艺。涂敷方式有点滴式和注射式和丝网印刷式。注射法又称滴涂法,是目前最常用的方法,基本原理是利用点胶机或手工,将装在注射针管里的贴片胶涂敷在线路板指定位置上,如图 15.55(a) 所示。贴片胶由压缩空气从容器中挤出,胶量由针管大小、加压时间和压力控制。图 15.55(b) 是把贴片胶直接涂敷到贴装头吸附的元器件下面,再把元器件贴装到线路板指定位置上。

小型元器件可涂一个胶滴,大的贴片元器件可涂两个或多个胶滴,滴胶量保证元件贴装后胶滴能充分接触到元器件底部,操作时应注意不可将胶点在印制电路板的焊接点上,要将黏合剂漏印到元器件中心。

③胶片的固化。将表面贴装元器件准确贴装到已经滴涂胶片的印制板上后,还要采用固化设备将胶片固化,使表面贴装元器件与 SMB 板牢固黏接在一起,黏合剂的固化方式有热固化、光固化、光热双固化等。一般环氧树脂黏合剂采用热固化,丙烯酸黏合剂采用光热双固化,相比之下,环氧树脂黏合剂固化的温度高、时间长,但固化后的黏合强度高,而丙烯酸黏合剂固化温度低、时间短,固化后的黏合强度比环氧树脂黏合剂低。目前在 SMT 生产中广泛使用的"红胶"为环氧树脂黏合剂。

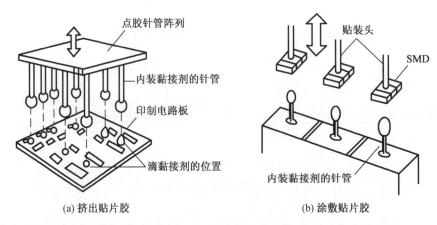

(a) 挤出贴片胶 (b) 涂敷贴片胶

图 15.55　自动点胶机工作原理

胶片常用的固化方法有三种:用电热烤箱或红外线辐射;贴片胶中混合固化剂,在常温下实现固化或加速固化;采用紫外线辐射的方法。

2.贴片工艺

采用贴片机或人工的方法,将贴片元器件准确地放在线路板焊盘相应的位置上,最新开发的贴片设备采用高分辨率视觉系统、激光检测等智能技术,已使贴片机的分辨率和重复精度进入微米级,维修或小批量的试制生产可采用手工方式贴装。

(1)贴片机

贴片机分手动和自动等,其功能是把元件贴放到 PCB 上。目前生产贴片机的厂家众多,结构也各不相同,但按规模和速度大致可分为大型高速机(俗称"高档机")和中型中速机(俗称"中档机"),其他还有小型贴片机和半自动、手动贴片机,如图 15.56 所示。

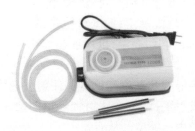

(a) 手动贴片机 (b) 全自动贴片机

图 15.56　贴片机

（2）贴片工艺

印制线路板印刷完锡膏或滴涂贴片胶后，采用贴片机将表面贴装元器件准确贴装到印制板的焊盘位置上，要保证贴装质量，具体贴装要求如下：

①元器件类型、型号、标称值及极性等要符合安装要求，不能贴错位置。

②贴片压力要适中，压力过小，元器件的焊端或引脚就会浮放在焊膏表面，在电路板传送和焊接中易造成元器件位移。如果压力过大，使焊膏挤出量太多，回流焊接时易产生桥接。

③保证元器件焊端或引脚均应尽可能与焊盘对齐、居中，由于回流焊时，贴片元器件在熔融的焊锡膏作用下具有自定位效应，因此，允许贴片元器件贴装位置有一定偏差，但如果其中一端焊端没有搭接到焊盘或没能接触到焊膏，回流焊时将产生移位或"立碑"，如图 15.57 所示。

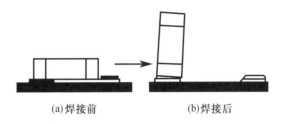

(a)焊接前 (b)焊接后

图 15.57 偏离焊盘产生的"立碑"的元器件

（3）几种常用贴片元器件的贴装偏差范围要求

①矩形元器件。如图 15.58 所示，图 15.58(a)元器件焊端居中位于焊盘上，贴装优良；图 15.58(b)元器件焊端发生横向位移，但焊端宽度 D1 有 75% 以上位于焊盘上；图 15.58(c)元器件焊端发生纵向位移，但焊端与焊盘应交叠，即 D2 >0；图 15.58(d)元器件焊端发生旋转位移，但焊端应位于焊盘上，且 D3≥焊盘宽度的 75%；图 15.58(e)元器件一端焊端脱离焊盘，为不合格贴装。

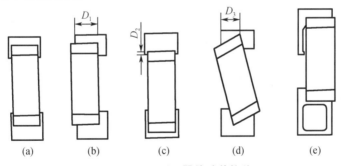

(a) (b) (c) (d) (e)

图 15.58 矩形元器件贴装偏差

②小外形晶体管。允许有旋转偏差，但引脚必须全在焊盘上，如图 15.59 所示。

③小型集成电路。允许有旋转或平移偏差，但引脚宽度的 3/4 应在焊盘上，如图 15.60 所示。

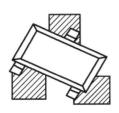

图 15.59 小型晶体管贴装偏差

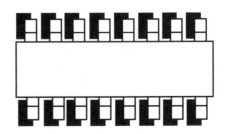

图 15.60 小型集成电路贴装偏差

3. SMT 焊接工艺

通过回流焊机对预先印刷锡膏的焊接点加热,使焊锡熔化将元件引脚与焊盘焊接到一起,实现电气连接,是贴片元器件的主要焊装方式。

(1)回流焊接工艺

回流焊接工艺示意图如图 15.61 所示。

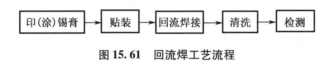

印(涂)锡膏 → 贴装 → 回流焊接 → 清洗 → 检测

图 15.61　回流焊工艺流程

①印(涂)焊膏。采用滴涂器滴涂(注射法)或丝网漏印法将焊膏涂到焊盘上。

②贴装。把各表面贴装元器件贴装到印制电路板上,使它们的电极准确定位于各自的焊盘。

③回流焊接。常用的回流焊机的加热方法有热风加热、红外线加热、气相加热、激光直热式等,其中,红外线加热具有操作方便、使用安全、结构简单等优点,故使用较多。

④清洗与检测。在回流焊接的过程中,由于助焊剂的挥发,助焊剂不仅会残留在焊接点附近,还会沾染电路基板的整个表面,因此通常都需要采用超声波清洗机清洗,然后再进行电路检验测试。

(2)回流焊工艺的优点

①元器件不直接浸到融化的焊料中,受到的热冲击小。

②回流焊仅需要在焊接部位涂敷焊料,避免焊料浪费,同时也避免桥接等缺陷。

③利用熔融焊料表面张力的作用,自动校正元器件贴装时产生的一定范围内位置偏差,将元器件拉回到正确的位置上。

(3)回流焊工作过程

贴装好元器件的线路板送入回流焊完成焊接需要经过以下几个阶段:预热、保温、焊接、冷却,控制机的视窗操作环境可以很方便地输入各种数据,完成回流焊特性、各个阶段的温度参数设置及操作控制,例如,回流焊炉自动启动和停止,在规定时间选定存储的回流焊工艺曲线,自动调整加热区设置,回流焊工艺温度曲线设置如图 15.62 所示。

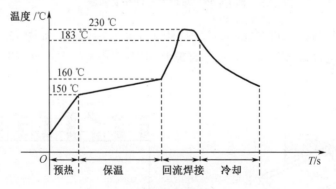

图 15.62　回流焊接典型的温度曲线

①预热段。预热的目的是把室温的 PCB 尽快加热达到 150 ℃ 左右,在此过程中通常温度升高速率约为每秒 1 ~ 3 ℃,焊膏中的溶剂、水分被蒸发。

②保温段。该过程是指温度从 150 ~ 160 ℃,主要目的是使 PCB 元件的温度趋于均匀,焊膏中的活性剂开始作用,焊膏中的助焊剂得到充分熔化,清除元器件焊端、焊盘上的氧化物,此阶段需时 80 ~ 150 s。

③回流段。焊膏快速熔化,并将元器件焊接于线路板上。在此阶段的回流不能过长,一般 30 ~ 50 s,温度升速为 3 ℃/s,峰值温度一般为 210 ~ 230 ℃,峰值时间 10 ~ 20 s。不同焊膏的熔点温度不同,所以焊接温度的设置也不同,一般超过焊膏熔点温度的 30% ~ 40%。

④冷却段。温度迅速下降,焊锡开始凝固,完成焊接。此阶段应该以尽可能快的速度进行降温冷却,这样将有助于得到明亮的焊点,一般要求冷却至 100 ℃ 以下。

4. 清洗工艺

电路板经过焊接后,表面会留有各种残留活化物,必须进行清洗,防止残留物腐蚀电路,所用设备为清洗机,常采用超声波清洗、离心清洗、气相清洗及高压喷射清洗。

目前常用的清洗剂有两类:三氟三氯乙烷和甲基氯仿,实际使用时,还需加入乙醇酯、丙烯酸酯等稳定剂,以改善清洗剂的性能。

清洗剂应具有较强的溶解油脂、松香等树脂的能力,较好的浸润性,无腐蚀、不燃、不爆,低毒、易挥发、稳定性好等特点。

全自动清洗器有全封闭的溶剂蒸发系统,可以做到蒸汽不外漏。半自动式清洗器会有少量蒸汽外漏,对环境有影响。

清洗的基本工艺为:将溶剂加热使其蒸发产生蒸汽,将被洗线路板置于蒸汽气中,溶剂蒸汽在线路板上冷凝,溶解残留污物,被溶解的残留污物被蒸发掉,再将线路板冷却,以上过程反复几次,直至将残留污物全部去掉。

5. 检测工艺

为了保证电子产品的安装质量,检测工序是现代 SMT 生产中不可缺少的工序,测试内容包括焊接质量、安装性能、动态在线测试、产品功能调试等。

对组装好的印制线路板进行焊接质量和装配质量的检测。主要有放大镜、显微镜、飞针测试仪、光学检测(AOI)及 X 射线检测等设备。光学检测(AOI)运用高速、高精度视觉处理技术自动监测线路板上不同的安装错误及焊接错误。X 射线检测设备主要用于人眼和 AOI 设备都无法检测的缺陷,多用于 BGA、CSP 和 FC 封装的芯片组装的线路板,因为焊点均在元器件下面。

(1)光学检测(AOI)设备

当自动检测时,设备上的 CCD 摄像头获取线路板的图像信号,经计算机进行图像识别、处理,将采集数据与数据库中的合格参数进行比较,检测出被测线路板的缺陷,并通过显示器显示出来,可以检测出以下线路板缺陷:

①检查印制板锡膏印刷的质量有无桥连、坍塌、锡膏过多或过少等现象。

②检查贴装元器件有无漏贴、极性贴反、偏移、侧立等现象。

③回流焊接后有无桥接、立碑、错位、焊点过大或过小等现象。

(2)X 射线检测设备

当组装好的线路板放入设备后,位于线路板上方的 X 射线发射器发射 X 射线,X 射线有很强的穿透力,X 射线穿透线路板,被置于线路板下放的 X 射线探测器接收,线路板对

X射线的吸收率与透射率取决于样品所包含材料的成分与比率,由于焊点中含有会吸收大量X射线的铅,相对于穿过其他材料的X射线,在显示图像上会形成较黑的焊点,通过对图像的分析,判断线路板焊点的质量。

6.表面贴装工艺流程设计

在电子产品中,除少数的全部采用贴片元器件之外,更多的还是采用混装电路,即在一块印制电路板上既有传统的有引线的元器件,又有贴片元器件。同时,焊接的方法分为波峰焊、回流焊两种。焊接工艺又可分为两种,一种是点胶—波峰焊工艺;另一种是涂膏—回流焊。由于电子产品的多种多样,应用在不同领域和环境,印制电路板组装密度、功能、可靠性要求不同,由此产生了多种电子产品装配的工艺流程,下面介绍几种常用的组装方式。

(1)全表面贴装

对于单面贴装,如图15.63(a)所示。工艺流程:锡膏印刷→贴装元器件→回流焊接。对于双面贴装,如图15.63(b)所示。工艺流程为先对一面进行:锡膏印刷→贴装元器件→回流焊接;完成后再对另一面重复上述工艺过程。采用双面焊接时,两面所用的锡膏熔点应相差 30 ~ 40 ℃。

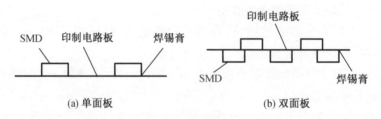

图15.63 全表面贴装

(2)单面混合安装

如图15.64(a)所示,有引脚的元器件与贴片元器件分别在印制板的两面,一般采用先贴后插,然后采用波峰焊接工艺,工艺很简单。

工艺流程:B面点胶→贴装贴片元器件→胶固化→翻转至A面,插装有引脚的元器件→B面波峰焊。

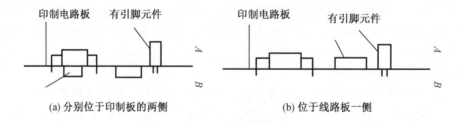

图15.64 单面混合安装

如图15.64(b)所示,贴片元器件和有引脚的元器件在线路板的一侧,焊接面为双面,要先完成贴片元器件的回流焊接,再安装有引脚的元器件进行波峰焊接。

工艺流程:A面锡膏印刷→贴装贴片元器件→回流焊→A面插装有引脚的元器件→B面波峰焊。

（3）双面混合安装

如图 15.65 所示,其中一面,既有有引脚的元器件,又有各种贴片元器件,另一面只装配体积较小的贴片元器件。

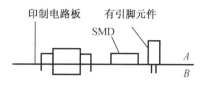

图 15.65 双面混合安装

工艺流程:A 面锡膏印刷→贴装贴片元器件→回流焊→翻转印制板至 B 面,点胶→贴装贴片元器件→胶固化→翻转印制板至 A 面,插装有引脚的元器件→B 面双波蜂焊。

15.6 常规调试方法及故障排除

由于电子产品中所用的电子元器件的离散性和装配工艺的局限性,装配完成的整机一般都要进行不同程度的调试。所以在电子产品的生产过程中,调试是一个非常重要的环节、调试工艺水平在很大程度上决定了整机的质量。

电子产品调试包括三个工作阶段内容:研制阶段调试、调试工艺方案设计、生产阶段的调试。研制阶段调试除了对电路设计方案进行试验和调整外,还对后阶段的调试工艺方案设计和生产阶段调试提供确切的标准数据。根据研制阶段调试步骤、方法、过程,找出重点和难点,才能设计出合理、科学、高质、高效的调试工艺方案,有利于后阶段的生产调试。

15.6.1 常规调试

1. 研制阶段调试

研制阶段调试步骤与生产阶段调试步骤大致相同,但是研制阶段调试由于参考数据很少,电路不成熟,需要调整元件较多,给调试带来一定困难。在调试过程中还要确定哪些元件需要更改参数,哪些元件需要用可调元件来代替。并且要确定调试具体内容、步骤、方法、测试点及使用的仪器。这些都是在研制阶段需要做好的工作。

（1）调试工艺方案设计

调试工艺方案是指一整套适用于调试电子产品的具体内容与项目(如工作特性、测试点、电路参数等)、测试条件与测试仪表、步骤与方法、有关注意事项与安全操作规程。调试工艺方案的优劣直接影响到后阶段生产调试的效率和产品的质量,所以制定调试工艺方案时,调试内容要具体、切实可行,测试条件必须做到具体清楚,测试仪器选择要合理,测试数据尽量表格化(以便从数据中寻找规律)。

（2）调试工艺方案内容

①确定调试项目及每个项目的调试步骤、要求。

②合理地安排调试工艺流程,一般调试工艺流程的安排原则是先外后内。先调试结构部分,后调试电气部分;先调试独立项目,后调试存在有相互影响的项目;先调试基本指标,后调试对质量影响较大的指标。整个调试过程是循序渐进的过程。

③合理地安排好调试工序之间的衔接。在工厂流水作业试生产中对调试工序之间的衔接要求很高,如果衔接不好,整条生产线会出现混乱甚至瘫痪。为了避免重复或调乱可调元件的现象,要求调试人员除了完成本工序调试任务外,不得调整与本工序无关的部分,调试完后还要做好标记,并且还要协调好各个调试工序的进度。在本工序调试的项目中,若遇到故障,且在短时间内较难排除时,应做好故障记录,再转到维修线上进行修理,防止

影响调试生产线的正常运行。

（3）调试手段选择

①要建造一个优良的调试环境,尽量减小温度、湿度、噪声、电磁场等环境因素的影响。

②根据调试工序的内容和特性要求配置好一套有合适精度的仪器。

③熟悉仪器仪表的正确使用方法,根据调试内容选择出一个合适、快捷的调试方法。

2. 生产阶段调试

生产阶段调试质量和效率取决于操作人员对调试工艺的掌握程度和调试工艺过程是否制订得合理。

对调试人员技能要求:

①熟悉各种仪表的性能指标及其使用环境要求,并能熟练地操作使用。

②懂得被调试产品整机电路的工作原理,了解其性能指标的要求和测试的条件。

③懂得电路各个项目的测量和调试方法,并能学会数据处理。

④能够总结调试过程中常见的故障,并能设法排除。

⑤严格遵守安全操作规程。

3. 整机产品调试的步骤

整机产品调试的步骤,应该在调试工艺文件中明确、细致地规定出来,使操作者容易理解并遵照执行。

产品调试的大致步骤:

①在整机通电调试之前,各部件应该先通过装配检验和分别调试。

②检查确认产品电源的开关处于"关"的位置,用万用表等仪表判断并确认电源输入端无短路或输入阻抗正常,然后按顺序接上地线和电源线,打开电源开关通电。接通电源后,注意有无异样气味,产品中是否有冒烟的现象;对于低压直流供电的产品,可以用手摸测一下有无温度超常。如有这些现象,说明产品内部电路存在短路,必须立即断开电源检查故障。

③按照电路的功能模块,根据调试的方便,从前往后或者从后往前依次把它们接通电源,分别测量各电路(或电路各级)的工作点和其他工作状态。注意:应该调试完成一部分以后,再接通下一部分进行调试。不要一开始就把电源加到全部电路上。这样,可使工作有条有理,还能减少因电路接错而损坏元器件,避免扩大故障。在进行上述测试的时候,可能需要对某些元器件的参数做出调整。

调整参数的方法一般有以下两种:

a. 选择法。通过替换元件来选择合适的电路参数。电路原理图中,在这种元件的参数旁边通常标注有"＊"号,表示需要在调整中才能准确地选定。因为反复替换元件很不方便,一般总是先接入可调元件,待调整确定了合适的元件参数值后,再换上与选定参数值相同的固定元件。

b. 调节可调元件法。在电路中已经装有调整元件,如电位器、微调电容器或微调电感器等。其优点是调节方便,并且电路工作一段时间以后如果状态发生变化,可以随时调整;但可调元件的可靠性差一些,体积也常比固定元件大。可调元件的参数调整确定以后,必须用胶或黏合漆把调整端固定住。

④当各级各块电路调试完成以后,把它们连接起来,测试相互之间的影响,排除影响性能的不利因素。

⑤如果调试高频部件,要采取屏蔽措施,防止工业干扰或其他强电磁场的干扰。

⑥测试整机的消耗电流和功率。

⑦对整机的其他性能指标进行测试,例如软件运行、图形、图像、声音的效果。

4. 电路调试的经验与方法

直流工作状态是一切电路的工作基础。直流工作点不正常,电路就无法实现其特定的电气功能。所以,在成熟的电子产品原理图上,一般都标注了它们的直流工作点参考值——晶体管各极的直流电位或工作电流、集成电路各引脚的工作电压,作为电路调试的参考依据。应该注意,由于元器件的数值都具有一定偏差,并受所用仪表内阻和读数精度的影响,可能会出现测试数据与图标的直流工作点不完全相同的情况,但是一般来说,它们之间的差值不应该很大。当直流工作状态调试完成之后,再进行交流通路的调试,检查并调整有关的元件,使电路完成其预定的电气功能。这种方法就是"先直流后交流",也叫作"先静态后动态"。

正确使用仪器,例如,初学者错用了万用表的电阻挡或电流挡测量电压,使万用表被烧毁的事故是常见的。另一方面,正确使用仪器才能保证正确的调试结果,否则,错误的接入方式或读数方法会使调机陷入困境。例如,当示波器接入电路时,为了不影响电路的幅频特性,不要用塑料导线或电缆线直接从电路引向示波器的输入端,而应当采用衰减探头;在测量小信号的波形时,要注意示波器的接地线不要靠近大功率器件,否则波形可能出现干扰。

15.6.2　训练产品的一般调试方法

实践表明,一个电子装置,即使按照设计的电路参数进行安装,往往也难于达到预期的效果。这是因为人们在设计时,不可能周密地考虑各种复杂的客观因素,必须通过安装后的测试和调整,来发现和纠正设计方案的不足和安装的不合理,然后采取措施加以改进,使装置达到预定的技术指标。因此,掌握调试电子电路的技能,对于每个从事电子技术及其有关领域的工作人员来说,是很重要的。

1. 调试前的直观检查

电路安装完毕,通常不宜急于通电,先要认真检查一下。检查内容包括:

(1)连线是否正确

检查电路接线是否正确,包括错线、少线和多线。查线的方法通常有两种:

①按照电路图检查安装的线路。这种方法的特点是根据电路图连线,按一定顺序逐一检查安装好的线路。由此,可比较容易查出错线和少线。

②按照实际线路来对照原理电路进行查线。这是一种以元件为中心进行查线的方法。把每个元件(包括器件)引脚的连线一次查清,检查每个引脚的去处在电路图上是否存在,这种方法不但可以查出错线和少线,还容易查出多线。

(2)元器件安装情况

检查元器件引脚之间有无短路;连接处有无接触不良;二极管、三极管、集成电路和电解电容极性等是否连接有误。

(3)电源供电(包括极性)和信号源连线

检查直流极性是否正确,信号线是否接正确。

2. 调试步骤

(1)通电观察

把稳压电源的输出调到所需的数值经过准确测量后接入电路。并用电流表监测整机电流,观察有无异常现象,包括有无冒烟,是否有异常气味,手摸元器件是否发烫现象等。如果出现异常,应立即切断电源,待排除故障后才能再通电。然后测量各路总电源电压和各器件的引脚的电源电压,以保证元器件正常工作。通过通电观察,认为电路初步工作正常,就可转入正常调试。

(2)静态调试

交流、直流并存是电子电路工作的一个重要特点。一般情况下,直流为交流服务,直流是电路工作的基础。因此,电子电路的调试有静态调试和动态调试之分。静态调试一般是指在没有外加信号的条件下所进行的直流测试和调整过程。例如,通过静态测试模拟电路的静态工作点,数字电路的各输入端和输出端的高、低电平值及逻辑关系等,可以即时发现已经损坏的元器件,判断电路工作情况,并即时调整电路参数,使电路工作状态符合设计要求。

(3)动态调试

动态调试是在静态调试的基础上进行的。调试的方法是在电路的输入端接入适当频率和幅值的信号,并循着信号的流向逐级检测各有关点的波形、参数和性能指标。发现故障现象,应采取不同的方法缩小故障范围,最后设法排除故障。

通过调试,最后检查功能块和整机的各项指标(如信号的幅值,波形形状,相位关系,增益,输入阻抗和输出阻抗等)是否满足设计要求,如必要,再进一步对电路参数提出合理地修正。

3. 调试中注意事项

调试结果是否正确,很大程度上受测量正确与否和测量精度的影响。为了保证测试的效果,必须减小测量误差,提高测量精度。为此,需注意以下几点:

①正确使用测量仪器的接地端。凡是使用接地端机壳的电子仪器进行测量,仪器的接地端应和放大器的接地端连接在一起,否则仪器机壳引入的干扰不仅会使放大器的工作状态发生变化,而且将使测量结果出现误差。根据这一原则,调试发射极偏置电路时,若需要测量 V_{CE},不应把仪器的两端直接接在集电极和发射极上,而应分别地测出 V_C、V_E,然后将两者相减得 V_{CE}。若使用干电池供电的万用表进行测量,由于电表的两个输入端是浮动的,所以允许直接接到测量点之间。

②在信号比较弱的输入端,尽可能用屏蔽线连线。屏蔽线的外屏蔽层要接到公共地线上。在频率比较高时要设法隔离连接线分布电容的影响,例如用示波器测量时应该使用有探头的测量线,以减少分布电容的影响。

③测量电压所用仪器的输入阻抗必须远大于被测处的等效阻抗。因为,若测量仪器输入阻抗低,则在测量时会引起分流,给测量结果带来很大的误差。

④测量仪器的带宽必须大于被测电路的带宽。否则,测试结果就不能反映放大器的真实情况。

⑤要正确选择测量点,用同一台测量仪器进行测量时,测量点不同,仪器内阻引进的误差大小将不同。

⑥测量方法要方便可行,需要测量某电路的电流时,一般尽可能测电压而不测电流,因

为测电流需要断开被测电路,测量不方便。若需知道某一支路的电流值,可以通过测取该支路上电阻两端的电压,经过换算而得到。

⑦调试过程中,不但要认真观察和测量,还要善于记录。记录的内容包括测试条件,观察的现象,测量的数据,波形和相位关系等。只有有了大量可靠的实验记录,并与理论结果加以比较,才能发现电路设计上的问题,完善设计方案。

⑧测试时出现故障,要认真查找故障原因。切不可一遇故障解决不了就拆掉线路重新安装。因为重新安装的线路仍可能存在各种问题,如果是原理上的问题,即使重新安装也解决不了。应当把查找故障并分析故障原因看成一次好的学习机会,通过它来不断提高自己分析问题和解决问题的能力。

15.6.3　故障排除

在电子整机的调试中,不可避免地会出现各种故障。需要在调试中予以排除,可以说调试过程也是排除故障的过程。排除故障的能力是一种基本技能,要求操作者具有扎实的理论基础。能根据故障的现象进行分析,同时还要求操作者掌握一定的排除故障的技巧。

1. 排除故障的基本思路

排除故障的基本思路是采取顺藤摸瓜的方法,按照一定的步骤逐渐缩小故障范围,直到找出故障所在。一种故障的出现可能与几种因素有关,但其中必然有一种因素或几种因素的合成起作用。所谓顺藤摸瓜的办法就是顺着一定的线索,逐步排除与故障无关的因素,找出引起故障的原因予以排除。

(1)调试中查找和排除故障

电子产品在生产过程中出现故障是不可避免的,查找故障必将成为调试工作的一部分。如果掌握了一定方法,就可以较快地找到产生故障的原因,使查找故障过程大大缩短。当然,查找故障工作主要是靠实践。一个具有相当电路理论知识、积累了丰富经验的调试人员,往往不需要经过死板、烦琐的检查过程,就能根据现象很快判断出故障的大致部位和原因。而对于一个缺乏理论水平和实践经验的人来说,若再不掌握一定的方法,则会感到如同大海捞针,不知从何入手。因此,研究和掌握一些故障的查找程序和排除方法,是十分有益的。

电子产品的故障有两类:一类是刚刚装配好而尚未通电调试的故障,另一类是正常工作过一段时期后出现的故障。它们在查找故障方法上略有不同,但其基本原则是一样的。所以这里对这两类故障就不做区分。另外,由于电子产品的种类、型号和电路结构各不相同,故障现象又多种多样,因此这里只能介绍一般性的检修程序和基本的检修方法。

分析故障发生的概率,电子产品在生产完成后的整个工作过程中,可以分为三个阶段。

①早期失效期。指电子产品生产合格后投入使用的前几周,在此期间内,电子产品的故障率比较高。可以通过对电子产品的老化来解决这一问题,即加速电子产品的早期老化,使早期失效发生在产品出厂之前。

②老化期。经过早期失效期后,电子产品处于相对稳定的状态,在此期间内,电子产品的故障率比较低,出现的故障一般叫作偶然故障。这一期间的长短与电子产品的设计使用寿命相关,以"平均无故障工作时间"作为衡量的指标。

③衰老期。电子产品经老化期后进入衰老期,在此期间中,故障率会不断持续上升,直至产品失效。

（2）产生故障的原因

故障产生的原因很多,情况也很复杂,有的是一种原因引起的简单故障,有的是多种原因相互作用引起的复杂故障。因此,引起故障的原因很难简单分类。这里只能进行一些粗略的分析。

总体说来,电子产品的故障不外是由于元器件、线路和装配工艺三方面的因素引起的。常见的故障大致有如下几种:

①焊接工艺不善,虚焊造成焊点接触不良。

②连接导线接错、漏焊或由于机械损伤、化学腐蚀而断路。

③对于新装配的电路来说,故障原因可能是:实际电路与设计的原理图不符;元件使用不当或损坏;设计的电路本身就存在某些严重缺点,不满足技术要求;连线发生短路或断路等。由于电路板排布不当,元器件相碰而短路;焊接连接导线时剥皮过多或因热后缩,与其他元器件或机壳相碰引起短路。

④仪器使用不正确引起的故障,如示波器使用不正确而造成的波形异常或无波形,共地问题处理不当而引起的干扰等。

⑤各种干扰引起的故障。因为某些原因造成产品原先调谐好的电路严重失调。

⑥电路设计不善,允许元器件参数的变动范围过窄,以至元器件的参数稍有变化,电路就不能正常工作。

以上列举的都是电子产品的一些常见故障。也就是说,这些是电子产品的薄弱环节,是查找故障时的重点怀疑对象。但是,电子产品的任何部分发生故障都会导致它不能正常工作。应该按照一定程序,采取逐步缩小范围的方法,根据电路原理进行分段检测,将故障范围缩小到某一部分(部件→单元→具体电路)之内再进行详细的查测,最后加以排除。

2. 排除故障的一般原则

（1）由表及里

先从外观检查,看是否有开焊、断线、元件烧坏、接插件松动等现象。通过外观检查往往能发现一些问题。若外观检查没有问题,则可进一步通电检查,从而可以初步判断故障的大体部位。

（2）由粗到细

先对整机做粗略的检查,采用简单的办法把故障压缩到一定的范围内。然后对值得怀疑的部位进行细致检查,从而找出故障器件。

（3）先易后难

当一部电子整机同时出现两种以上故障时,应先检查简单故障,后检查较难故障。所谓较难故障一般有两种情况:一种是几种故障同时发生且相互影响,例如多级直流放大器中,当有一个元件有问题时会导致该多级放大器的静态工作点全发生变化,互相牵连。又如带有直流负反馈的闭环电路中有的元件损坏时会使该闭环系统完全失控。另一种情况是软毛病,现象是在通电后的一段时间里电路还正常,但随着时间的增加就会出故障。对于上述的疑难故障需要采用多种检修方法进行修复。

排除故障的一般程序可以概括为三个过程:

①调查研究是排除故障的第一步,应该仔细地摸清情况,掌握第一手资料。

②进一步对产品进行有计划的检查,并做详细记录,根据记录进行分析和判断。

③查出故障原因,修复损坏的元件和线路。最后,再对电路进行一次全面的调整和

测定。

3. 排除故障的一般程序和方法

有经验的调试维修技术人员归纳出以下几种比较具体的排除故障的方法。对于产品的调试检修而言,要根据需要灵活选择组合使用这些方法。

(1)直接观察法

直接观察法是指不用任何仪器,利用人的视、听、嗅、触等作为手段来发现问题,寻找和分析故障。直接观察包括不通电检查和通电观察。在不接通电源的情况下,打开产品外壳进行观察。检查仪器的选用和使用是否正确;电源电压的数值和极性是否符合要求;用直观的办法观察电解电容的极性,二极管和三极管的管脚,集成电路的引脚有无错接,漏接,互碰等情况;布线是否合理;印刷板有无断线;电阻电容有无烧焦和炸裂等。

使用万用表电阻挡检查有无断线、脱焊、短路、接触不良,检查绝缘情况、保险丝通断、变压器好坏、元器件情况等。如果电路中有改动过的地方,还应该判断这部分的元器件和接线是否正确。

查找故障,一般应该首先采用断电(不通电)观察法。因为很多故障的发生往往是由于工艺上的原因,特别是刚装配好还未经过调试的产品或者装配工艺质量很差的产品。而这种故障原因大多数单凭眼睛观察就能发现。盲目地通电检查有时反而会扩大故障范围。

(2)通电观察法

注意:只有当采用上述的断电观察法不能发现问题时,才可以采用通电观察的方法。

打开产品外壳,接通电源进行表面观察,这仍属于现象观察的方法。通过观察,有时可以直接发现故障的原因。例如,是否有冒烟、烧断、烧焦、跳火、发热的现象。如遇到这些情况,必须立即切断电源分析原因,再确定检修部位。如果一时观察不清,可重复开机几次,但每次时间不要长,以免扩大故障。必要时,断开可疑的部位再行试验,看故障是否消除。

(3)信号替代法

利用不同的信号源加入待修产品有关单元的输入端,替代整机工作时该级的正常输入信号,以判断各级电路的工作情况是否正常,从而可以迅速确定产生故障的原因和所在单元。检测的次序是,从产品的输出端单元电路开始,逐步移向最前面的单元。这种方法适用于各单元电路是开环连接的情况,缺点是需要各种信号源,还必须考虑各级电路之间的阻抗匹配问题。

(4)信号寻迹法

对于各种较复杂的电路,用单一频率的信号源加在整机的输入单元的入口,然后使用示波器或万用表等测试仪器,从前向后逐级观测各级电路的输出电压波形或幅度。如对于多级放大器,可在其输入端接入 $f = 1\ 000$ Hz 的正弦信号,用示波器由前级到后级(或者相反),逐级观察波形及幅值的变化情况,如哪一级异常,则故障就在该级。这是深入检查电路的方法。

(5)波形观察法

用示波器检查整机各级电路的输入和输出波形是否正常,是检修波形变换电路、振荡器、脉冲电路的常用方法。这种方法对于发现寄生振荡、寄生调制或外界干扰及噪声等引起的故障,具有独到之处。

(6)电容旁路法

在电路出现寄生振荡或寄生调制的情况下,可以利用适当容量的电容器,选择适当的检查点,将电容临时逐级跨接在电路的输入端或输出端上,观察接入电容后对故障现象的影响,如果振荡消失,就表明振荡是产生在此附近或前级电路中。否则就在后面,再移动检查点寻找。应该指出的是,旁路电容要适当,不宜过大,只要能较好的消除有害信号即可。由此可以迅速确定有问题的电路部分。

(7)部件替代法

有时故障比较隐蔽,不能一眼看出,如这时你手中有与故障产品同型号的产品时,可以将工作正常产品中的部件,元器件,插件板等替换到故障产品中的相应部件,以便于缩小故障范围,进一步查找故障。或者说利用性能良好的部件(或器件)来替代整机可能产生故障的部分,如果替代后整机工作正常了,说明故障就出在被替代的那个部分里。这种方法检查简便,不需要特殊的测试仪器,但用来替代的部件应该尽量是不需要焊接的可插接件。

(8)整机比较法

一般怀疑某一电路存在问题时,可将此电路的参数与工作状态和相同的正常电路中的参数(或理论分析的电流,电压,波形等)进行一一对比,从中找出电路中的不正常情况,进而分析故障原因,判断故障点。或者说用正常的同样整机,与待修的产品进行比较,还可以把待修产品中可疑部件插换到正常的产品中进行比较。这种方法与部件替代法很相似,只是比较的范围更大。

(9)分割测试法

这种方法是逐级断开各级电路的隔离元件或逐块拔掉各块印制电路板,使整机分割成多个相对独立的单元电路,测试其对故障现象的影响。例如,从电源电路上切断它的负载并通电观察,然后逐级接通各级电路测试,这是判断电源本身故障还是某级负载电路故障的常用方法。

(10)测量直流工作点法

电子电路的供电系统,半导体三极管,集成块的直流工作状态(包括元器件引脚,电源电压),线路中的电阻值等都可用万用表测定。当测得值与正常参考值相差较大时,经过分析可找到故障。根据电路的原理图,测量各点的直流工作电位并判断电路的工作状态是否正常,是检修电子产品的基本方法。

(11)测试电路元件法

把可能引起电路故障的元器件从整机中拆下来,使用测试设备(如万用表、晶体管图示仪、集成电路测试仪、万用电桥等)对其性能进行测量。

(12)变动可调元件法

在检修电子产品时,如果电路中有可调元件,适当调整它们的参数以观测对故障现象的影响。注意,在决定调节这些可调元件的参数以前,一定要对其原来的位置做好记录,以便一旦发现故障原因不是出在这里时,还能恢复到原先的位置上。

(13)短路法

就是采取临时性短接一部分电路来寻找故障的方法。

(14)断路法(开路法)

断路法用于检查短路故障最有效。断路法也是一种使故障怀疑点逐步缩小范围的方法。例如,某稳压电源接入一个带有故障的电路,使输出电流过大,我们采取依次断开电路的某一支路的办法来检查故障。如果断开该支路后,电流恢复正常,则故障就发生在此支路。

（15）暴露法

有时故障不明显，或时有时无，一时很难确定，此时可采用暴露法。检查虚焊时对电路进行敲击就是暴露法的一种。另外还可以让电路长时间工作一段时间，例如几小时，然后再来检查电路是否正常。这种情况下往往有些临界状态的元件经不住长时间工作，就会暴露出问题来，然后对症下药。

实际调试时，寻找故障原因的方法多种多样，以上仅列举了集中常用的方法。这些方法的使用可根据设备条件，故障情况灵活掌握，对于简单的故障用一种方法即可查找出故障点，但对于较复杂的故障则需采取多种方法互相补充，互相配合，才能找出故障点。在一般情况下，寻找故障的常规做法是：

①采用直接观察法，排除明显的故障。

②再用万用表（或示波器）检查静态工作点。

③信号寻迹法是对各种电路普遍使用而且简单直观的方法，在动态调试中广为应用。

15.7 电子产品的设计文件和工艺文件

15.7.1 电子产品的设计文件

设计文件是设计部门在产品研发设计过程中形成的反映产品功能、性能、构造特点及测试试验要求等方面的产品技术文件。设计文件的种类很多，全部算起来有数十种之多，在《设计文件管理制度》中都有明确的规定，例如产品标准、技术条件、明细表、电路图、方框图、零件图、印制版图、技术说明书等等。

1. 设计文件的作用

设计文件是能反映产品全貌的技术文件，这些文件的主要作用是：

①用来组织和指导企业内部的产品生产。生产部门的工程技术人员利用设计文件给出的产品信息，编制指导生产的工艺文件，如工艺流程、材料定额、工时定额、设计工装夹具、编制岗位作业指导书等文件，连同必要的设计文件一起指导生产部门的生产。

②产品使用人员和维修人员根据设计文件提供的技术说明和使用说明，便于对产品进行安装、使用和维修，而不至于必须设计人员或生产技术人员亲自到场。

③政府主管部门和监督部门，根据设计文件提供的产品信息，对产品进行监测，确定其是否符合有关标准，是否对社会、环境和群众健康造成危害，同时也可对产品的性能、质量等做出公正评价。

2. 设计文件的种类

设计文件的种类很多，各种产品的设计文件所需的文件种类也可能是各不相同的。文件的多少以能完整地表达所需意义而定。可以按文件的样式将设计文件分为三大类：文字性文件、表格性文件和工程图。

（1）文字性设计文件

①产品标准或技术条件。它是对产品性能、技术参数、试验方法和检验要求等所做的规定。产品标准是反映产品技术水平的文件。有些产品标准是国家标准或行业标准做了明确规定的，文件可以引用，国家标准和行业标准未包括的内容文件应补充进去。一般地讲，企业制订的产品标准不能低于国家标准和行业标准。

②技术说明。它是供研究、使用和维修产品用的,对产品的工作原理、性能、结构特点应说明清楚,其主要内容应包括产品技术参数、工作原理、结构特点、安装调整、使用和维修等内容。

③使用说明。它是供使用者正确使用产品而编写的,其主要内容是说明产品性能、基本工作原理、使用方法和注意事项。

④安装说明。它是供使用产品前的安装工作而编写的,其主要内容是产品性能、结构特点、安装图、安装方法及注意事项。

⑤调试说明。它是用来指导产品生产时调试其性能参数的。

(2)表格性设计文件

①明细表。它是构成产品(或某部分)的所有零部件、元器件和材料的汇总表,也叫物料清单。从明细表可以查到组成该产品的零部件、元器件及材料。

②软件清单。它是记录软件程序的清单。

③接线表。它是用表格形式表述电子产品两部分之间的接线关系的文件,用于指导生产时该两部分的连接。

(3)电子工程图

①方框图。它是用一个一个方框表示电子产品的各个部分,用连线表示他们之间的连接,进而说明其组成结构和工作原理,是原理图的简化示意图。

②电路图。也叫原理图、电路原理图,是用电气制图的图形符号的方式画出产品各元器件之间、各部分之间的连接关系,用以说明产品的工作原理。它是电子产品设计文件中最基本的图纸。

③装配图。用机械制图的方法画出的表示产品结构和装配关系的图,从装配图可以看出产品的实际构造和外观。

④零件图。一般用零件图表示电子产品某一个需加工的零件的外形和结构,在电子产品中最常见也是必须要画的零件图是印制板图。

⑤逻辑图。它是用电气制图的逻辑符号表示电路工作原理的一种工程图。

⑥软件流程图。用流程图的专用符号画出软件的工作程序。

电子产品设计文件通常由产品开发设计部门编制和绘制,经工艺部门和其他有关部门会签,开发部门技术负责人审核批准后生效。

15.7.2 电子产品的工艺文件

按照一定的条件选择产品最合理的工艺流程(即生产过程),将实现这个工艺流程的程序、内容、方法、工具、设备、材料以及每一个环节应该遵守的技术规程,用文字和图表的形式表示出来,称为工艺文件。

工艺文件是工艺部门根据产品的设计文件进行编制的,是设计文件转化来的,但工艺文件又要根据各企业的生产设备、规模及生产的组织形式不同而有所不同。

工艺文件是用于指导生产的,因此要做到正确、完整、统一、清晰。

1. 工艺文件的作用

在产品的不同阶段,工艺文件的作用有所不同,试制试产阶段,主要是验证产品的设计和关键工艺。批量生产阶段主要是验证工艺流程、生产设备和工艺装备是否满足批量生产的要求。

工艺文件的主要作用如下：

①提出各工序和岗位的技术要求和操作方法,保证操作员工生产出符合质量要求的产品。

②为生产部门提供规定的流程和工序便于组织产品有序的生产。

③为生产计划部门和核算部门确定工时定额和材料定额,控制产品的制造成本和生产效率。

2. 工艺文件的分类

电子产品的工艺文件种类也和设计文件一样,是根据产品生产中的实际需要来决定的。电子产品的设计文件也可以用于指导生产,所以有些设计文件可以直接用作工艺文件。例如电路图可以供维修岗位维修产品使用,调试说明可以供调试岗位生产中调试用。

此外还有一些其他工艺文件：

（1）工艺规范

工艺规范是为了保证正确的操作或工作方法而提出的对生产所有产品或多种产品时均适用的工作要求。例如"手工焊接工艺规范""防静电管理办法",等等。

（2）产品工艺流程

根据产品要求和企业内生产组织、设备条件而拟制的产品生产流程或步骤,一般由工艺技术人员画出工艺流程图来表示。生产部门根据流程图可以组织物料采购、人员安排和确定生产计划等。

（3）岗位作业指导书

供操作员工使用的技术指导性文件,例如设备操作规程、插件作业指导书、补焊作业指导书、程序读写作业指导书、检验作业指导书等等。

（4）工艺定额

工艺定额是供成本核算部门和生产管理部门作人力资源管理和成本核算用的,工艺技术人员根据产品结构和技术要求,计算出在制造每一件产品时所消耗的原材料和工时,即工时定额和材料定额。

（5）生产设备工作程序和测试程序

主要指某些生产设备,如贴片机、插件机等贴装电子产品的工作程序,以及某些人工或专用测试台的测试程序。

15.8　安全用电技术

在电子技术与工艺训练中,电子产品安装调试工作通常为"弱电"工作,但在实际操作过程中常用的电烙铁、仪器设备都需要接市电才能工作,因此避免不了接触"强电"。因此在实际操作中遵守用电安全制度和仪器设备操作规程的文明生产过程,保证安全用电是电子装配工作的首要条件。

1. 触电危害

（1）电伤

电伤是由于发生触电而导致的人体外表创伤,主要有：

①灼伤。它是指由于电的热效应而对人体皮肤、皮下组织、肌肉甚至神经产生的伤害（灼伤）。灼伤会引起皮肤发红、起泡、烧焦、坏死。

②电烙伤。它是指由电流的机械和化学效应造成人体触电部位的外部伤痕,通常是皮

肤表面的肿块。

(2)电击

电流通过人体,严重干扰人体正常的生物电流,造成肌肉痉挛(抽筋)、神经紊乱,导致呼吸停止,心脏室性纤颤,严重危害生命。

(3)影响触电危险程度的因素

①电流的大小。人体内是存在生物电流的,一定限度的电流不会对人造成损伤。一些电疗仪器就是利用电流刺激穴位来达到治疗目的的。电流对人体的作用如表 15.19 所示。

表 15.19　电流对人体的作用表

电流/mA	对人体影响
<0.7	无感觉
1	轻微感觉
1~3	有刺激感,一般电疗仪器取此电流
3~10	感觉疼痛,但可自行摆脱
20~30	引起痉挛,短时间无危害,长时间有危险
30~50	强烈痉挛,时间超过 60 s 即有生命危险
50~250	产生心脏性纤颤,丧失知觉,严重危害生命
>250	短时间内(1 s 以上)造成心跳停止,体内造成电灼伤

②电流的类型。电流的类型不同对人体的损伤也不同。直流电一般引起电伤,而交流电则电伤与电击同时发生,特别是 40~100 Hz 交流电对人体最危险。不幸的是人们日常使用的工频市电(我国为 50 Hz)正是在这个危险的频段。当交流电频率达到 20 000 Hz 时对人体危害很小,用于理疗的一些仪器采用的就是这个频段。

③电流的作用时间。电流对人体的伤害同作用时间密切相关。可以用电流与时间乘积(也称电击强度)来表示电流对人体的危害。触电保护器的一个主要指标就是额定断开时间与电流乘积小于 30 mA·s。实际产品可以达到小于 3 mA·s,故可有效防止触电事故。

④人体电阻。人体是一个不确定的电阻。皮肤干燥时电阻可呈现 100 kΩ 以上,而一旦潮湿,电阻可降到 1 kΩ 以下。人体还是一个非线性电阻,随着电压升高,电阻值减小。表 15.20 给出人体电阻值随电压的变化,表 15.21 给出不同条件下人体电阻变化。

表 15.20　人体电阻值随电压的变化表

电压/V	1.5	12	31	62	125	220	380	1 000
电阻/kΩ	>100	16.5	11	6.24	3.5	2.2	1.47	0.64
电流/mA	忽略	0.8	2.8	10	35	100	268	1 560

表 15.21　不同条件下人体电阻变化表

接触电压/V	人体电阻/Ω			
	皮肤干燥	皮肤潮湿	皮肤湿润	皮肤浸入水中
10	7 000	3 500	1 200	600
25	5 000	2 500	1 000	500
50	4 000	2 000	875	440
100	3 000	1 500	770	375
250	1 500	1 000	650	325

2.触电方式

人体触电主要方式有直接触电、间接触电和跨步电压引起的触电。直接触电又分为单相触电和两相触电两种。低压触电包括：单相触电、两相触电和接触触电三种。高压触电包括：高压跨步触电和高压电弧触电两种。

（1）单相触电

单相触电是指人体的某一部分触及带电设备或线路中的某一相导体时,一相电流通过人体经大地回到中性点,人体承受相电压。绝大多数触电事故都属于这种形式。

（2）两相触电

两相触电是指人体两处同时触及两相带电体而发生的触电事故。这种形式的触电,加在人体的电压是电源的线电压(380 V),电流将从一相经人体流入另一相导线,双相触电的危险性比单相触电高。

（3）悬浮电路上的触电

又称间接触电:是指电气设备已断开电源,但由于设备中高压大容量电容的存在而导致在接触设备某些部分时发生的触电。这类触电有一定的危险,容易被忽视,因此要特别注意。

（4）高压触电（跨步电压触电）

①高压电弧触电。人与高压带电体距离到一定值时,高压带电体与人体之间会发生放电现象,导致触电。

②跨步电压触电。高压电线落在地面上时,在距高压线不同距离的点之间存在电压。人的两脚间存在足够大的电压时,就会发生跨步电压触电。

3.设备用电安全

（1）设备接电前检查

将用电设备接入电源,这个问题似乎很简单,其实不然。有的数十万元昂贵设备,接上电源一瞬间变成废物;有的设备本身若有故障会引起整个供电网异常,造成难以挽回的损失。因此,建议设备接电前应进行"三查"。

①查设备铭牌。按国家标准,设备都应在醒目处有该设备要求电源电压、频率、容量的铭牌或标志。

②查环境电源电压、容量是否与设备吻合。

③查设备电源线是否完好,外壳是否带电。一般用万用表欧姆挡简单检测即可。

（2）设备使用异常情况

①设备外壳或手持部位有麻电感觉。

②开机或使用中熔断丝烧断。

③出现异常声音,如有内部放电声,电机转动声音异常等。

④有异味:塑料味,绝缘漆挥发出气味,甚至烧焦的气味。

⑤机内打火,出现烟雾。

⑥有些指示仪表数值突变,指示超出正常范围。

（3）异常情况的处理办法

①凡遇上述异常情况之一,应尽快断开电源,拔下电源插头,对设备进行检修。

②对烧断熔断器的情况,决不允许换上大容量熔断器继续工作,一定要查清原因后再换上同规格熔断器。

③及时记录异常现象及部位,避免检修时再通电查找。

4. 电子工艺中的静电防护

（1）静电放电及危害

静电是物体表面过剩或不足的静止的电荷。静电是物体间摩擦、感应、传导产生的。静电会对电子元件产生影响,表现在静电吸附灰尘,改变线路间的阻抗,影响产品的功能与寿命;因电场或电流破坏元件的绝缘或导体,使元件不能工作;因瞬间的电场或电流产生的热,元件受伤,仍能工作,寿命受损三个方面。

（2）静电防护方法

①接地法:人体通过手腕带接地。

②人体通过防静电鞋(或鞋带)和防静电地板接地。

③工作台面接地。

④ 测试仪器、具夹、烙铁接地。

⑤防静电地板、地垫接地。

⑥ 防静电转运车、箱、架尽可能接地。

⑦ 防静电椅接地。

第16章 控 制 技 术

【学习要求】

（1）了解控制技术的发展历史及应用；

（2）了解自动控制系统的基本知识；

（3）掌握自动控制系统的基本组成与基本要求；

（4）熟悉过程控制系统的组成和工作原理；

（5）实践操作过程控制系统；

（6）建立安全生产和环境保护等方面的工程意识，养成遵守职业规范、职业道德等方面的习惯，增强岗位责任感和敬业精神。

16.1　控制技术的发展历史及应用

在现代科学技术发展中，自动控制技术起着越来越重要的作用。自动控制技术和理论已经成为现代化社会不可缺少的组成部分。自动控制技术及理论已经广泛地应用于机械、冶金、石油、化工、电子、电力、航空、航海、航天、核反应堆等各个学科领域。近年来，控制学科的应用范围还扩展到交通管理、生物医学、生态环境、经济管理、社会科学和其他许多社会生活领域，并对各学科之间的相互渗透起到了促进作用。自动控制技术的应用不仅使生产过程自动化，从而提高了劳动生产率和产品质量，降低生产成本，提高经济效益，改善劳动条件，使人们从繁重的体力劳动和单调重复的脑力劳动中解放出来，而且在人类征服大自然、探索新能源、发展空间技术和创造人类文明等方面都具有十分重要的意义。

自动控制理论是在人类征服自然的生产实战活动中孕育、产生，并随着社会生产和科学技术的进步而不断发展、完善起来的。

早在1 000多年前，我国就发明了铜壶滴漏计时器、指南针以及天文仪器等自动控制装置，促进了当时社会的经济发展。例如，宋代（公元1086—1089年）苏顿和韩公瞻利用天伤装置制造的水运仪象台，就是一个按负反馈原理的闭环非线性自动控制系统。1681年Denis Papin发明了用作安全调节装置的锅炉压力调节器；1765年俄国人普尔佐诺夫发明了蒸汽机水位调节器；从1788年瓦特（J. Watt）发明蒸汽机飞球调速器起，解决了蒸汽机的速度控制问题，引起了人们对控制技术的重视。

随着自动控制技术的应用和迅猛发展，出现了许多新的问题，这些问题的出现要求从理论上加以解决。自动控制理论正是在解决这些实际技术问题的过程中逐步形成和发展起来的。它是研究有关自动控制问题共同规律的一门技术科学，是自动控制技术的基础理论，根据发展的不同阶段，其内容可分为经典理论、现在控制理论和智能控制理论。

在20世纪40年代以前，工业生产非常落后，大多数工业生产过程均处于手工操作状态，只有少量简单的检测仪表用于生产过程，操作人员主要根据观测到的反映生产过程的关键参数,人工改变操作条件,凭借经验去控制生产过程。

20 世纪 40 年代以后,工业生产过程的自动化技术发展迅速。过程控制系统的发展大致经历了以下四个阶段:基地式仪表控制系统、单元组合式仪表控制系统、计算机控制系统和计算机综合自动化控制系统(Computer Intergrated Processing System,CIPS)。

1.基地式仪表控制系统

20 世纪 50 年代前后,一些工厂企业的生产过程中实现了仪表化和局部自动化。这是过程控制发展的第一个阶段。这个阶段的主要特点是:过程检测仪表普遍采用基地式仪表和部分单元组合式仪表(多数是气动仪表);过程控制系统结构大多数是单输入、单输出系统;被控参数主要是温度、压力、流量和液位四种参数;控制的目的是保持这些过程参数的稳定,消除或减小主要扰动对生产过程的影响;过程控制理论是以频率法和根轨迹法为主体的经典控制理论,主要解决单输入、单输出的定值控制系统的分析和综合问题。

2.单元组合式仪表控制系统

20 世纪 60 年代以来,随着工业生产的不断发展,对过程控制提出了新的要求;随着电子技术的迅速发展,也为自动化技术工具的完善创造了条件,从此开始了过程控制的第二个阶段。在过程控制系统方面,为了提高控制质量和实现一些特殊的工艺要求,相继开发和应用了各种复杂的过程控制系统,如串级控制系统、比值控制和均匀控制。

3.计算机控制系统

20 世纪 70 年代,出现了专门用于过程控制的小型计算机,最初是由直接数字控制(Direct Digital Control,DDC)实现集中控制,代替常规控制仪表。由于当时数字计算机的可靠性还不够高,一旦计算机出现某种故障,就会造成系统崩溃、所有控制回路瘫痪、生产停产的严重局面。由于工业生产很难接受这种危险性高度集中的系统结构,使得集中控制系统的应用受到一定的限制。随着计算机可靠性的提高和价格的下降,过程控制领域又出现了一种新型控制方案——集散控制系统(Distributed Control System,DCS),DCS 提高了系统的可靠性,有利于安全平稳地生产。在仪表方面,气动单元组合仪表的品种不断增加,电动单元组合仪表也实现了本质上的安全防爆,适应了各种复杂控制系统的要求。以微处理器为核心的智能控制装置、可编程逻辑控制器(Programmable Logic Controller,PLC)、工业 PC和数字控制器等成为控制装置的主流。

20 世纪 70 年代后期,为了克服控制理论与工业应用之间的不协调的问题,人们开始打破传统方法的约束,试图直接面对工业过程的特点,寻找对模型要求低、综合控制质量好、在线计算方便的优化控制新算法,模型预测控制(Model Predictive Control,MPC)因此发展起来。MPC 是一种基于模型的计算机控制算法,目前已经在炼油、化工、电力、航空航天、汽车控制等多个方面有着成功的应用,是当前工业过程应用中最具有代表性的先进控制算法。此外,软测量技术、自适应控制等先进控制技术也开始应用于过程控制系统。

4.计算机综合自动化系统

20 世纪 80 年代中后期,随着微电子技术和大规模以及超大规模集成电路的迅速发展,一种以微处理器为核心,使用集成电路实现现场设备信息采集、传输、处理以及控制等功能的智能信号传输技术——现场总线,并构成了新型的网络集散式全分布控制系统——现场总线控制系统(Fieldbus Control System,FCS),现场总线控制系统将挂在总线上、作为网络节点的智能设备连接为网络系统,并进一步构成自动化系统,从而实现基本控制、补偿计算、参数修改、报警、显示、监控、优化及管控一体化的综合自动化功能。

现场总线控制系统突破了DCS通信由专用网络的封闭系统来实现所造成的缺陷,把基于封闭、专用的解决方案变成了基于公开化、标准化的解决方案。

16.2 自动控制系统的基本知识

16.2.1 自动控制系统的基本概念

1. 自动控制

自动控制是指在没有人直接参与的情况下,利用外加的设备或装置(控制器),使机器、设备(被控对象)或生产过程的某个工作状态或参数(被控量)自动地按照人们事先预定的规律运行。例如,数控加工中心能够按照预先设定的工艺程序自动地进刀切削,加工出预先设计的几何形状;焊接机器人可以按照工艺要求焊接流水线上的各个机械部件等等。

2. 过程控制

过程控制通常是指石油、化工、电力、冶金、轻工、纺织、建材等工业部门生产过程的自动化。

过程控制技术是自动化技术的重要组成部分。在现代化生产过程自动化中,过程控制技术正在为实现各种最优技术经济指标、提高经济效益和社会效益、提高劳动生产率、节约能源、改善劳动条件、保护环境卫生、提高市场竞争能力等方面起着越来越巨大的作用。

3. 系统

为一个整体或是一些部件的组合。这些部件组合在一起完成一定的任务,系统的概念不限于物理系统,还可用于抽象的动态现象,如生物学系统、经济学系统等等

4. 被控对象

物体,也可以是被控过程(任何物体控制的运行状态称为过程,如化学过程、生物学过程、经济学过程)。

5. 控制器

控制器是被控对象具有所需要的性能或状态的控制设备,它接收输入信号或偏差信号按控制规律给出操作量,送到被控对象或执行元件。

6. 系统输出

系统输出量是被控量,它表征对象或过程的状态特性,称系统的输出为输入的响应。

7. 操作量

由控制器改变的量值或状态。它将影响被控量的值,也可称为控制量。

8. 参考输入

人为给定的,使系统具有稳定性能或预定输出的激发信号,代表输出的希望值,又称为指定输入。

9. 扰动

破坏系统具有预定性能和预定输出的干扰信号。如果扰动产生在系统内部,则称为内部扰动;如果扰动产生在系统外部,则称为外部扰动,外部扰动也称为系统的输入。

10. 特性

系统输入与输出之间的关系,可分为静特性和动特性,常用特性曲线来直观地描述或观察系统。

11. 静态特性

系统稳定以后表现出来的系统的输入与输出之间的关系。在控制系统中,静态特性指各参数或信号的变化为零。

12. 动态特性

系统输入和输出在变化过程中表现出来的特性。动态特性表现为过渡特性,即从一个平衡状态过程过渡到另一个平衡状态的特性。

16.2.2 自动控制系统的分类

自动控制系统的种类很多,应用的范围也很广泛,由于研究系统的角度不同,自动控制系统的分类方法也有很多,下面介绍几种常用的分类方法。

1. 按系统输入(或输出)信号的变化规律分类

(1)定值控制系统

输入量为常值的控制系统统称为定值控制系统,如电机恒速控制系统以及锅炉温度控制系统等。这类系统的任务是保证在任何扰动作用下,使被控参数(输出量)保持恒定的、期望的数值。

(2)程序控制系统

若输入量随着时间变化而按照规律变化,即事先给定了的时间函数,则称这种系统为程序控制系统。如金属材料热处理过程中炉温按照一定规律升降温,机械加工设备中数控机床的调控等均属于此类系统。

(3)随动控制系统

它指输入量随着时间的变化而作任意变化的控制系统。这种系统的任务是保证在各种情况下系统的输出都要以很高的精度跟随输入信号的变化而变化,这种系统又称为跟踪系统。如导弹的自动跟踪瞄准和拦截系统,机械制造中的液压仿形加工系统等都属于此类控制系统。

2. 按系统有无反馈分类

自动控制系统按系统有无反馈分为开环控制系统和闭环控制系统。

(1)开环控制系统

开环控制是系统被控量没有反向影响系统的能力,即系统输出对系统无控制作用。控制器与被控对象之间只有顺序作用,如图16.1所示。

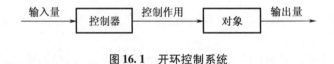

输入量 → 控制器 → 控制作用 → 对象 → 输出量

图16.1 开环控制系统

开环控制系统的特点就是系统中没有反馈回路。正因如此,该系统抗干扰的能力弱,这必然降低系统的控制精度。为了提高系统的控制精度,要求提高组成系统元器件的精度。这种系统的优点是系统无不稳定问题。

(2)闭环控制系统

闭环控制是系统的输出量通过反馈通道返回到输入端与给定信号进行比较产生偏差信号,对系统进行控制。即系统输出对系统有反向控制能力。如图16.2所示。闭环控制系统的特点是系统中至少有一个反馈回路,因而它能随时对系统输入量及输出量进行比较并得到其偏差值去及时控制系统的输出,所以这种控制系统具有纠偏能力、抗干扰能力强的特点,可以得到很高的控制精度。但此类系统结构复杂、造价高,有不稳定问题,控制精度与稳定性之间存在矛盾。因而,它常需要设计人员在稳定性与控制精度之间进行合理的选择。闭环控制系统适用于控制精度要求高的场合。

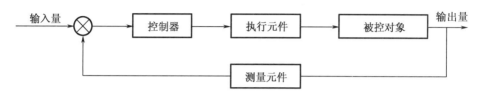

图 16.2 闭环控制系统

（3）开环控制与闭环控制的比较

一般来说,开环控制结构简单、成本低廉、工作稳定。因此,当系统的输入信号及扰动作用能预先知道且要求不高时,可以采用开环控制。但由于开环控制不能自动修正被控制量的偏离,所以系统的元件参数变化以及外来的未知扰动对控制精度的影响较大;闭环控制具有自动修正被控制量出现偏离的能力,因此可以修正元件参数变化以及外界扰动引起的误差,其控制精度较高。但是,正是由于反馈的存在,闭环控制也有其不足之处,这就是被控制量可能出现振荡,严重时会使系统无法工作。

图 16.3 是一个控制轮船尾舵的控制系统图。在轮船操纵室旋转方向盘,可通过传动链带动电位计 1 的滑柄 a 转动,同样舵(被控对象)的摆动,也将通过传动链带动电位计 2 的滑柄 b 转动。图中 L、R 分别表示电动机电枢线圈的电感和内阻,点画线代表了相应的传动机构。

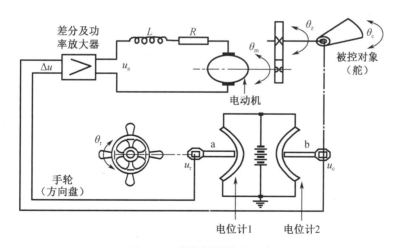

图 16.3 轮船尾舵控制系统

通过分析图 16.3 可知:该控制系统属于闭环随动控制系统,差分及功率放大器分别属于方块图中的比较元件和放大元件,电动机属于执行元件,手轮(方向盘)在控制系统中起着使控制元件产生输入的作用,电位计 1 及电位计 2 均属于测量元件。图中 u_r 是系统的输入信号。u_c 是反馈信号,舵的转角 θ_c 是系统的输出信号。电位计1、电位计2及电池组构成的电桥电路,在控制系统中起比较作用。图 16.3 中所示的 Δu 为偏差,在控制系统中起控制作用,其函数表达式为:$\Delta u = u_r - u_c$。

图 16.4 所示是仓库大门自动开闭控制系统,该系统的工作过程:当操作人员合上开门开关时,由于桥式测量电路的平衡状态被破坏,电桥会自动测量出开门位置与大门实际位置间对应的偏差电压,而偏差电压经放大器放大后,直接去驱动伺服电动机带动绞盘转动,把大门向上提起。与此同时,同大门连在一起的电刷也向上移动,直到大门达到开启位置,桥式测量电路达到新的平衡,电动机停止转动。反之,当合上关门开关时,电动机带动绞盘反向旋转,使大门向下运动,直到大门达到关闭位置停止,从而实现仓库大门的自动关闭。

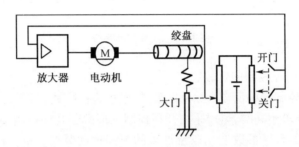

图 16.4 仓库大门自动开闭控制系统

3.按系统的动态特性分类

(1)线性系统

线性系统的特点在于组成系统的全部元件都是线性的,其输入输出特性都是线性的,系统的性能可用线性微分方程(或差分方程)来描述。

(2)非线性系统

非线性系统的特点在于系统中含有一个或多个非线性元件。系统的性能需用非线性微分方程(或差分方程)来描述。非线性系统的分析远比线性系统复杂,缺乏能统一处理的有效数学工具,因此非线性控制系统至今尚未像线性控制系统那样建立统一完善的理论体系和设计方法。

4.按系统的参数是否随时间而变化分类

(1)定常系统

元件特性不随时间变化的系统称为定常系统,又称为时不变系统。描述定常系统特性的微分方程或差分方程的系数不随时间变化。定常系统分为定常线性系统和定常非线性系统。

(2)时变系统

系统特性随时间变化的系统称时变系统,其输出响应的波形不仅与输入信号波形有关,而且还与参考加入的时刻有关,这一特点增加了对时变系统分析和研究的复杂性。

5.按信号的传递是否连续分类

(1)连续(时间)系统

连续(时间)系统各个环节间的信号均为时间 t 的连续函数,其运动规律可用微分方程描述。连续(时间)系统中各元件传输的信息在过程上称为模拟量,多数控制系统都是属于这类系统。

（2）离散（时间）系统

离散（时间）系统在信号传递过程中有一处或多处的信号是脉冲序列或数字编码,这类系统的运动规律可用差分方程描述。离散（时间）系统的特点是:信号在特定离散时刻是时间的函数,而在上述离散时刻之间,信号无意义（不传递）。

6. 其他控制方式

目前,以反馈原理为基础的经典控制理论已经形成完整的理论体系并有了工程实现的方法。随着空间技术的发展,特别是计算机已经作为自动控制系统中的一个重要组成部分,现代控制理论日益显示出其强大的生命力,并在实践中得到了成功的应用。在此基础上,一些其他的控制方式也在工业控制中得到了相应的应用,如最优控制、自适应控制、智能控制等现代高精度控制系统,已在国防和工业生产中得以实现。

16.2.3 自动控制系统的应用实例

下面以直流电机的调速控制系统为例说明开环和闭环调速方案。

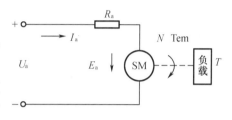

直流电动机是通过作用于转子电枢上的电压 U_a 产生电流 I_a 使电枢形成磁场,再而与定子的磁场作用达到输出转速和转矩的目的。其模型示意图如图16.5所示。

图 16.5　直流电动机模型

对电动机电枢回路

$$U_a = E_a + I_a R_a \tag{16.1}$$

式中　U_a——加到电动机两端的电网电压;

　　　E_a——电枢绕组反电动势;

　　　I_a——回路电流;

　　　R_a——电动机总电阻。

电枢绕组反电动势

$$E_a = C_e \Phi n \tag{16.2}$$

式中　C_e——电势常数;

　　　Φ——气隙合成磁场磁通（本文简称磁通）。

电磁转矩

$$T_{em} = C_m \Phi I_a \tag{16.3}$$

式中　C_m——转矩常数。

由式（16.1）、式（16.2）、式（16.3）得

$$n = \frac{U_a}{C_e \Phi} - \frac{I_a R_a}{C_e \Phi} = \frac{U_a}{C_e \Phi} - \frac{T_{em} R_a}{C_e C_m \Phi^2} \tag{16.4}$$

由此得到直流电动机转速公式,即调速基本模型。

1. 开环调速方案

直流电动机开环调速系统的原理框图如图16.6所示。

直流电动机的开环控制系统,通过给定转速值由单片机或者其他控制器转化成相应占空比的 PWM 控制信号,再经过光电隔离变成较高电压的 PWM 波电压,然后通过驱动单元转化成相应控制电压控制直流电动机得到所需转速。系统只有前向通道,给定转速值与所

得转速值之间环节需要严格的对应关系,很难达到精确的控制,而且对元器件要求很高。系统的机械特性就是直流电动机本身的机械特性。

图 16.6　直流电动机开环调速系统框图

直流电动机转速公式(16.4),在 U_a、Φ 一定的情况下可变为

$$n = n_0 - KT \qquad (16.5)$$

$n_0 = \dfrac{U_a}{C_e\Phi}$ 为理想空载转速,$K = \dfrac{R_a}{C_e C_m \Phi}$ 为特性斜率。由此,开环控制系统的机械特性为一下倾的斜线,如图 16.7 所示。

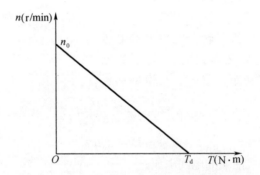

图 16.7　直流电动机开环调速系统的机械特性

开环系统的转速是随负载转矩的增大而减小的。T_d 为直流电动机的堵转转矩。工程上常常把斜率 K 的倒数 β 称作硬度。硬度大,表明电动机的转速受负载转矩变化的影响小;反之,硬度小则受影响大。图 16.7 说明了开环调速系统遇到负载转矩变化时,速度将失去稳定。对于移动机器人,在遇到上坡、载物等情况下驱动直流电动机开环控制将使准确定位的实现成为空谈。因此,下面采用闭环调速的方法弥补开环调速的不足之处。

2. 闭环调速方案

直流电动机闭环调速系统是在开环调速系统的基础上加上转速的反馈通道,将实测转速与给定转速值比较,用偏差控制。结构框图如图 16.8 所示。

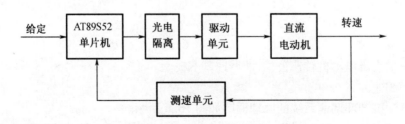

图 16.8　直流电动机闭环调速系统结构框图

直流电动机闭环调速系统可以获得比开环调速系统硬得多的静态特性。其静态特性曲线如图 16.9 所示。在开环系统中,当负载转矩增大时,直流电动机电枢电流增大,电枢压降也增大,转速只能降下来;闭环系统装有反馈装置,转速稍有下降,转速偏差信号经放大,提高驱动单元输出电压,使系统工作在新的机械特性上,因而转速又回升。

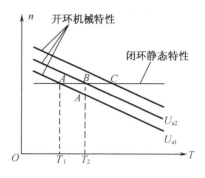

图 16.9 闭环和开环特性

在图 16.9 中原始工作点为 A,负载转矩为 T_1,当增大到 T_2 时,开环系统转速必然下降到 A' 点对应的数值;闭环后,由于反馈的调节作用,电压可升到 U_{a2},使工作点变成 B,稳态速降比开环系统小得多。这样闭环系统中,每增加(或减少)一点负载,就相应地提高了(或降低)一点直流电动机电枢电压,因而就改换一条机械特性。闭环系统的静态特性就是这样在许多开环机械特性曲线上各取一个相应的工作点,如图 16.9 中 $A,B,C,\cdots$,再由这些工作点连接而成的。

可以看出,当负载变化时,闭环系统会自动地维持在一个给定的转速值上,这就保证了系统控制的精确性。

总思路是通过单片机采集到给定转速与实测转速的偏差值,经过 PID 运算得到相应的占空比并编程产生 PWM 波,然后通过放大电路、驱动电路,以控制电机两端电压的平均值,达到控制电机转速的目的。考虑到电机的起动和制动时电流比较大,会造成电源电压不稳定,容易对单片机的工作产生干扰,所以,电机驱动电路和单片机用光电隔离,单片机的电源直接使用稳压直流电源。

16.3 自动控制系统的基本组成与要求

16.3.1 自动控制系统基本职能元件

在自动控制系统的分析中,每一个自动控制系统通常包括一些基本职能元件,有的系统包含了所有这些元件,有的包括了这些元件的一部分,主要包括以下几种:

1. 测量元件

测量元件就是将一种量(通常称为被测量)按照某种规律转换成容易处理的另一种量的元器件,它的基本功能就是检测和转换。

测量元件有一个很广泛的名称叫传感器或传感元件。一般由敏感元件、转换元件、转换电路三部分组成。

①敏感元件。直接感受被测量,并输出与被测量成确定关系的某一物理量元件。

②转换元件。敏感元件的输出就是转换元件的输入,转换元件把输入量转换成电路参数量。

③转换电路。它将转换元件输出的电路参数量转换成所希望的输出。

2. 执行元件

执行元件是控制系统最基本的组成部分。从广义上说,执行元件受到放大信号的驱动,直接带动控制对象完成控制任务。从狭义上说,执行元件的作用是将电信号、液压信号或气压信号转换成机械位移(线位移或角位移)或速度。常用的执行元件有电动机、液压马达和气动马达。其中应用最广泛的是电动机。包括直流电动机、异步电动机、步进电动机等等。

3. 放大元件

将微弱的信号进行线性放大。根据所需要的驱动电动机的不同,功率放大元件可分为直流伺服功率放大器和交流伺服放大器。

4. 比较元件

为了实现被控量与控制量的反馈以产生偏差信号,系统需要比较元件。比较元件通常与测量元件结合在一起,而不是独立存在的。通常情况下,比较元件由运算放大器组成的电路构成。

16.3.2　自动控制系统的基本要求

一个自动控制系统要能正常工作,就必须满足一系列性能指标的要求。不同的控制系统要求的性能指标并不一样,但对每一类系统被控量变化全过程提出的共同基本要求都是一样的,且可以归纳为稳定性、快速性、准确性。

1. 稳定性

稳定性是指当系统输入量(包括控制信号和扰动信号)发生变化但趋于某一稳态值后,系统的被控量(输出信号)也跟着变化,且最终也能趋于某一稳态值,而不出现持续或发展型震荡现象的一种特性。不稳定的无法正常工作,因此,稳定性是系统正常工作的前提,反映了系统的平稳性。

2. 快速性

快速性是在系统稳定的前提下提出来的。快速性是指当系统的输出量与给定的输入量之间产生偏差时,系统消除这种偏差过程的快速程度。

3. 准确性

准确性是指系统在输入信号或干扰信号作用后,重新进入稳定状态时输出量与给定的输入量之间的偏差(也常称为静态精度)。

以上三点归纳起来,简称为"稳""快""准"。任何系统的稳定性、快速性、准确性都是互相制约的。快速性好,可能稳定性会差;改善稳定性,快速性又可能不好,精度也可能变坏。

16.4　单回路控制系统训练

16.4.1　单回路控制系统概述

图 16.10 为单回路控制系统方框图的一般形式,它是由被控对象、执行器、调节器和测量变送器组成一个单闭环控制系统。系统的给定量是某一定值,要求系统的被控制量稳定至给定量。由于这种系统结构简单,性能较好,调试方便等优点,故在工业生产中已被广泛应用。

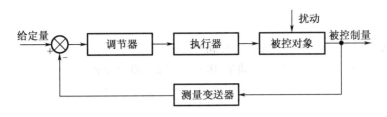

图 16.10　单回路控制系统方框图

16.4.2　控制规律的选择

PID 控制规律及其对系统控制质量的影响已在有关课程中介绍,在此将有关结论再简单归纳一下。

1. 比例(P)调节

纯比例调节器是一种最简单的调节器,它对控制作用和扰动作用的响应都很快。由于比例调节只有一个参数,所以整定很方便。这种调节器的主要缺点是系统有静差存在。其传递函数为

$$G_C(s) = K_P = \frac{1}{\delta} \tag{16.6}$$

式中　K_P——比例系数;

　　δ——比例带。

2. 比例积分(PI)调节

PI 调节器就是利用 P 调节快速抵消干扰的影响,同时利用 I 调节消除残差,但 I 调节会降低系统的稳定性,这种调节器在过程控制中是应用最多的一种调节器。其传递函数为

$$G_C(s) = K_P\left(1 + \frac{1}{T_I s}\right) = \frac{1}{\delta}\left(1 + \frac{1}{T_I s}\right) \tag{16.7}$$

式中　T_I——积分时间常数。

3. 比例微分(PD)调节

这种调节器由于有微分的超前作用,能增加系统的稳定度,加快系统的调节过程,减小动态和静态误差,但微分抗干扰能力较差,且微分过大,易导致调节阀动作向两端饱和。因此一般不用于流量和液位控制系统。PD 调节器的传递函数为

$$G_C(s) = K_P(1 + T_D s) = \frac{1}{\delta}(1 + T_D s) \tag{16.8}$$

式中　T_D——微分时间常数。

16.5　THJ-3 型高级过程控制系统

"THJ-3 型高级过程控制系统"是基于工业过程的物理模拟对象,它是集合自动化仪表技术、计算机技术、通信技术、自动控制技术为一体的多功能试验装置。该系统包括流量、温度、液位、压力等热工参数,可以实现系统辨识、单回路控制、串级控制、前馈-反馈控制、比值控制、解耦控制等多种控制形式。

16.5.1 系统组成

过程控制训练装置是由实验平台、PC 机和被控制对象装置三部分组成。系统动力支路分两路:一路有(380 V 交流)磁力驱动泵、电动调节阀、直流电磁阀、涡轮流量计及手动调节阀组成;另一路由日本三菱变频器、三相磁力泵(220 V 变频)、涡轮流量计及手动调节阀组成。

1. 被控对象

①水箱。有上、中、下三个串接有机玻璃圆筒形水箱,三个水箱的大小不一样,容积是不一样的。水箱分别为缓冲槽、工作槽和出水槽。每个水箱中都装有溢流口,这个溢流口的作用是当水注满时,通过溢流口流回储水箱,使水箱中的水不至于因满而外溢。

②模拟锅炉。它是利用电加热的常压锅炉,锅炉内胆是直上直下的一个圆筒,内装有加热装置,是加热层。使用时要注意:加热管不能干烧,要将水注入横线高度以上,方能对锅炉内胆进行加热。不然,容易损坏加热管。扩出的这部分是锅炉的夹套,也是锅炉的冷却层。做温度训练项目时,锅炉内胆的温度有可能会升得很高,靠室温降温,可想而知是非常缓慢的过程。可以往冷却层内贮入循环水,使加热层的热量快速散发,使加热层的温度快速下降。锅炉的冷却层和加热层都装有 PT100 的温度传感器,它们分别检测其温度。用锅炉可以完成温度的定值控制、串级控制等训练项目。

③盘管。它可用来完成温度的滞后和流量纯滞后控制训练项目。在盘管的上、中、下三个部位都装有 PT100 的温度传感器,在训练过程中,根据不同的训练项目需要,选择不同的温度检测点。

④管道。设备上有三条管路中装有流量传感器及变送器,它们分别对所在管路的流量进行检测和变送。所以,管路中的流量是可以控制的。

2. 检测装置

①压力传感器、变送器。采用工业的扩散硅压力变送器,含不锈钢隔离膜片,同时采用信号隔离技术,对传感器温度漂移跟随补偿。压力传感器分别对上、中、下三个水箱的液位进行检测和变送。工作电压是 24 V 直流电压,输出为 4 ~ 20 mA 直流电流信号,精度等级为 0.5 级。

②温度传感器。分别用来检测锅炉内胆、锅炉夹套、盘管的上、中、下及上水箱出口的水温。它们是将检测到的温度信号输送到智能调节仪表,再由智能调节仪表内置的温度变送器,将温度信号转换成 4 ~ 20 mA 直流电流信号。这说明温度传感器的变送器是在智能调节仪表内。

③三个涡轮流量计、变送器。分别对电动阀控制的动力支路、变频器控制的动力支路及盘管出口处的流量进行检测。工作电压同样是 24 V 直流电压,输出为 4 ~ 20 mA 直流电流信号。

3. 执行机构

①电动调节阀。采用智能型电动调节阀,用来进行控制回路流量的调节。电动调节阀型号为:QSVP – 16K。具有精度高、技术先进、体积小、重量轻、推动力大、功能强、控制单元与电动执行机构一体化、可靠性高、操作方便等优点。控制信号为 4 ~ 20 mA DC 或 1 ~ 5 V DC,输出 4 ~ 20 mA DC 的阀位信号,使用和校正非常方便。

②变频器。装置采用日本三菱(FR – S520S – 0.4K – CH(R))变频器,控制信号输入为

4 ~ 20 mA DC 或 0 ~ 5 V DC, ~ 220 V 变频输出用来驱动三相磁力驱动泵。

磁力驱动泵型号为 16CQ - 8P,流量为 32 升/分,扬程为 8 米,功率为 180 W。泵体完全采用不锈钢材料,以防止生锈,使用寿命长。本装置采用两只磁力驱动泵。一只为三相 380 V 恒压驱动,另一只为三相变频 220 V 输出驱动。

③可移相 SCR 调压装置。采用可控硅移相触发装置,输入控制信号为 4 ~ 20 mA 标准电流信号。输出电压用来控制加热器加热,从而控制锅炉的温度。

电磁阀在本装置中作为电动调节阀的旁路,起到阶跃干扰的作用。电磁阀型号为: 2W - 160 - 25;工作压力:最小压力为 0 kg/cm^2,最大压力为 7 kg/cm^2;工作温度: - 5 ~ 80 ℃。

4. 控制器

本训练装置基本配置的控制器有智能调节仪表、比值器/前馈 - 反馈补偿器、解耦装置。还可根据需要扩展远程数据采集和 PLC 可编程控制系统。

16.5.2　仪表综合控制台

仪表控制台面板由三部分组成:

①电源控制屏面板。如图 16.11 所示,充分考虑到人身安全保护,带有漏电保护空气开关、电压型漏电保护器、电流型漏电保护器。

②仪表面板。包括 1 块变频调速器面板、3 块 AI/818A 智能调节仪面板、1 块 AI/708A 智能位式调节仪,各装置外接线端子通过面板上自锁紧插孔引出。

③I/O 信号接口面板。该面板的作用是将各传感器检测及执行器控制信号同面板上自锁紧插孔相连,再通过航空插头同对象系统连接。

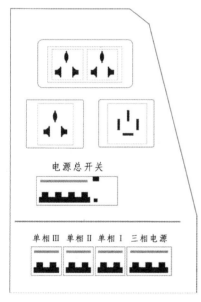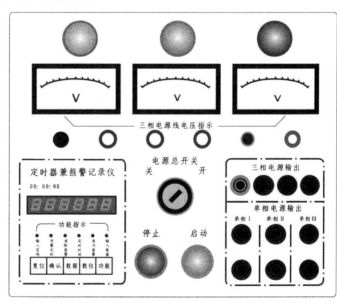

图 16.11　电源控制屏面板

系统特点如下:

①被控参数全面,涵盖了连续性工业生产过程中的液位、压力、流量及温度等典型参数。

②真实性、直观性、综合性强,控制对象组件全部来源于工业现场。

③执行器中既有电动调节阀仪表类执行机构,又有变频器、可控硅移相调压装置、接触器位式控制装置等。

④调节系统除了有调节器的设定值阶跃扰动外,还可以通过对象中电磁阀和手动操作阀制造各种扰动。

⑤一个被调参数可在不同动力源、不同执行器、不同的工艺管路下演变成多种调节回路,以利于讨论、比较各种调节方案的优劣。

⑥各种控制算法和调节规律在开放的实验软件平台上都可以实现。

⑦实验数据及图表在 MCGS 软件系统中很容易存储及调用,以便实验者进行实验后的比较和分析。

⑧采用强弱电插座及相应的导线,提高实验的安全性和可靠性。

16.5.3　系统软件

MCGS(monitor and control generated system)是一套基于 Windows 平台的,用于快速构造和生成上位机监控系统的组态软件系统,可运行于 Microsoft Windows95/98/NT/2000 等操作系统。

MCGS5.1 为用户提供了解决实际工程问题的完整方案和开发平台,能够完成现场数据采集、实时和历史数据处理、报警和安全机制、流程控制、动画显示、趋势曲线和报表输出以及企业监控网络等功能。使用 MCGS5.1,用户无须具备计算机编程的知识,就可以在短时间内轻而易举地完成一个运行稳定,功能成熟,维护量小且具备专业水准的计算机监控系统的开发工作。

MCGS5.1 具有操作简便、可视性好、可维护性强、高性能、高可靠性等突出特点,已成功应用于石油化工、能源原材料、农业自动化、航空航天等领域,经过各种现场的长期实际运行,系统稳定可靠。

16.5.4　训练要求及安全操作规程

1. 训练前的准备

进行操作以前要认真研读训练指导书,了解训练目的、项目、方法与步骤,明确训练过程中应注意的问题,并按训练项目准备记录等。

训练前应了解装置中的对象、水泵、变频器和所用控制组件的名称、作用及其所在位置。以便于对它们进行操作和观察。熟悉装置面板图,要求做到:由面板上的图形、文字符号能准确找到该设备的实际位置。熟悉工艺管道结构、每个手动阀门的位置及其作用。

认真做好训练前的准备工作,对于培养学生独立工作能力,提高实验质量和保护实验设备都是很重要的。

2. 训练过程的基本程序

①明确训练任务。

②提出训练。

③进行操作,做好观测和记录。

④整理数据,得出结论。

在进行综合训练时,上述程序应尽量让学生独立完成,老师给予必要的指导,以培养学生的实际动手能力。要做好各主题训练,就应做到:训练前有准备,训练中有条理,训练后有分析。

3. 安全操作规程

①训练之前确保所有电源开关均处于"关"的位置。

②接线或拆线必须在切断电源的情况下进行,接线时要注意电源极性。完成接线后,正式投入运行之前,应严格检查安装、接线是否正确,并请指导老师确认无误后,方能通电。

③在投运之前,请先检查管道及阀门是否已按实验指导书的要求打开,储水箱中是否充水至三分之二以上,以保证磁力驱动泵中充满水,磁力驱动泵无水空转易造成水泵损坏。

④在进行温度试验前,请先检查锅炉内胆内水位,至少保证水位超过液位指示玻璃管上面的红线位置,无水空烧易造成电加热管烧坏。

⑤小心操作,切勿乱扳硬拧,严防损坏仪表。

参 考 文 献

[1] 任正义. 机械制造工艺基础[M]. 哈尔滨:哈尔滨工程大学出版社,2018.

[2] 韩永杰,佟永祥. 工程实践[M]. 哈尔滨:哈尔滨工程大学出版社,2012.

[3] 任正义. 机械制造工艺基础[M]. 北京:高等教育出版社,2010.

[4] 赵立红. 材料成形技术基础[M]. 哈尔滨:哈尔滨工程大学出版社,2018.

[5] 严绍华,张学政. 金属工艺学实习[M]. 北京:清华大学出版社,2006.

[6] 朱世范,崔海,刘军. 机械工程训练[M]. 哈尔滨:哈尔滨工程大学出版社,2003.

[7] 任正义. 电子与电气工程训练[M]. 哈尔滨:哈尔滨工程大学出版社,2004.

[8] 陈立德. 机械制造技术[M]. 上海:上海交通大学出版社,2000.

[9] 杨叔子. 机械加工工艺师手册[M]. 北京:机械工业出版社,2002.

[10] 邓文英. 金属工艺学(下册)[M]. 2版. 北京:人民教育出版社,1981.

[11] 孙以安,陈茂贞. 金工实习教学指导[M]. 上海:上海交通大学出版社,1998.

[12] 韩永杰. 冲压模具设计[M]. 哈尔滨:哈尔滨工业大学出版社,2008.

[13] 邢忠文,张学仁. 金属工艺学[M]. 2版. 哈尔滨:哈尔滨工业大学出版社,2008.

[14] 佟永祥,韩永杰. 工程实践报告[M]. 哈尔滨:哈尔滨工程大学出版社,2012.

[15] 胡寿松. 自动控制原理[M]. 6版. 北京:科学出版社,2013.

[16] 李友善. 自动控制原理[M]. 3版. 北京:国防工业出版社,2013.

[17] 赵丽娟,张建卓,李建刚. 控制工程基础与应用[M]. 徐州:中国矿业大学出版社,2017.

[18] 钱学森,宋健. 工程控制论[M]. 3版. 北京:科学出版社,2011.

[19] 周旭光. 特种加工技术[M]. 3版. 西安:西安电子科技大学出版社,2017.

[20] 鄂大辛. 特种加工基础实训教程[M]. 2版. 北京:北京理工大学出版社,2017.

[21] 白基成,刘晋春,郭永丰. 特种加工[M]. 6版. 北京:机械工业出版社,2014.

[22] 曹凤国. 电火花加工技术[M]. 北京:化学工业出版社,2005.

[23] 赵万生. 先进电火花加工技术[M]. 北京:国防工业出版社,2003.

[24] 阎红. 机械测量[M]. 重庆:重庆大学出版社,2014.

[25] 张彩霞,赵正文. 图解机械测量入门100例[M]. 北京:化学工业出版社,2011.

[26] 陈德林,朱跃峰. 公差配合与测量技术[M]. 北京:北京理工大学出版社,2010.

[27] 田晓. 机械产品质量检验[M]. 北京:中国计量出版社,2006.

[28] 张公绪,孙静. 质量工程师手册[M]. 北京:企业管理出版社,2005.

[29] 刘恂. 机械制造检验技术[M]. 北京:国防工业出版社,1987.

[30] 徐滨士,朱绍华. 表面工程的理论与技术[M]. 2版. 北京:国防工业出版社,2010.